物理实验

主编　白亚乡　杨桂娟　迟建卫
副主编　周丹　石华　曲冰　栾忠奇　汪彦军

U0360525

清华大学出版社
北 京

内 容 简 介

本书以大连海洋大学历年来所用的物理实验讲义为基础,依据教育部教学指导委员会制定的大学物理实验课程教学基本要求,并结合近年来大连海洋大学物理实验教学的改革与实践编写而成。全书分为"物理实验数据处理的基础知识""基本型实验""综合应用型实验""创新研究型实验"4 章,设置了 49 个实验。书中对实验方法及其原理的叙述力求繁简适当、深入浅出,在突出基本技能训练的同时,增大了综合应用型、创新研究型实验的比重。

本书融入了大连海洋大学全体物理教师多年来的实验教学经验,可作为普通高等学校物理课的实验教学用书,也可作为物理类专业的实验教学用书和参考书。

图书在版编目(CIP)数据

物理实验/白亚乡,杨桂娟,迟建卫主编. —北京:清华大学出版社,2016(2024.9重印)
ISBN 978-7-302-44284-4

Ⅰ.①物… Ⅱ.①白… ②杨… ③迟… Ⅲ.①物理学－实验－高等学校－教材 Ⅳ.①O4-33

中国版本图书馆 CIP 数据核字(2016)第 164309 号

责任编辑:朱红莲 洪 英
封面设计:傅瑞学
责任校对:王淑云
责任印制:丛怀宇

出版发行:清华大学出版社
      网　　　址:https://www.tup.com.cn,https://www.wqxuetang.com
      地　　　址:北京清华大学学研大厦 A 座　　　　　　　邮　编:100084
      社 总 机:010-83470000　　　　　　　　　　　　　邮　购:010-62786544
      投稿与读者服务:010-62776969,c-service@tup.tsinghua.edu.cn
      质量反馈:010-62772015,zhiliang@tup.tsinghua.edu.cn
印 装 者:三河市铭诚印务有限公司
经　　销:全国新华书店
开　　本:185mm×260mm　　印　张:19　　　　　　　字　数:454 千字
版　　次:2016 年 8 月第 1 版　　　　　　　　　　　印　次:2024 年 9 月第 10 次印刷
定　　价:52.00 元

产品编号:069451-04

前言

FOREWORD

物理学是研究物质的基本结构、基本运动形式、相互作用及其转化规律的自然科学,它的基本理论渗透到自然科学的各个领域,应用于生产技术的许多部门,是整个自然科学的基础,是人类认识自然、改造自然和推动社会进步的动力源泉。

物理学是一门实验科学,一切物理原理、定律和定理均来自于生产实践,又经受生产实践的检验,并对其有进一步的指导作用。

物理实验课是大学生进校后从事科学实验的开端,它的基本训练将对大学生今后的系统实验方法、实验技能及实验展开的思维活动有深远的影响,它在培养学生严谨的治学态度、活跃的创新思维、理论联系实际和适应科学发展的综合能力等方面具有其他实践类课程不可替代的作用。

本书以大连海洋大学历年来所用的物理实验讲义为基础,根据教育部教学指导委员会制定的大学物理实验课程教学基本要求,并结合近年来大连海洋大学物理实验室的发展和课程的建设情况编写而成。

本书共4章,第1章阐述了物理实验数据处理的基础知识,着重介绍了与大学物理实验有关的数据处理知识。第2章为基本型实验,通过基本型实验的学习,对学生的基本物理量的测量、基本测量仪器的使用、基本测量方法的选择等基础实验能力进行训练。第3章为综合应用型实验,通过各类综合应用型实验的学习,开阔学生的眼界和思路,提高学生对实验方法和实验技术的综合运用能力。第4章为创新研究型实验,要求学生在完成一定数量的基本型实验和综合应用型实验后,并具备一定的综合实验能力的前提下,根据给定的实验目的、原理和提示,能够基本独立完成或分组完成实验,目的在于培养学生综合应用知识的能力、设计实验的能力以及运用所学知识解决实际问题的能力。

本书凝聚了大连海洋大学全体物理教师的辛勤劳动,是集体智慧的结晶。其中白亚乡编写了绪论、第1章、实验2.1、实验2.5、实验2.6、实验3.23、实验3.11,杨桂娟编写了实验2.11、实验4.6、实验3.10、实验3.15、实验3.18、实验3.21、实验4.4、实验4.5,迟建卫编写了实验3.24～实验3.27、实验4.1、实验4.10、实验4.11,周丹编写了实验2.4、实验3.1、实验3.2、实验3.12、实验4.9,石华编写了实验2.7、实验2.8、实验3.3、实验3.4、实验3.8、实验3.9,曲冰编写了实验2.2、实验2.3、实验2.9、实验3.7、实验4.2、实验4.8,栾忠奇编写了实验2.10、实验3.13、实验3.16、实验3.17、实验3.19、实验3.20,汪彦军编写了实验3.6、实验3.14、实验3.22、实验3.5、实验4.3、实验4.7。白亚乡与杨桂娟负责全书的统稿工作。

　　在本书的初稿时期，教研室几代教师做了许多工作，全体作者对他们付出的辛劳表示感谢。另外，在本书编写过程中，我们也参阅了许多兄弟院校的有关教材以及相关的参考文献，吸取了大量的宝贵经验，在此表示衷心的感谢！

　　由于编者水平有限，教材中难免存在不妥之处，敬请读者批评指正，并在使用的过程中把您的感受和意见及时告诉我们，以便于我们今后做进一步的修订。

作者

2016 年 6 月

目录

CONTENTS

绪　论

　　物理学在科学技术乃至思维的发展过程中,起着极其重要的作用,对人类的文明进步始终具有巨大的影响。它是自然科学和工程科学的基础,研究的是自然界物质运动的最基本、最普遍的形式。物理学研究的运动,普遍地存在于其他高级的、复杂的物质运动形式(如生物的、化学的等)之中,因此,物理学所研究的物质运动规律具有普遍性。

　　物理学从本质上说是一门实验的科学,物理规律的研究都以严格的实验事实为基础,并且不断受到实验的检验。例如,光的波动学说,就是由杨氏的光干涉实验得到证实的;麦克斯韦的电磁场理论,则是建立在法拉第等科学家长期实验的基础之上的,赫兹的电磁波实验又使该理论得到普遍的承认和广泛的应用。又如,物理学家杨振宁、李政道的粒子在"弱相互作用中宇称不守恒"理论,只是在实验物理学家吴健雄用实验证实之后,才得到国际上的公认。当实验结果与理论发生矛盾时,就需要进行进一步的实验,以便修正理论,所以实验是理论的源泉。

　　另一方面,正确的理论也能预言一些新的物理实验现象,例如爱因斯坦于1920年提出受激辐射的概念,首先从理论上预言有可能得到激光,基于这一新的理论概念,1960年人们研制成功了世界上第一台红宝石固体激光器。

　　在物理学的发展中,人类积累了丰富的实验方法,创造出各种精密、巧妙的仪器设备,涉及广泛的物理现象,这些使得实验物理课程有了充实的教学内容。实验物理课程是教育部确定的六门主要基础课程之一,是独立设置的必修课,是学生进入大学后系统学习科学实验知识和技术的开端,是后继实验课程的基础。它在培养学生用实验手段去发现、观察、分析和研究问题,最终解决问题的能力方面起着至关重要的作用。因此,必须处理好实验与理论的关系,重视科学的实验,重视进行科学实验训练的实验课教学。

1. 物理实验课的目的

　　(1)通过对物理实验现象的观测和分析,学习运用理论指导实验、分析和解决实验中问题的方法,从理论与实际的结合上加深对理论的理解。

　　(2)培养学生从事科学实验的初步能力,这些能力是指:通过阅读教材或资料,能概括出实验原理和方法的要点;能正确使用基本实验仪器,掌握基本物理量的测量方法和实验操作技能;能正确记录和处理数据,分析实验结果和撰写实验报告;能完成简单的自行设计性实验等。

　　(3)培养学生"严格、严密、严谨"的三严精神和实事求是的科学态度,培养勇于探索、坚韧不拔、遵守纪律、团结协作、爱护公物的优良品德。

2. 物理实验课的主要教学环节

为达到物理实验课的目的,学生应重视物理实验教学的三个重要环节。

1) 实验预习

课前要仔细阅读实验教材或有关的资料,并学会从中整理出实验所用原理、方法、实验条件及实验关键,根据实验任务设计好记录数据的表格。有些实验还要求学生课前自拟实验方案、自己设计线路图或光路图、自拟数据表格等,因此,课前预习的好坏是实验中能否取得主动的关键。对于未作预习的学生,实验室将视其具体情况决定是否拒绝其进入实验室做实验,学生进入实验室做实验前应向指导教师出示预习报告。

2) 实验操作

学生进入实验室后应遵守实验室规则,井井有条地布置仪器,安全操作。实验时应集中精力仔细观察和思考所研究的物理现象,及时记录数据。要根据仪器的最小分度单位或精度等级决定数据的有效数字位数,要字迹清楚;原始数据不得任意涂改;实验完毕后应将仪器整理好,请指导教师在原始数据上签字后方可离开实验室。

3) 实验总结

实验报告是实验工作的全面总结。写实验报告时,应力求文字通顺、字迹端正、图表规矩、结果正确、讨论认真。一份完整的实验报告一般应包括以下内容。

(1) 课程名称、学生所在院系、专业、学生姓名、学号。

(2) 实验名称和日期。

(3) 实验目的、实验仪器(包括仪器名称、型号、规格)。

(4) 实验原理。包括简要叙述有关物理内容、线路图、实验装置图以及测量时的主要公式等。

(5) 实验内容、步骤。

(6) 实验数据(表格)与数据处理。完成计算或作图及误差分析。

第1章

物理实验数据处理的基础知识

　　物理实验通过一定的手段和仪器使一些物理现象再现,并从中发掘出这些现象的规律,找出构成实验各主要因素的数学关系。要实现这一目的,大致包括以下三个步骤:第一步是设计或选用实验仪器,为实验及测量准备条件;第二步是测量;第三步是数据处理,找出物理量之间的数学关系,得出物理现象的规律。因此,测量是物理实验的中心,数据处理是物理实验的结果。

　　测量是用一定的工具或仪器,通过一定的方法和程序直接或间接地对被测量对象进行比较。因为任何测量都是两个同类量之间的比较,因此必须使用统一的标准单位。将待测量与选作标准单位的物理量进行比较,其倍数即为该待测量的测量值。一个物理量的测量值应由数值和单位两部分组成,缺一不可。

　　本章介绍实验数据处理、测量误差估计和实验结果的表示等一些基本知识和方法,这些知识不仅在每一个物理实验中都要用到,而且是今后从事科学实验所必须了解和掌握的。由于这部分内容牵涉面较广,要求同学们首先阅读一遍,对这些知识和方法有初步的了解,以后结合每一个具体实验再细读有关的段落,通过实际运用加以掌握。

1.1　测量与误差

1.1.1　测量及分类

　　物理实验是以测量为基础的。研究物理现象、了解物质特性、验证物理原理都要进行测量。测量可分为直接测量和间接测量两大类。直接测量指无需对被测的量与其他实测的量进行函数关系的辅助计算而直接测出被测量的量。例如,用直尺测物体的长度、用电压表测电路中的电压等都是直接测量。间接测量指利用直接测量的量与被测的量之间已知的函数关系,从而得到该被测量的量。例如,采用伏安法测电阻,通过测量电阻两端的电压和通过的电流,再用公式计算出电阻的阻值。有些物理量既可以直接测量,也可以间接测量,这主要取决于使用的仪器和测量方法,在物理实验中进行的测量大多是间接测量。

1.1.2　测量误差

　　一个被测量的物理量,在确定的条件下,在规定测量单位以后,必定有一个客观上存在的、确定的数值,这个值不会随着测量工具和方法的不同而改变,称为该物理量的真值。测量的目的是力求获得真值。但是实验证明,由于任何测量仪器、测量方法、测量环境及观测者的观察力等都不能做到绝对严密,故真值是测不到的。测量误差就是测量结果与待测量的真值之差。测量误差的大小反映了测量结果的准确程度,它可以用绝对误差表示,也可以用相对误差表示,分别为

$$绝对误差 = \Delta x = x - x_0$$

$$相对误差 = \frac{\mid x - x_0 \mid}{x_0} \times 100\%$$

式中,x_0 表示真值;x 表示测量值。

被测量的真值是一理想的概念,一般来说,真值是不知道的。在实际测量中常用被测量的实际值或已修正过的算术平均值来代替真值,称为约定真值。

1.2   误差的分类

根据误差产生的原因,通常将误差分为 3 种类型,即系统误差、随机误差和过失误差(又称粗大误差)。它们的性质不同,需要分别处理。

1.2.1   系统误差

系统误差是指在多次测量同一物理量的过程中,保持不变或以可预知方式变化的测量误差的分量。系统误差的主要来源有以下几个方面。

(1) 仪器的固有缺陷。如仪器刻度不准、零点位置不正确、仪器的水平或铅直未调整、天平不等臂等。

(2) 实验理论近似性或实验方法不完善。如用伏安法测电阻没有考虑电表内阻的影响,用单摆测重力加速度时取 $\sin\theta \approx \theta$ 带来的误差等。

(3) 环境的影响或没有按规定的条件使用仪器。例如,标准电池是以 20℃ 时的电动势数值作为标称值的,若在 30℃ 条件下使用时,如果不加以修正就引入了系统误差。

(4) 实验者心理或生理特点造成的误差。如计时的滞后,习惯于斜视读数等。

系统误差一般应通过校准测量仪器、改进实验装置和实验方案、对测量结果进行修正等方法加以消除或尽可能减小。发现并减小系统误差通常是一项困难的任务,需要对整个实验所依据的原理、方法、仪器和步骤等可能引起误差的各种因素进行分析。实验结果是否正确,往往在于系统误差是否被发现和尽可能被消除,因此对系统误差不能轻易放过。

1.2.2   过失误差

过失误差(又称粗大误差)是指由于实验者使用仪器的方法不正确、实验方法不合理、观察错误或记录数据错误等不正常情况引起的误差。这种误差是人为的,它的出现必将明显歪曲测量结果。只要实验者采取严肃认真的态度,具有一丝不苟的作风,过失误差是可以避免的。

1.2.3   随机误差

随机误差是指在多次测量同一被测量的过程中,绝对值和符号以不可预知的方式变化着的测量误差的分量。随机误差是由实验中各种因素的微小变动引起的,具体如下。

(1) 实验装置的变动性。如仪器精度不高,稳定性差,测量示值变动等。

（2）观察者本人在判断和估计读数上的变动性。主要指观察者的生理分辨本领、感官灵敏程度、手的灵活程度及操作熟练程度等带来的误差。

（3）实验条件和环境因素的变动性。如气流、温度、湿度等微小的、无规则的起伏变化，电压的波动以及杂散电磁场的不规则脉动等引起的误差。

这些因素的共同影响使测量结果围绕测量的平均值发生涨落变化，这一变化量就是各次测量的随机误差。随机误差的出现就某一测量值来说是没有规律的，其大小和方向是不能预知的。但对一个量进行足够多次的测量，则会发现它的随机误差是按一定的统计规律分布的，如二项式分布、泊松分布、正态分布、均匀分布等，其中最典型的是按正态分布形式分布。

对测量中的随机误差如何处理呢？根据随机误差的分布特性可以知道在多次测量时，正负随机误差常可以大致相消，因而用多次测量的算术平均值表示测量结果可以减小随机误差的影响。设对某一物理量在测量条件相同的情况下进行 n 次无明显系统误差的独立测量（$n \geqslant 5$），测得 n 个测量值 $x_1, x_2, \cdots, x_n$，那么它们的算术平均值为

$$\bar{x} = \frac{1}{n}\sum_{i=1}^{n} x_i, \quad i = 1, 2, \cdots, n \tag{1-2-1}$$

为了简捷，常略去总和号上的求和范围，如上式中的分子可写成 $\sum x_i$。根据误差的统计理论可以证明：当系统误差已被消除时，测量值的平均值最接近被测量的真值，测量次数越多，接近的程度越好（当 $n \to \infty$ 时，平均值趋近于真值）。

1.2.4 随机误差的估算——标准偏差

测量值的分散程度直接体现随机误差的大小，测量值越分散，测量的随机误差就越大。因此，必须对测量的随机误差作出估计才能表示出测量的精密度。对随机误差作估计的方法有多种。科学实验中常用标准偏差来估计测量的随机误差。每一次测量值 x_i 与平均值之差称为残差，即 $\Delta x_i = x_i - \bar{x}\,(i = 1, 2, \cdots, n)$，显然，这些残差有正有负。常用方均根法对它们进行统计，得到的结果就是多次测量的标准偏差，以 S_x 表示，由贝塞尔法算出：

$$S_x = \sqrt{\frac{\sum_{i=1}^{n}(x_i - \bar{x})^2}{n-1}} \tag{1-2-2}$$

S_x 反应了随机误差的分布特征，S_x 越大表示测得值越分散，随机误差的分布范围越宽，结果的精度越低；反之，则结果精度越高。它的物理意义在于：在测量列的 n 个测量数据中，有 68.3% 的测量值的误差处于区间 $(-S_x, +S_x)$ 之内。对这个测量列中的任一测量值来说，就是它的误差有 68.3% 的可能位于区间 $(-S_x, +S_x)$ 之内。因此 S_x 不仅是对一个测量列的测量精度的定量描述，也是对该测量列中任一测量值的测量精度的定量描述。式 (1-2-2) 称为贝塞尔公式。

1.2.5 仪器的量程、精密度和准确度

测量要通过仪器或量具来完成，所以必须对仪器的量程、精密度、准确度等有一定的了解和认识。

量程是指仪器所能测量的范围。如 TW-1 物理天平的最大称量（量程）是 1000g，UJ36a

电位差计的量程为 230mV。对仪器量程的选择要适当,当被测量超过仪器的量程时会损坏仪器,这是不允许的。同时也不应一味选择大量程,因为如果仪器的量程比测量值大很多时,测量误差往往会比较大。

精密度是指仪器所能分辨物理量的最小值,一般与仪器的最小分度值一致,最小分度值越小,仪器的精密度越高。如螺旋测微计(千分尺)的最小分度值为 0.01mm,即其分辨率为 0.01mm/刻度,或仪器的精密度为 100 刻度/mm。

准确度是指仪器本身的准确程度。测量是以仪器为标准进行比较,要求仪器本身要准确。由于测量目的不同,对仪器准确程度的要求也不同。按国家规定,电气测量指示仪表的准确度等级 a 分为 0.1、0.2、0.5、1.0、1.5、2.5、5.0 共七级,在规定条件下使用时,其示值 x 的最大绝对误差为

$$\Delta_x = \pm \text{量程} \times \text{准确度等级} \% \tag{1-2-3}$$

例如,0.5 级电压表量程为 3V 时,其示值 V 的最大绝对误差为

$$\Delta_V = \pm 3 \times 0.5\% = \pm 0.015\text{V}$$

对仪器准确度的选择要适当,在满足测量要求的前提下尽量选择准确度等级较低的仪器。当待测物理量为间接测量时,各直接测量仪器准确度等级的选择,应根据误差合成和误差均分原理,视直接测量的误差对实验最终结果影响程度的大小而定,影响小的可选择准确度等级较低的仪器,否则应选择准确度等级较高的仪器。

1.3 测量不确定度及其估算

1.3.1 不确定度的基本概念

不确定度是指由于测量误差的存在而对被测量值不能肯定的程度,是表征被测量的真值所处的量值范围的评定。实验结果不仅要给出测量值 $\bar{x}$,同时还要标出测量的总不确定度 Δ_x,最终写成 $x = \bar{x} \pm \Delta_x$ 的形式,这表示被测量的真值在 $(\bar{x} - \Delta_x, \bar{x} + \Delta_x)$ 的范围之外的可能性(或概率)很小。显然,测量不确定度的范围越窄,测量结果就越可靠。

不确定度按其数值的评定方法可归并为两类分量:即多次测量用统计方法评定的 A 类分量 Δ_A 和用其他非统计方法评定的 B 类分量 Δ_B。

1.3.2 直接测量结果的表示及总不确定度的估计

直接测量时被测量的量值 x_0 一般取多次测量的平均值,若实验中有时只能测一次或只需测一次,就取该次测量值 x。最后表示直接测量结果中被测量的量值 x_0 时,通常还必须将已定系统误差分量(即绝对值和符号都确定的可估算出的误差分量)从平均值或一次测量值 x 中减去,以求得 x_0,即对已定系统误差分量进行修正。如螺旋测微计的零点修正、伏安法测电阻中对电表内阻影响的修正等。

参考国际计量委员会通过的《BIPM 实验不确定度的说明建议书 INC-1(1980)》的精神,大学物理实验的测量结果表示中,总不确定度 Δ 从估计方法上也可分为两类分量:多次重复测量用统计方法计算出的 A 类分量 Δ_A 和用其他方法估计出的 B 类分量 Δ_B。它们可用方和根法合成(下文中的不确定度及其分量一般都是指总不确定度及其分量),即

$$\Delta = \sqrt{\Delta_A^2 + \Delta_B^2} \qquad (1\text{-}3\text{-}1)$$

在大学物理实验中对同一量作多次直接测量时,一般测量次数 n 不大于 10,只要测量次数 $n>5$,就可直接取 $\Delta_A = S_x$,把多次测量的标准偏差 S_x 的值当作多次测量中用统计方法计算的总不确定度分量 Δ_A。标准偏差 S_x 和总不确定度中 A 类分量 Δ_A 是两个不同的概念,在大学物理实验中,当 $5<n\leqslant10$ 时取 S_x 的值当作 Δ_A,这是一种最方便的简化处理方法。因为当 Δ_B 可忽略不计时,有 $\Delta = \Delta_A = S_x$,这时被测量的真值落在 $x_0 \pm S_x$ 范围内的可能性(概率)已大于或接近 95%。下文中出现的 S_x 除非特别注明,一般均表示 Δ_A 的取值大小。

在大学物理实验中常遇到仪器的误差,它是参照国家标准规定的计量仪表、器具的准确度等级或允许误差范围,由生产厂家给出或由实验室结合具体测量方法和条件简化约定的误差,用 $\Delta_{仪}$ 表示。仪器的误差 $\Delta_{仪}$ 在大学物理实验教学中是一种简化表示,通常取 $\Delta_{仪}$ 等于仪表、器具的示值误差限或基本误差限 Δ_{ins}。许多计量仪表、器具的误差产生原因及具体误差分量的计算分析超出了本课程的要求范围。用大学物理实验室中的多数仪表、器具对同一被测量在相同条件下作多次直接测量时,测量的随机误差分量一般比其基本误差限或示值误差限小很多。此外,一些仪表、器具在实际使用中很难保证在相同条件下或规定的正常条件下进行测量,测量误差除基本误差或示值误差外还包含变差等其他分量。因此约定,在大多数情况下大学物理实验中把 $\Delta_{仪}$ 简化地直接当做总不确定度 Δ 中用非统计方法估计的分量 Δ_B,于是由式(1-3-1)可得

$$\Delta = \sqrt{S_x^2 + \Delta_{仪}^2} \qquad (1\text{-}3\text{-}2)$$

【例1】　用螺旋测微计(0.01mm)测量某一铜环的厚度 7 次,测量数据如表 1-3-1 所示。

表 1-3-1　测量数据

i	1	2	3	4	5	6	7
H_i/mm	9.515	9.514	9.518	9.516	9.515	9.513	9.517

已知 $\Delta_{仪}=0.005\text{mm}$,求 H 的算术平均值、标准偏差和不确定度,并写出测量结果。

【解】　$\overline{H} = \dfrac{1}{7}\sum_{i=1}^{7} H_i = \dfrac{1}{7}(9.515+9.514+\cdots+9.517) = 9.515(\text{mm})$

$S_H = \sqrt{\dfrac{1}{7-1}\sum_{i=1}^{7}(H_i-\overline{H})^2}$

$= \sqrt{\dfrac{1}{6}[(9.515-9.515)^2+(9.514-9.515)^2+\cdots+(9.517-9.515)^2]}$

$= 0.0018(\text{mm})$

$\Delta_H = \sqrt{S_H^2 + \Delta_{仪}^2} = \sqrt{0.0018^2 + 0.005^2} = 0.005(\text{mm})$

所以得

$$H = (9.515 \pm 0.005)\text{mm}$$

如果因 $S_x < \dfrac{1}{3}\Delta_{仪}$,或因估计出的 Δ 对实验最后结果的影响甚小,或因条件受限制而只进行了一次测量时,Δ 都可简单地用仪器的误差 $\Delta_{仪}$ 来表示,这时式(1-3-1)中用统计方法

计算的 A 类分量 Δ_A 虽然存在,但无法用式(1-3-2)算出。当实验中只要求测量一次时,Δ 取 $\Delta_仪$ 并不说明只测一次比测多次时 Δ 的值小,只说明 $\Delta_仪$ 和用 $\sqrt{\Delta_A^2 + \Delta_B^2}$ 估算出的结果相差不大,或者说明整个实验中对被测量的 Δ 的估算要求能够放宽或必须放宽。测量次数 n 增加时,用式(1-3-2)估算出的 Δ 虽然一般变化不大,但真值落在 $x_0 \pm \Delta$ 范围内的概率却更接近 100%,这说明 n 增加时仪器仪表不确定度所处的量值范围实际上更小了,因而测量结果更准确了。

1.3.3　间接测量结果及不确定度的合成

在很多实验中,进行的测量是间接测量。间接测量结果是由直接测量结果根据一定的数学式计算出来的。这样一来,直接测量结果的不确定度就必然影响到间接测量结果,这种影响的大小也可以由相应的数学式计算出来。设间接测量所用的数学式可以表示为如下的函数形式:

$$\varphi = F(x, y, z, \cdots)$$

式中,φ 是间接测量结果;$x, y, z, \cdots$ 是直接测量结果,它们都是互相独立的量。设 $x, y, z,$ $\cdots$ 的不确定度分别为 $\Delta_x, \Delta_y, \Delta_z, \cdots$,它们必然影响间接测量结果,使 φ 值也有相应的不确定度 Δ_φ。由于不确定度都是微小的量,相当于数学中的"增量",因此间接测量的不确定度的计算公式与数学中的全微分公式基本相同。不同之处是:①用不确定度 Δ_x 等替代微分 $\mathrm{d}x$ 等;②考察不确度合成的统计性质。于是,在大学物理实验中用以下两式来简化计算不确定度 Δ_φ。

如果 $\varphi = F(x, y, z, \cdots)$ 为和差形式的函数,则有

$$\Delta_\varphi = \sqrt{\left(\frac{\partial F}{\partial x}\right)^2 \Delta_x^2 + \left(\frac{\partial F}{\partial y}\right)^2 \Delta_y^2 + \left(\frac{\partial F}{\partial z}\right)^2 \Delta_z^2 + \cdots} \tag{1-3-3}$$

如果 $\varphi = F(x, y, z, \cdots)$ 为积商形式的函数,则有

$$\Delta_\varphi = \varphi \sqrt{\left(\frac{\partial \ln F}{\partial x}\right)^2 \Delta_x^2 + \left(\frac{\partial \ln F}{\partial y}\right)^2 \Delta_y^2 + \left(\frac{\partial \ln F}{\partial z}\right)^2 \Delta_z^2 + \cdots} \tag{1-3-4}$$

【例 2】　已知某铜环的外径 $D = (2.995 \pm 0.006)\mathrm{cm}$,内径 $d = (0.997 \pm 0.003)\mathrm{cm}$,高度 $H = (0.9516 \pm 0.0005)\mathrm{cm}$。求该铜环的体积及其不确定度,并写出测量结果。

【解】　$V = \dfrac{\pi}{4}(D^2 - d^2)H = \dfrac{3.1416}{4}(2.995^2 - 0.997^2) \times 0.9516 = 5.961(\mathrm{cm}^3)$

$$\ln V = \ln \frac{\pi}{4} + \ln(D^2 - d^2) + \ln H$$

$$\frac{\partial \ln V}{\partial D} = \frac{2D}{D^2 - d^2}, \quad \frac{\partial \ln V}{\partial d} = -\frac{2d}{D^2 - d^2}, \quad \frac{\partial \ln V}{\partial H} = \frac{1}{H}$$

$$\Delta_V = V \sqrt{\left(\frac{2D}{D^2 - d^2}\right)^2 \Delta_D^2 + \left(-\frac{2d}{D^2 - d^2}\right)^2 \Delta_d^2 + \left(\frac{1}{H}\right)^2 \Delta_H^2}$$

$$= 5.961 \times \sqrt{\left(\frac{2 \times 2.995 \times 0.006}{2.995^2 - 0.997^2}\right)^2 + \left(\frac{2 \times 0.997 \times 0.003}{2.995^2 - 0.997^2}\right)^2 + \left(\frac{0.0005}{0.9516}\right)^2}$$

$$= 5.961 \times 0.0046 = 0.027(\mathrm{cm}^3)$$

所以,得

$$V = (5.961 \pm 0.027)\mathrm{cm}^3$$

1.4 有效数字及运算规则

在实验中所测的被测量都是含有误差的数值,对这些测量值的位数不能任意取舍,应该反映出测量值的准确度。因此,对于在记录数据、计算以及书写测量结果时,究竟应写出几位数字有严格的要求,应根据测量误差或实验结果的不确定度来定。

1.4.1 有效数字

从仪器上读出的数字,通常都要尽可能估计到仪器最小刻度线的下一位。例如,用500mm 量程的毫米分度钢尺测量某物体的长度,正确的读法是除了确切地读出钢尺上有刻线的位数之外,还应估计一位,即读到 1/10mm。比如,测出某物体的长度是 28.4mm,前两位数"28"可以从钢尺上直接读出来,是确切数字,而第三位数 4 是测量者估读出来的,估读的结果因人而异。因此,这一位数是有疑问的,称为存疑数字。测量值一般只保留一位存疑数字,其余均为准确数。所谓有效数字是由所有准确数字和一位存疑数字构成的,这些数字的总位数称为有效位数。

一个物理量的数值与数学上的数有着不同的含义。例如,在数学意义上 4.60＝4.600,但在物理测量中(如长度测量),4.60cm≠4.600cm,因为 4.60cm 中的前两位"4"和"6"是准确数,最后一位"0"是存疑数,共有 3 位有效数字,而 4.600cm 则有 4 位有效数字。实际上这两种写法表示了两种不同精度的测量结果,所以在记录实验测量数据时,有效数字的位数不能随意增减。

书写有效数字时必须注意"0"的位置。例如,某物体的质量为 0.60300kg,第一个"0"不表示有效数字,它的出现是因为选用的单位大,数值就小了的缘故。如果用 g 作单位,则物体质量为 603.00g,前面这个"0"就没有了。而数值中后面两个"0"都是有效数字,不能省略,否则就不能反映实验数据的确切程度及存疑数字的位置。为了避免混淆,并使记录和计算方便,通常按照数字的标准形式将上例写成

$$6.0300 \times 10^{-1} \text{kg} \quad \text{或} \quad 6.0300 \times 10^2 \text{g}$$

也就是说,在小数点前一律取一位有效数字。采用不同单位而引起的数值上的不同,可用乘以 10 的幂来表示。

在单位换算或小数点位置变化时,不能改变有效数字位数,而是应该运用科学记数法,把不同单位用 10 的不同幂次表示。例如,1.2m 不能写作 120cm、1200mm 或 1200000μm,应记为

$$1.2\text{m} = 1.2 \times 10^2 \text{cm} = 1.2 \times 10^3 \text{mm} = 1.2 \times 10^6 \mu\text{m}$$

它们都是两位有效数字。反之,把小单位换成大单位,小数点移位,在数字前出现的"0"不是有效数字,如 2.42mm＝0.242cm＝0.00242m,它们都是 3 位有效数字。

数字的取舍采用"四舍六入五凑偶"规则,即

(1) 欲舍去的数字最高位为 4 或 4 以下的数,则"舍";若为 6 或 6 以上的数,则"入"。

(2) 欲舍去的数字最高位为 5 时,前一位数为奇数,则"入";为偶数,则"舍"。即通过取舍总是把前一位数凑成偶数。这又称为"单进双不进"规则。这样做可以使"入"和"舍"的机会均等,以避免用"四舍五入"规则处理较多数据时,因"入"多"舍"少而引入计算误差。

例如,将下列数据舍入到小数点后第二位:

5.0261→5.03

5.0245→5.02

5.0250→5.02

5.0354→5.04

有些仪器,如数字式仪表或游标卡尺,是不可能估计出最小刻度以下一位数字的,就把直接读出的数字记录下来,仍然认为最后一位数字是存疑的,因为最后一位数总有±1 的误差。

1.4.2 有效数字的运算规则

间接测量结果是由直接测量结果根据一定的数学式计算出来的,因此也有一定的有效数字。有效数字运算的总的规则是:确切数字与确切数字运算后仍为确切数字,存疑数字与存疑数字运算后仍为存疑数字,存疑数字与确切数字运算后成为存疑数字,进位数可视为确切数字。对于已经给出了不确定度的有效数字,在运算时应先计算出运算结果的不确定度,然后根据这个不确定度决定结果的有效数字位数。如今在电子计算器已得到普遍使用的情况下,方便了有效数字的运算,可以把原始数据直接输入计算器,得到最后的计算结果,再按规则确定其有效数字位数。

1. 加减运算

(1) 如果已知参与加减运算的各有效数字的不确定度,则先算出计算结果的不确定度,并保留 1~2 位,然后确定计算结果的有效数字位数。

(2) 如果没给出参与加减运算的各有效数字的不确定度,则先找出存疑位最高的那个有效数字,计算结果的存疑位应与该有效数字的存疑位对齐。

【例 3】 $A=15.85, B=0.0031, C=2.8054$,求 $A+B-C$。

【解】 $A+B-C=15.85+0.0031-2.8054=13.0477$

按照规则(2),A 的存疑位最高,所以最后结果的存疑位也应保留到这位,即

$$A+B-C = 13.05$$

结果应为 4 位有效数字。

2. 乘除运算

若干个有效数字要乘除时,计算结果(积或商)的有效数字位数在大多数情况下,与参与运算的有效数字位数最少的那个分量的有效数字位数相同。

【例 4】 $A=14.25, B=2.45$,求 $A \times B$。

【解】 $A \times B = 14.25 \times 2.45 = 34.9125$

按照规则,B 分量的有效数字位数最少,所以计算结果的有效数字位数与其相同,即

$$A \times B = 34.9$$

结果应为 3 位有效数字。

3. 乘方开方运算规则

有效数字在乘方或开方时,若乘方或开方的次数不太高,其结果的有效数字位数与原底数的有效数字位数相同。

【例5】 $A=100$,求 $\sqrt{A}$ 和 A^2。

【解】 $\sqrt{A}=10$,$A^2=10000$,由于 A 为 3 位有效数字,所以 $\sqrt{A}$、A^2 也应该为 3 位有效数字,所以它们分别为

$$\sqrt{A}=10.0, \quad A^2=1.00\times10^4$$

4. 对数运算

有效数字在取对数时,其有效数字的位数与真数的有效数字位数相同或多取 1 位。

【例6】 $A=3.27$,求 $\lg A$。

【解】 $\lg A=0.51454\cdots$,最后取 $\lg A=0.514$,运算结果为 3 位有效数字。

在有效数字运算过程中,对中间运算结果应适当多保留几位,以免因过多截取而带来误差。

5. 带常数的运算

公式中的常数,如 π、e、$\sqrt{2}$ 等,它们的有效数字位数是无限的,运算时一般根据需要,比参与运算的其他量多取一位有效数字即可。例如:

(1) $S=\pi r^2$,$r=6.042\mathrm{cm}$,π 取为 3.1416,所以 $S=3.1416\times6.042^2=114.7(\mathrm{cm}^2)$;

(2) $\theta=129.3+\pi$,π 取为 3.14,$\theta=129.3+3.14=132.4(\mathrm{rad})$。

上述只是几种最简单的运算形式,实际遇到的情况要复杂得多。计算一个结果往往包括几种不同形式的运算,对于这种复杂的运算,一般要通过计算不确定度来确定结果的有效数字位数。

1.4.3 测量结果的有效数字位数

测量结果都应表示成 $x=\bar{x}\pm\Delta_x$ 的形式,有效数字应该是多少位,要由测量的不确定度决定。例如,已知测得的电压平均值是 12.3056V,不确定度是 0.006V。由不确定度知道,千分位是存在误差的,因此测量数据从千分位开始,以后的各位都是存疑位,多保留是没有意义的。测量结果应表示成 (12.306 ± 0.006)V。测量结果是 5 位有效数字,前 4 位是确切数字,末位的"6"是存疑数字。由上面例子可知,测量不确定度的数字与测量值的有效数字存疑位应该具有相同的数量级,或者说,不确定度数字所在位应该与测量值有效数字存疑位对齐。不确定度一般取 1~2 位,当不确定度第一位数字较小时通常取 2 位。

1.5 实验数据处理基本方法

数据处理是指从获得数据开始到得出最后结论的整个加工过程,包括数据记录、整理、计算、分析和绘制图表等。数据处理是实验工作的重要内容,涉及的内容很多,这里仅介绍一些基本的数据处理方法。

1.5.1 列表法

对一个物理量进行多次测量或研究几个量之间的关系时,往往借助于列表法把实验数

据列成表格。其优点是,使大量数据表达清晰醒目,条理化,易于检查数据和发现问题,避免差错,同时有助于反映出物理量之间的对应关系。所以,设计一个简明醒目、合理美观的数据表格,是每一个同学都要掌握的基本技能。

列表没有统一的格式,但所设计的表格要能充分反映上述优点,应注意以下几点。

(1) 各栏目均应注明所记录的物理量的名称(符号)和单位。

(2) 栏目的顺序应充分注意数据间的联系和计算顺序,力求简明、齐全、有条理。

(3) 表中的原始测量数据应正确反映有效数字,数据不应随便涂改,确实要修改数据时,应将原来数据画条杠以备随时查验。

(4) 对于函数关系的数据表格,应按自变量由小到大或由大到小的顺序排列,以便于判断和处理。

1.5.2 图解法

图线能够直观地表示实验数据间的关系,找出物理规律,因此图解法是数据处理的重要方法之一。图解法处理数据,首先要画出合乎规范的图线,其要点如下。

(1) 选择图纸。作图纸有直角坐标纸(即毫米方格纸)、对数坐标纸和极坐标纸等,根据作图需要选择。在物理实验中比较常用的是毫米方格纸,其规格多为 $17\text{cm} \times 25\text{cm}$。

(2) 曲线改直。由于直线最易描绘,且直线方程的两个参数(斜率和截距)也较易算得,所以对于两个变量之间的函数关系是非线性的情形,在用图解法时应尽可能通过变量代换将非线性的函数曲线转变为线性函数的直线。下面为几种常用的变换方法。

① $xy = c$(c 为常数)。令 $z = \dfrac{1}{x}$,则 $y = cz$,即 y 与 z 为线性关系。

② $x = c\sqrt{y}$(c 为常数)。令 $z = x^2$,则 $y = \dfrac{1}{c^2}z$,即 y 与 z 为线性关系。

③ $y = ax^b$(a 和 b 为常数)。等式两边取对数得 $\lg y = \lg a + b\lg x$。于是,$\lg y$ 与 $\lg x$ 为线性关系,b 为斜率,$\lg a$ 为截距。

④ $y = ae^{bx}$(a 和 b 为常数)。等式两边取自然对数得 $\ln y = \ln a + bx$。于是,$\ln y$ 与 x 为线性关系,b 为斜率,$\ln a$ 为截距。

(3) 确定坐标比例与标度。合理选择坐标比例是作图法的关键所在。作图时通常以自变量作横坐标(x 轴),因变量作纵坐标(y 轴)。坐标轴确定后,用粗实线在坐标纸上描出坐标轴,并注明坐标轴所代表物理量的符号和单位。

坐标比例是指坐标轴上单位长度(通常为 1cm)所代表的物理量大小。坐标比例的选取应注意以下几点。

① 原则上要做到数据中的可靠数字在图上应是可靠的,即坐标轴上的最小分度(1mm)对应于实验数据的最后一位准确数字。坐标比例选得过大会损害数据的准确度。

② 坐标比例的选取应以便于读数为原则,常用的比例为"1∶1""1∶2""1∶5"(包括"1∶0.1""1∶10"…),即每厘米代表"1、2、5"倍率单位的物理量。切勿采用复杂的比例关系,如"1∶3""1∶7""1∶9"等。这样不但不易绘图,而且读数困难。

坐标比例确定后,应对坐标轴进行标度,即在坐标轴上均匀地标出所代表物理量的数值,标记所用的有效数字位数应与实验数据的有效数字位数相同。标度不一定从零开始,一般用小于实验数据最小值的某一数作为坐标轴的起始点,用大于实验数据最大值的某一数作为终点,这样图纸可以被充分利用。

（4）数据点的标出。实验数据点在图纸上用"＋"符号标出,符号的交叉点正是数据点的位置。若在同一张图上作几条实验曲线,各条曲线的实验数据点应该用不同符号(如×、⊙等)标出,以示区别。

（5）曲线的描绘。由实验数据点描绘出平滑的实验曲线,连线要用透明直尺或三角板、曲线板等拟合。根据随机误差理论,实验数据应均匀分布在曲线两侧,与曲线的距离尽可能小。个别偏离曲线较远的点,应检查标点是否错误,若无误表明该点可能是错误数据,在连线时不予考虑。对于仪器仪表的校准曲线和定标曲线,连接时应将相邻的两点连成直线,整个曲线呈折线形状。

（6）注解与说明。在图纸上要写明图线的名称、坐标比例及必要的说明(主要指实验条件),并在恰当地方注明作者姓名、日期等。

（7）直线图解法求待定常数。直线图解法首先是求出斜率和截距,进而得出完整的线性方程,其步骤如下。

① 选点。在直线上紧靠实验数据两个端点内侧取两点 $A(x_1, y_1)$、$B(x_2, y_2)$,并用不同于实验数据的符号标明,在符号旁边注明其坐标值(注意有效数字)。若选取的两点距离较近,计算斜率时会减少有效数字的位数。这两点既不能在实验数据范围以外取点,因为它已无实验根据,也不能直接使用原始测量数据点计算斜率。

② 求斜率。设直线方程为 $y = a + bx$,则斜率为

$$b = \frac{y_2 - y_1}{x_2 - x_1} \tag{1-5-1}$$

③ 求截距。截距的计算公式为

$$a = y_1 - bx_1 \tag{1-5-2}$$

1.5.3　逐差法

当两个变量之间存在线性关系,且自变量为等差级数变化的情况下,用逐差法处理数据既能充分利用实验数据,又具有减小误差的效果。具体做法是将测量得到的偶数组数据分成前后两组,将对应项分别相减,然后再求平均值。

例如,在弹性限度内,弹簧的伸长量 x 与所受的载荷(拉力)F 满足线性关系,即

$$F = kx$$

实验时等差地改变载荷,测得一组实验数据如表 1-5-1 所示。

表 1-5-1　实验数据

砝码质量/kg	1.000	2.000	3.000	4.000	5.000	6.000	7.000	8.000
弹簧伸长位置/cm	x_1	x_2	x_3	x_4	x_5	x_6	x_7	x_8

求每增加 1kg 砝码弹簧的平均伸长量 Δx。

若不假思考地进行逐项相减,很自然会采用下列公式计算:

$$\Delta x = \frac{1}{7}[(x_2 - x_1) + (x_3 - x_2) + \cdots + (x_8 - x_7)] = \frac{1}{7}(x_8 - x_1)$$

结果发现除 x_1 和 x_8 外,其他中间测量值都未用上,它与一次增加 7 个砝码的单次测量等价。若用多项间隔逐差,即将上述数据分成前后两组,前一组 (x_1,x_2,x_3,x_4),后一组 (x_5,x_6,x_7,x_8),然后对应项相减求平均,即

$$\Delta x = \frac{1}{4 \times 4}[(x_5 - x_1) + (x_6 - x_2) + (x_7 - x_3) + (x_8 - x_4)]$$

这样全部测量数据都用上了,保持了多次测量的优点,减少了随机误差,计算结果比前面的要准确些。逐差法计算简便,特别是在检查具有线性关系的数据时,可随时逐差验证,能及时发现数据规律或错误数据。

1.5.4 最小二乘法

最小二乘法是一种常用的数学方法,在实验中常常使用这种方法处理数据,以求得经验公式。在讨论随机误差时,定义残差等于测量值与总体平均值之差。当随机误差服从正态分布时,残差有两个重要特性,即残差的代数和为零及残差的平方和最小,这正是最小二乘法的理论基础。设物理量 x、y 之间具有一定的函数关系 $y = f(x)$。一般都是把误差最小(可以忽略)的物理量定为自变量 x,而主要误差都出现在另一物理量即因变量 y 上。在实验中自变量取值为 x_i,测得与之相应的因变量数值为 $y_i(i=1,2,\cdots,k)$,在获得 (x_i,y_i) 这组数据的测量中,若认为不存在系统误差(即无偏性),y_i 的随机误差相互独立,且服从正态分布,此时可用最小二乘法处理数据。最小二乘法的原理是:利用已获得的一组测量数据 (x_i,y_i),求出一个误差最小的最佳经验公式,使测量值 y_i 与用最佳经验公式计算出的 y 值之间的残差平方和最小,即

$$\sum_{i=1}^{k}[y_i - f(x_i)]^2 \tag{1-5-3}$$

有最小值。根据最小二乘法原理,可以求出经验公式中的待定参数。

练习题

1. 指出下列各数是几位有效数字:

(1) 0.0002;   (2) 0.0500;   (3) 4.0000;   (4) 870.43200;

(5) 5.55;   (6) 0.0674;   (7) 0.189;   (8) 0.0005830。

2. 改正下列错误,写出正确答案。

(1) 0.60730 的有效数字为 6 位;   (2) $P = (81590 \pm 500)\text{kg}$;

(3) $d = (20.860 \pm 0.6)\text{cm}$;   (4) $t = (48.6496 \pm 0.6133)\text{cm}$;

(5) $D = (37.462 \pm 0.8)\text{cm}$;   (6) $h = (15.3 \times 10^4 \pm 1000)\text{km}$;

(7) $R = 2372\text{km} = 2372000\text{m} = 237200000\text{cm}$;

(8) 最小分度值为分($'$)的测角仪测得角度刚好为 60° 整,测得结果表示为 $60° \pm 2'$。

3. 有甲、乙、丙、丁 4 人,用同一仪器度量同一钢球直径,各人所得的结果如下:

甲:$(3.165 \pm 0.01)\text{cm}$;   乙:$(3.16 \pm 0.01)$;

丙:$(3.16 \pm 0.01)\text{cm}$;   丁:$(3.2 \pm 0.01)\text{cm}$。

问哪个人的表示正确?其他人错在哪里?

4. 按有效数字运算规则,计算下列各式:

(1) $76.3545-3.6$；

(2) 24.26×8.4；

(3) $3.51\times10^4-323$；

(4) $\pi\times(4.32)^2$；

(5) $\sqrt{3600}$；

(6) $(62.34-6.3)\times0.25$。

5. 用 $\Delta_{ins}=0.02$mm 的卡尺测某物体长度,数据如下:29.18、29.24、29.28、29.26、29.22、29.20mm。求:(1)$\bar{x}$；(2)S_x；(3)Δ_A；(4)Δ_B；(5)Δ_x；(6)写出测量结果表达式。

6. 推导圆柱体体积 $V=\dfrac{\pi d^2 h}{4}$ 的不确定度合成公式 $\dfrac{\Delta_V}{V}$(方和根合成)。

7. 利用单摆测重力加速度 g,当摆角很小时有 $T=2\pi\sqrt{\dfrac{l}{g}}$ 的关系。式中,l 为摆长,T 为周期,它们的测量结果分别为 $l=(97.69\pm0.02)$cm,$T=(1.9842\pm0.0002)$s。求重力加速度及其不确定度,并用结果表示出来。

第2章

基本型实验

实验 2.1   长度的测量与数据处理练习

长度、质量和时间是力学中最基本的 3 个物理量,对这 3 个基本量的测量是对其他物理量测量的基础。常用的测量长度的量具有米尺、游标卡尺、螺旋测微计和测量显微镜等。表征这些仪器的主要规格有量程和分度值。需视测量的对象和条件来选择量具。测量 10^{-4} mm 以下的微小长度时,需要用更先进的测量方法(如光的干涉或衍射法等)或更精密的测量仪器(如比长仪)。

【实验目的】

(1) 学习游标卡尺、螺旋测微计的测量原理和使用方法。

(2) 学会正确记录和处理实验数据。

【实验仪器】

游标卡尺、螺旋测微计、待测物体(圆环、小钢球)。

【实验原理】

1. 游标卡尺

游标卡尺(见图 2-1-1)可以用来测量物体的长、宽、高、深和圆环的内、外直径,测量的准确度可达 0.02mm。

1) 游标卡尺的构造

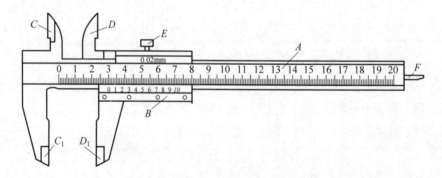

图 2-1-1   游标卡尺的外形结构

A—主尺;B—游标;C、D—内量爪;C_1、D_1—外量爪;E—固定螺钉;F—深度尺

游标卡尺主要由两部分构成,如图 2-1-1 所示,主尺 A 是和普通米尺相似的一条直尺,其最小刻度为 1mm。副尺 B(也叫游标)套在主尺上可沿主尺滑动。游标可由螺钉 E 固定。游标上还相连着深度尺 F,嵌套在主尺背面的凹槽内,可沿凹槽滑动。

如图 2-1-1 所示,外量爪 C_1、D_1 用来测量长、宽、高、外径等,内量爪 C、D 用来测量内径等,深度尺 F 用来测量筒的深度等。

2) 游标原理

游标卡尺是利用主尺的单位刻度与游标副尺单位刻度之间固定的微量差值来提高测量的准确度。

假定游标副尺上有 m 个等分度,每格的长度为 x;主尺上每格长度为 y。游标卡尺的原理为,游标副尺上 m 个分度的总长度等于主尺上 m 个分度的总长度减去 1mm,即将主尺上 $(m-1)$mm 分成 m 份。

公式表示为

$$mx = my - 1$$

3) 游标卡尺的精度

主尺与游标副尺的每一分度之差为

$$\Delta X = y - x$$

ΔX 就叫游标卡尺的精度,则有

$$\Delta X = y - \frac{my-1}{m} = \frac{1}{m}(\text{mm})$$

式中,m 为游标副尺上的分度数。因此,游标卡尺的精度与游标副尺的分度数有关。

例如,若游标刻度将主尺 19mm 分成 20 分度,则该游标卡尺的精度为

$$\Delta X = \frac{1}{m} = \frac{1}{20} = 0.05(\text{mm})$$

而若游标刻度将主尺 49mm 分成 50 分度,则该游标卡尺的精度为

$$\Delta X = \frac{1}{m} = \frac{1}{50} = 0.02(\text{mm})$$

4) 游标卡尺的使用

设物体的长度为 L,由图 2-1-2 可见

$$L = L_0 + \Delta L$$

L_0 为毫米以上的读数,直接由游标零线在主尺的位置读出。ΔL 为毫米以下的读数,借助于游标读出。图 2-1-2 中游标的第 25 根线与主尺上的某根线对齐,所以

$$\Delta L = 25y - 25x = 25(y-x) = 25 \times 0.02 = 0.50(\text{mm})$$

物体的长度为

$$L = L_0 + \Delta L = 21 + 0.50 = 21.50(\text{mm})$$

结论为

$$L = L_0 + \Delta L = L_0 + n\Delta X = L_0 + \frac{n}{m}$$

式中,n 指与主尺上某刻度对齐的游标上的刻度线序号。

5) 游标卡尺的初读数

使用游标卡尺测量长度时,应先把外量爪 C_1、D_1 合拢,检查游标"0"线与主尺"0"线是

否重合,如不重合,应记下初读数(零点读数)。

$$测量值 = 终读数 - 初读数$$

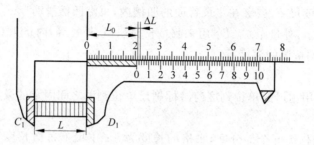

图 2-1-2 游标卡尺的读数法

2. 螺旋测微计

螺旋测微计也称螺纹千分尺,简称千分尺,它是比游标卡尺更精密的测量仪器,常用它测小球的直径、金属丝的直径和薄板的厚度等,其外观如图 2-1-3 所示。

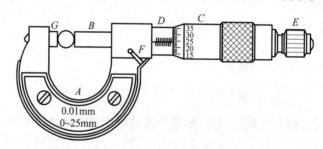

图 2-1-3 螺旋测微计

A—弓架;B—测微螺杆;C—微分套筒;D—标尺;E—棘轮;F—锁紧手柄;G—钻台

1) 螺旋测微计的构造

螺旋测微计的主要部件是一个测微螺杆,螺距 0.5mm,因此当测微螺杆旋转一周时,它沿轴线前进或后退 0.5mm。微分套筒 C 与测微螺杆相连,套筒口的边缘被均匀分为 50 个小格,当套筒上的刻度转过 1 小格时,测微螺杆沿轴线方向前进或后退 $\dfrac{0.5}{50}$ mm $=$ 0.01mm $\left(0.01\text{mm} = \dfrac{1}{1000}\text{cm},\right.$又叫千分尺,这就是螺旋测微计的精度$\left.\right)$。

2) 螺旋测微计的读数方法

(1) 初读数(零点读数)

当钳口 G、B 接触时,微分套筒 C 的左边缘应落在标尺 D 的零线上,且套筒的零线刻度应正对标尺 D 横向刻度线,如图 2-1-4(a)所示,此时初读数为 0.000mm。若标尺 D 横向刻线正对套筒 C 的"0"刻线下两格处,如图 2-1-4(b)所示,此时初读数为 -0.020mm。若标尺 D 横向刻线正对套筒 C 的"0"刻线上一格处,如图 2-1-4(c)所示,此时初读数为 $+0.010$mm。

(2) 终读数

在标尺 D 横向刻线的上方刻有毫米刻线,横线的下方刻有 0.5mm 刻线。测量时应把标尺 D 上的读数加上套筒 C 上的读数为终读数。例如要测一小球的外径,可将小球放在钳

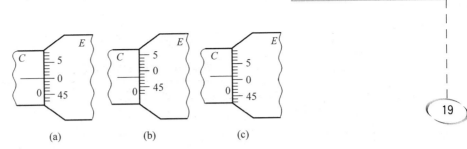

图 2-1-4　螺旋测微计的初读数方法

口 G、B 中间,转动棘轮 E,听到"喀、喀、喀"的声音,就可进行读数。标尺 D 上的横线正对套筒 C 上 25 格和 26 格之间,如图 2-1-5(a)、(b)所示,在图 2-1-5(a)中,终读数是 $5+0.255=5.255(\text{mm})$。在图 2-1-5(b)中,终读数是 $5+0.5+0.255=5.755(\text{mm})$。

$$测量数 = 终读数 - 初读数$$

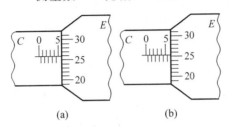

图 2-1-5　螺旋测微计的终读数方法

【实验内容与实验步骤】

1. 用游标卡尺测量金属环的体积

(1) 测量金属环外直径 D。将圆环夹于游标卡尺的 C_1、D_1 两钳口之间,观测其读数,在环的不同部位测量 6 次,以 D 的平均值为测量值。

(2) 测量金属环内直径 d。将游标卡尺的 C、D 两齿放进金属环内,张开 C、D 使之与环的内壁密接,观测其读数,在环的不同部位测量 6 次,以 d 的平均值为测量值。

(3) 测量金属环的高度 H。在环的不同部位测量 6 次,以 H 的平均值为测量值。

2. 用螺旋测微计测量钢球的直径

(1) 测出螺旋测微计的初读数 d_0。

(2) 将钢球夹在 G、B 两测量面上,测量钢球的直径,读数为 d,测量 6 次,然后求出其平均值 $\bar{d}$。

【注意事项】

(1) 爱护仪器,不要摔碰,使用时不要用力太大。

(2) 用螺旋测微计进行测量时,G、B 两测量面将要和被测量物体接触时要旋转棘轮,不要直接旋动鼓轮。

(3) 测量完毕后将仪器收入盒内。在将螺旋测微计收回盒内之前,应检查 G、B 测量面是否接触,若接触,为保护端面应将螺杆旋退 1mm,避免下次取用时由于误动而使 G、B 测量面受挤压。

【数据处理】

1. 测量金属环的体积

1) 计算 D、d、H 的平均值

将测量数据填入表 2-1-1 中,并计算 D、d、H 的平均值。

表 2-1-1　金属环实验数据　　　　　　　　　　　　　　　　　　　mm

项目	量次						平均值
	1	2	3	4	5	6	
D							
d							
H							

2) D、d、H 的不确定度的计算

B 类不确定度取游标卡尺精度,即 $\Delta_{\mathrm{ins}}=0.02\mathrm{mm}$,所以有

$$\Delta_{DA}=S(D)=\sqrt{\frac{\sum_{i=1}^{6}(D_i-\overline{D})^2}{6-1}}$$

$$\Delta_{dA}=S(d)=\sqrt{\frac{\sum_{i=1}^{6}(d_i-\overline{d})^2}{6-1}}$$

$$\Delta_{HA}=S(H)=\sqrt{\frac{\sum_{i=1}^{6}(H_i-\overline{H})^2}{6-1}}$$

$$\Delta_D=\sqrt{\Delta_{DA}^2+\Delta_{\mathrm{ins}}^2}$$

$$\Delta_d=\sqrt{\Delta_{dA}^2+\Delta_{\mathrm{ins}}^2}$$

$$\Delta_H=\sqrt{\Delta_{HA}^2+\Delta_{\mathrm{ins}}^2}$$

3) 实验结果的表示

(1) 圆环的体积

$$V=\frac{\pi}{4}(\overline{D}^2-\overline{d}^2)\overline{H}$$

(2) 测量结果的不确定度 Δ_V

由 $V=\frac{\pi}{4}(D^2-d^2)H$ 得环体积的对数及其微分式为

$$\ln V=\ln\frac{\pi}{4}+\ln(D^2-d^2)+\ln H$$

$$\frac{\partial\ln V}{\partial d}=\frac{2d}{d^2-D^2},\quad\frac{\partial\ln V}{\partial D}=\frac{2D}{d^2-D^2},\quad\frac{\partial\ln V}{\partial H}=\frac{1}{H}$$

代入得

$$\frac{\Delta_V}{V}=\sqrt{\left(\frac{\partial\ln V}{\partial d}\right)^2(\Delta_d)^2+\left(\frac{\partial\ln V}{\partial D}\right)^2(\Delta_D)^2+\left(\frac{\partial\ln V}{\partial H}\right)^2(\Delta_H)^2}$$

得到相对不确定度为

$$\frac{\Delta_V}{V}=\sqrt{\left(\frac{2d\Delta_d}{d^2-D^2}\right)^2+\left(\frac{2D\Delta_D}{d^2-D^2}\right)^2+\left(\frac{\Delta_H}{H}\right)^2}$$

不确定度为

$$\Delta_V = V \sqrt{\left(\frac{2d\Delta_d}{d^2 - D^2}\right)^2 + \left(\frac{2D\Delta_D}{d^2 - D^2}\right)^2 + \left(\frac{\Delta_H}{H}\right)^2}$$

（3）结果表示

$$V = V \pm \Delta_V$$

2. 用螺旋测微计测钢球的直径

将测量数据填入表 2-1-2 中，参考例 1 中钢球的直径。

表 2-1-2　钢球直径实验数据　　　　初读数 $d_0 = $ _____ mm

项目	量　　次						平均值
	1	2	3	4	5	6	
d_i/mm							

【**例 1**】　用螺旋测微计测量小钢球的直径，共测 6 次，分别为 6.995、6.998、6.997、6.994、6.993、6.994mm，测量前螺旋测微计零点读数值（初读数）$d_0 = -0.003$mm，螺旋测微计的示值误差限 $\Delta_{ins} = 0.005$mm。试写出测量结果的表达式。

【**解**】　$\bar{d} = \dfrac{1}{6}\sum\limits_{i=1}^{6} d_i = 6.9952$mm

用已定系统误差进行修正，得测量值为

$$d = \bar{d} - (-0.003) = 6.9982\text{mm}$$

$$\Delta_A = S_d = \sqrt{\frac{\sum\limits_{i=1}^{6}(d_i - \bar{d})^2}{6 - 1}} = 0.0019\text{mm}$$

$$\Delta_B = \Delta_{ins} = 0.005\text{mm}$$

$$\Delta_d = \sqrt{\Delta_A^2 + \Delta_B^2} = 0.005\text{mm}$$

测量结果为

$$d = \bar{d} \pm \Delta_d = (6.998 \pm 0.005)\text{mm}$$

思考题

1. 什么是游标卡尺的精度值？如游标上有 50 格，主尺一格是 1mm，其精度是多少？读数的末位可否出现奇数？为什么？能否估读？

2. 螺旋测微计以毫米为单位可估读到哪一位？初读数的正或负如何判断？待测长度如何确定？

3. 在用螺旋测微计将待测物夹紧测量时为什么不能直接旋动套筒？棘轮有什么作用？

4. 用示值误差为 0.004mm、初读数为 -0.010mm 的千分尺测钢球直径 6 次，其读数为 5.003、5.005、5.007、5.007、5.003、5.004mm，钢球直径的测量结果为多少？

实验 2.2　转动惯量的测量

转动惯量是表征刚体转动性质的物理量，是刚体转动惯性大小的量度，它与刚体的总质量、形状、大小、各部分密度分布及转轴的位置有关。对于形状简单的刚体，可以通过数学方法算出它对特定转轴的转动惯量。但对于形状较复杂的刚体,用数学方法计算很困难,有时甚至不可能,因此常用实验方法来测定。学会刚体转动惯量的测定方法,具有重要的实际意义,它在炮弹飞行、飞轮、发动机叶片、电机转子及卫星外形等设计领域均有应用。测定刚体转动惯量的实验方法有多种。本实验介绍一种常用方法——三线摆法。

【实验目的】

(1) 掌握用三线摆法测量转动惯量的原理和方法。

(2) 学会正确测量长度和时间的方法。

(3) 学会用三线摆法测量圆盘和圆环绕对称轴的转动惯量。

【实验仪器】

DH4601 式转动惯量测定仪、气泡水准仪、卷尺、游标卡尺(镀铬游标卡尺)、机械秒表、圆环等。

【实验原理】

一个具有一定形状和大小的刚体,可以看成是由无数个质点组成的质点系,如图 2-2-1 所示。

在刚体的描述中,引入了转动惯量 J 这个物理量,它的定义为

$$J = \sum m_i r_i^2 \qquad (2\text{-}2\text{-}1)$$

式中,m_i 为组成刚体的第 i 个质点的质量;r_i 为该质点至转轴的距离。

对于质量连续分布的物体来说,转动惯量应为

$$J = \int r^2 \, \mathrm{d}m = \int r^2 \rho \mathrm{d}V \qquad (2\text{-}2\text{-}2)$$

式中,$\mathrm{d}V$ 为相应于质量元 $\mathrm{d}m$ 的体积元;ρ 为体积元处的密度;r 为体积元与转轴之间的距离。

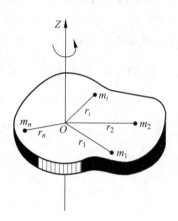

图 2-2-1　刚体的组成

在国际单位制中,转动惯量的单位是 $\mathrm{kg \cdot m^2}$。由式(2-2-1)和式(2-2-2)可知,转动惯量与物体的质量、质量分布、形状及转轴位置有关。形状、大小和质量分布均一定的物体,对不同转轴的转动惯量不同。可以证明,对任何刚体,若它对通过其质心的轴的转动惯量为 J_c,则它对和该轴平行的任何其他轴的转动惯量都可以表示成如下形式:

$$J = J_c + md^2 \qquad (2\text{-}2\text{-}3)$$

式中,m 为刚体的质量;d 为通过质心的转轴与平行于该轴的其他轴之间的垂直距离。这个关系式叫做平行轴定理。根据以上理论计算,圆盘对通过其中心轴的转动惯量为 $\dfrac{m_0 D_0^2}{8}$,圆环对通过其中心轴的转动惯量为 $\dfrac{m(D_1^2 + D_2^2)}{8}$,其中,$m_0$、$m$ 分别为圆盘、圆环的质量,D_0 为圆盘的直径,D_1、D_2 分别为圆环的外径和内径,圆盘、圆环质量为均匀分布。

转动惯量测定仪如图 2-2-2 所示,它由上、下两个圆盘用 3 条等长悬线联结而成,上、下两个圆盘的悬线点 A_1、A_2、A_3 和 B_1、B_2、B_3 分别构成内接圆周的等边三角形。上圆盘可绕固定在支架上的转轴转动,为了不使悬盘(下圆盘)扭转时晃动,不要直接扭转悬盘,而是使上圆盘转过一个小角度,由于悬线的张力作用而牵动悬盘绕上、下盘中心连线 OO' 轴作周期

性的扭转运动,同时,悬盘的质心将沿着转轴 OO' 升降。显然,扭转的过程也是悬盘势能与动能的转化过程。扭转的周期与悬盘的转动惯量有关。如果把待测物体放在悬盘上,系统的扭转周期就改变了。

当悬盘离开平衡位置向某一方向转动到最大角位移 $\theta_{\max}$ 时,悬盘的位置随着升高 h,如图 2-2-3 所示,则悬盘势能的增量为

$$E_{\mathrm{p}} = m_0 g h \tag{2-2-4}$$

式中,m_0 为悬盘的质量;g 为实验地区的重力加速度。

图 2-2-2　转动惯量测定仪

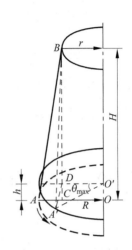

图 2-2-3　悬盘离开平衡时势能变化

若设悬盘对 OO' 轴的转动惯量为 J_0,当它回到平衡位置时的角速度为 ω_0,则悬盘的转动动能增量为

$$E_{\mathrm{k}} = \frac{1}{2} J_0 \omega_0^2 \tag{2-2-5}$$

如果不考虑阻力,则由机械守恒定律有

$$m_0 g h = \frac{1}{2} J_0 \omega_0^2 \tag{2-2-6}$$

若扭转角度足够小,且悬线很长,可以证明,悬盘的摆动可近似看作简谐运动,其角位移 θ 和时间 t 的关系为

$$\theta = \theta_0 \sin \frac{2\pi}{T_0} t \tag{2-2-7}$$

式中,θ_0 是悬盘振动的最大角位移(角振幅);T_0 是悬盘振动的周期。将式(2-2-7)对时间 t 求一阶导数,可得到悬盘在 t 时刻的角速度 ω 为

$$\omega = \frac{\mathrm{d}\theta}{\mathrm{d}t} = \frac{2\pi}{T_0} \theta_0 \cos \frac{2\pi}{T_0} t \tag{2-2-8}$$

可见,悬盘在通过平衡位置时的最大角速度为

$$\omega_0 = \frac{2\pi}{T_0} \theta_0 \tag{2-2-9}$$

将式(2-2-9)代入到式(2-2-6)中得

$$\frac{1}{2}J_0\left(\frac{2\pi}{T_0}\theta_0\right)^2 = m_0gh$$

即

$$J_0 = \frac{m_0gT_0^2}{2\pi^2\theta_0^2}h \tag{2-2-10}$$

式中，h 是悬盘在最大角位移时上升的高度。根据图 2-2-3 的几何关系可得

$$h = BC - BD = CD$$
$$BC^2 = AB^2 - AC^2 = l^2 - (R-r)^2$$
$$BD^2 = A'B^2 - A'D^2 = l^2 - (R^2 + r^2 - 2Rr\cos\theta_{max})$$

则有

$$h = BC - BD = \frac{BC^2 - BD^2}{BC + BD} = \frac{2Rr(1-\cos\theta_{max})}{H + (H-h)} = \frac{4Rr\sin^2\frac{\theta_{max}}{2}}{2H - h}$$

因为悬线很长，满足条件 $2H \gg h$，θ_{max} 很小，角度的正弦值可用其弧度值代替，可得

$$h = \frac{Rr\theta_{max}}{2H} \tag{2-2-11}$$

将式(2-2-11)代入式(2-2-10)，考虑到最大角位移 θ_{max} 等于悬盘振动角振幅 θ_0，可得待测悬盘的转动惯量为

$$J = \frac{m_0gRr}{4\pi^2 H}T_0^2 \tag{2-2-12}$$

式中，H 为上下圆盘之间的距离；r 和 R 分别为上圆盘和下圆盘的有效半径，即从悬点到盘心的距离，而不是圆盘的几何半径；T_0 为悬盘的振动周期。欲测质量为 m 的物体相对于某特定轴的转动惯量，只需将该物体置于悬盘上，并使其特定轴与 OO' 轴重合，则系统的总质量为 $m_0 + m$，由式(2-2-12)可测出系统的总转动惯量为

$$J_{总} = \frac{(m_0 + m)gRr}{4\pi^2 H}T^2$$

式中，T 为系统的振动周期。则待测物体的转动惯量为

$$J = J_{总} - J_0 = \frac{(m_0 + m)gRr}{4\pi^2 H}T^2 - J_0 \tag{2-2-13}$$

需要指出的是，由于物理公式只在一定条件下才成立，故本实验中的如下条件应满足：θ_{max} 足够小，忽略摩擦阻力，悬线很长且相等，悬线无形变，悬线张力相等，上、下圆盘水平且只绕 OO' 轴扭动而没有晃动。

【实验内容】

1. 测定悬盘的转动惯量

(1) 查出悬盘的质量 m_0，并用卷尺测出悬盘的几何直径 D_0。

(2) 用卷尺分别测出下圆盘和上圆盘的摆线孔间的距离 a 和 b，如图 2-2-4 所示，则可以根据几何关系，计算出有效半径 $R = \frac{\sqrt{3}}{4}a$ 和 $r = \frac{\sqrt{3}}{4}b$。

(3) 仪器的调整。利用气泡水准仪调节支架底座的螺旋和三悬线的长度，使上、下圆盘处于水平位置。

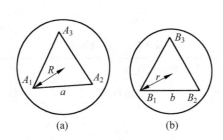

图 2-2-4　R 与 a、r 与 b 的关系图

（4）测出摆线长度 l，由 $H = \sqrt{l^2 - (R-r)^2}$ 算出 H。

（5）打开仪器电源，设置周期为 50 次（仪器默认为 30 次，即小球来回经过光电门的次数为 $T = 2n+1$ 次）。具体为：按"置数"开锁，再按上调改变周期 T 为 50 次，再次按"置数"锁定。此时即可按执行键开始计时，信号灯不停闪烁即为计数状态，当物体经过光电门的周期次数达到设定值时，数显将显示具体时间，单位为 s。须再次执行时，只需按"返回"即可回到上次设定的 50 次的周期，按"执行"键便可第二次计时。

（6）根据式（2-2-12）计算出悬盘的转动惯量。

2. 测定圆环绕中心轴的转动惯量

（1）查出圆环的质量 m，用卷尺测量其外几何直径 D_1，用卡尺测量其内几何直径 D_2。

（2）把圆环放在悬盘上，注意盘上的刻线，应使圆盘和圆环两者的转动轴线重叠，组成一转动系统。

（3）按实验内容 1 中的（5）进行测量，算出平均摆动周期 T。

（4）按式（2-2-13）计算圆环绕中心轴的转动惯量。

【注意事项】

（1）为了防止悬盘在转动时发生晃动，应先使悬盘处于静止状态，然后轻轻转动上圆盘约 5° 角左右再使其返回原处。

（2）r 和 R 为上、下圆盘上悬点至圆心的距离，用来计算转动惯量的实验值；D_0 为下圆盘的几何直径，用来计算转动惯量的理论值，二者不要混淆。

（3）当断电后再开机，须重新设置计时周期为 50 次。

【数据处理】

（1）按表 2-2-1、表 2-2-2 记录实验数据。

表 2-2-1　实验室给出的数据

圆盘质量 m_0/kg	圆环质量 m/kg	重力加速度 g/(cm/s^2)

悬线长度 $l =$ _____ cm；

圆盘直径 $D_0 =$ _____ cm；

圆环外径 $D_1 =$ _____ cm；

圆环内径 $D_2 =$ _____ cm；

下圆盘摆线孔间距离 $a =$ _____ cm；

上圆盘摆线孔间距离 $b=$ ＿＿＿＿ cm。

表 2-2-2　振动周期

次数	50 次全振动时间/s		周期/s	
	圆盘	加圆环	圆盘	加圆环
1				
2				
3				
平均值				

(2) 计算圆盘转动惯量的理论值和实验值。

(3) 计算圆环转动惯量的理论值和实验值。

(4) 分析与讨论实验结果。

思考题

1. 如何使最大角位移 θ_0（角振幅）很小？小到什么程度？

2. 如何满足 $H \gg h$ 的条件？

3. 在测量过程中涉及长度测量时，如 D_0、D_1、D_2、a、b 等各量的测量，各选用什么测量工具？为什么？

4. 如何使下圆盘扭转摆动？为什么？

5. 本实验中产生误差的原因主要有哪些？

6. 在悬盘振动的同时，若发生晃动，对周期测量有何影响？怎样防止悬盘晃动？

7. 三线摆在摆动中受到空气的阻尼，振幅会越来越小，其周期是否会变化？为什么？

8. 讨论一个质量分布不均匀的刚体绕一特定轴转动的转动惯量，说明测定的原理和方法。

实验 2.3　用落球法测量液体的黏滞系数

在稳定流动的液体中，由于各层液体的流速不同，互相接触的两层液体之间有力的作用，流速较大的液层减速，而流速较小的液层加速，两液层间的这一作用力称为液体的黏滞力，液体的这种性质称为黏滞性。

实验证明，黏滞力 f 的大小与液层面积 S 和流速梯度 $\dfrac{\mathrm{d}v}{\mathrm{d}x}$（垂直于流速方向的速度变化率）成正比，即

$$f \propto S \frac{\mathrm{d}v}{\mathrm{d}x}$$

或写成等式

$$f = \eta S \frac{\mathrm{d}v}{\mathrm{d}x}$$

式中，η 称为液体的黏滞系数，其值取决于液体的性质及温度。不同液体，其黏滞系数 η 是不同的；同一种液体的黏滞系数 η 是随温度而变化的，通常液体的黏滞系数是随温度升高

而减小的。黏滞系数的单位为 Pa·s。研究和测定液体的黏滞系数不仅在物性研究方面，而且在机械工业、水利工程、材料科学、化学、医学及环境科学中都有重要的实际意义。因此，测定液体的黏滞系数是十分重要的。在实验中测定液体的黏滞系数的方法有很多，如落球法、毛细管法和圆筒旋转法等。其中的落球法也称为斯托克斯法，是常用的测量液体黏滞系数 η 的基本方法。该方法具有测量原理简单、现象直观、待测液体种类不限等优点，实验中经常被采用。

【实验目的】

(1) 观察液体的内摩擦现象，了解小球在液体中下落的运动规律。

(2) 学习用斯托克斯法测定液体的黏滞系数。

(3) 进一步掌握游标卡尺、千分尺、秒表等基本仪器的使用方法。

【实验仪器】

盛有待测液体的玻璃量筒、机械秒表、游标卡尺、外径千分尺(千分尺)、塑料直尺、镊子、钢球、温度计。

【实验原理】

一个在黏滞液体中缓慢下落的刚体小球受到 3 个力，即重力 P、浮力 F 和阻力 f 的作用。阻力 f 即为黏滞力，是由于黏附在小球表面的液层与邻近液层的摩擦而产生的。在无限广延的液体中，若液体的黏滞性较大，小球的半径很小，而且在运动过程中不产生漩涡，则根据斯托克斯定律，小球受到的黏滞阻力 f 的大小为

$$f = 6p\eta rv \tag{2-3-1}$$

式中，η 为黏滞系数；r 为小球半径；v 为小球的下落速度。

小球在液体中下落时，3 个力都在铅直方向上，重力向下，浮力和黏滞力向上，如图 2-3-1 所示。重力和浮力的大小分别为

$$P = \frac{4}{3}pr^3\rho g \tag{2-3-2}$$

$$F = \frac{4}{3}pr^3\rho_0 g \tag{2-3-3}$$

图 2-3-1 小球受力分析图

式中，ρ 为小球的体密度；ρ_0 为待测液体的密度。

由式(2-3-1)可以看出，黏滞阻力 f 是随着小球下落速度 v 的增大而增大的。显然，开始小球作加速运动，而当小球的下落速度达到一定大小时，上述 3 个力达到平衡，小球将作匀速直线运动，其运动速度称为收尾速度，常用 v_0 表示。根据平衡条件有

$$\frac{4}{3}pr^3\rho g = \frac{4}{3}pr^3\rho_0 g + 6p\eta rv_0 \tag{2-3-4}$$

由此可得

$$\eta = \frac{2}{9} \cdot \frac{(\rho - \rho_0)gr^2}{v_0} = \frac{1}{18} \cdot \frac{(\rho - \rho_0)gd^2}{v_0} \tag{2-3-5}$$

式中，d 为小球的直径。

在实验中，如果能测出式(2-3-5)中右边各量，根据上述表达式，则可计算出液体的黏滞系数 η 值。但是在实验室内测量无限广延液体内小球的收尾速度 v_0 是困难的。如果用黏滞系数测试仪来测量小球的收尾速度 v_0 值，是可以实现的。黏滞系数测试仪的结构原理

如图 2-3-2 所示。将一组直径不同、高度相等的圆筒组装在同一水平平板上，各筒内盛满同一种待测液体，在这一组圆筒的上、下端各有一条等高刻线，分别用 A、B 表示，两刻线间的距离为 S。上刻线 A 和液面间具有适当的距离，以致当小球下落经过 A 刻线时，可认为小球已在作匀速直线运动。依次测出小球（$d \approx 1.00\mathrm{mm}$）通过各管中两刻线 A、B 间所需的时间 t_i，若将各圆筒的直径用一组 D_i 值表示，则大量的实验数据及用线性拟合进行数据处理表明，t 与 $1/D$ 间是呈线性关系的。以 t 为纵坐标，以 $1/D$ 为横坐标，根据实验数据作出直线，延长该直线与纵轴相交，其截距为 t_0，t_0 就是当 $D \to \infty$ 时，即在无限广延液体中，小球匀速下落通过距离 S 所需的时间。由此可得

$$v_0 = \frac{S}{t} \tag{2-3-6}$$

将式（2-3-6）代入式（2-3-5）中，ρ、ρ_0、g 的数值可查表，就能测得液体的黏滞系数 η。如果在现有的实验设备中尚不具备黏滞系数测定仪，可用一大直径的玻璃量筒盛装待测液体进行实验，如图 2-3-3 所示。在量筒的上部和下部的适当位置分别标出"上刻线 A"和"下刻线 B"，然后让小球由导管自由下落，测量出小球通过上下刻线 A、B 间的时间 t 及 A、B 间距离 S，即可求出速度 v。由于此时的小球仍在有限的液体内自由下落，故对测量液体黏滞系数 η 值的表达式（2-3-5）要进行修正，其值如下：

$$\eta = \frac{(\rho - \rho_0)gd^2}{18v\left(1 + K\dfrac{d}{D}\right)} \tag{2-3-7}$$

式中，D 为量筒的直径；d 为小球的直径；v 为小球在量筒内自由下落的速度；K 为常数，其值一般取 2.4。这样就可以算出液体黏滞系数的值。

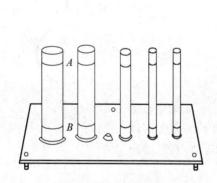

图 2-3-2 黏滞系数仪

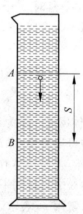

图 2-3-3 用落球法测液体的黏滞系数的装置图

【实验内容】

（1）将大直径的玻璃量筒盛以待测液体，量筒应铅直放置，使小球沿圆筒的中心线下降。

（2）用游标卡尺测量量筒的内径 D，在 3 个不同位置共测 3 次，然后取平均值。用米尺量上、下刻线 A、B 间的距离 S。

（3）用螺旋测微计测小钢球的直径 d，取两种规格的小钢球各 6 个，对每个小钢球均应在不同方向上测 3 次，然后取平均值。

（4）用镊子夹起小钢球，先将小钢球在油中浸一下，使小钢球表面完全被油浸润，然后

将小钢球放入导管中,用秒表测出小钢球匀速下降通过上、下刻线 A、B 所需要的时间 t。依次将 12 个小钢球下落的时间分别测出,则速度 $v = S/t$。

(5) 小钢球密度 ρ 和液体密度 ρ_0 分别由实验室给出。

(6) 用温度计测量液体的温度 T。

【注意事项】

(1) 实验过程中待测液体应保持静止,液体中应无气泡存在。

(2) 为保证小钢球干净,不要用手拿而要用镊子夹。

(3) 在选定上刻线 A 的位置时,应保证小球在通过 A 之前已达到它的收尾速度;在选定下刻线 B 的位置时,一定要注意 B 不要太靠近圆筒底部。同时,应保证小球沿圆筒中心下落。

(4) 黏滞系数随温度变化显著,测量小球下落时间的实验过程应尽可能缩短。在实验中不要用手摸量筒,更不要对着量筒哈气。

【数据处理】

(1) 按表 2-3-1 和表 2-3-3 记录实验数据。

表 2-3-1　量筒内径及高度数据

量筒的内径 D/cm	刻线 A、B 间距离 S/(cm)	小钢球的密度 ρ/(g/cm^3)	待测液体密度 ρ_0/(g/cm^3)	待测液体温度 T/℃	重力加速度 g/(m/s^2)

表 2-3-2　钢球下落速度和粘滞系数

次数	零点读数 d_0/mm	小球直径读数 $d_{测}$/mm	小球直径 d/mm	时间 t/s	黏滞系数 η/(Pa·s)
1					
2					
3					
4					
5					
6					
平均值					

(2) 计算小钢球下落时的收尾速度 v,根据式(2-3-7)计算 η,并将 v 及 η 的值逐一填入表格中,计算 η 的平均值。

(3) 由式(2-3-7)推导不确定度传递公式并估算不确定度,最后结果表示为 $\eta = \bar{\eta} \pm \Delta_\eta$。

思考题

1. 测量时,如果不要上刻线,小球落至液体表面时开始计时是否可以?

2. 液体的黏滞系数与哪些因素有关? 如果在实验时室温有变化对小球的下落速度有何影响?

3. 由测量结果分析测量误差(不确定度)的主要来源。

实验 2.4　液体表面张力系数的测量方法

　　液体表面如同是一张拉紧了的橡皮膜,具有尽量缩小其表面的趋势。把这种沿着表面的、收缩液面的力称为表面张力。利用它能够说明物质的液体状态所特有的许多现象,如泡沫的形成、润湿和毛细现象等。在工业技术上,如浮选技术和液体输送技术等方面都要对表面张力进行研究。

　　测定表面张力系数常用的方法有拉脱法、毛细管升高法和液滴测重法等,本实验将介绍前两种方法。

实验一　用拉脱法测液体的表面张力系数

【实验目的】

(1) 掌握用焦利氏秤测量微小力的原理和方法。

(2) 研究液体表面的性质,测定液体的表面张力系数。

【实验仪器】

焦利氏秤、砝码、烧杯、水、肥皂液等。

【实验原理】

(1) 液体表面张力系数

　　液体表面层(其厚度等于分子的作用半径,约 10^{-8} cm)内的分子所处的环境跟液体内部的分子不同。液体内部每一个分子四周都被同类的其他分子所包围,它所受到的周围分子的作用力的合力为零。由于液面上方的气相层的分子数很少,表面层内每一个分子受到的向上的引力比向下的引力小,合力不为零。这个合力垂直于液面并指向液体内部,因此分子有从液面挤入液体内部的倾向,并使得液体表面自然收缩,直到处于动态平衡,即在同一时间内脱离液面挤入液体内部的分子数跟因热运动而达到液面的分子数相等时为止。

　　假如在液体中浸入一块薄钢片,则其附近的液面将呈现出如图 2-4-1 所示的形状(对浸润液体而言)。由于液面收缩产生的沿着切线方向的力 f 称为表面张力,角 φ 称为接触角。当缓缓拉出钢片时,接触角 φ 逐渐减小而趋向于零,因此 f 的方向垂直向下。在钢片脱离液体前诸力平衡的条件为

$$F = mg + f \qquad (2\text{-}4\text{-}1)$$

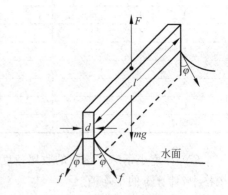

图 2-4-1　液体表面张力

式中,F 为将薄钢片拉出液面时所施加的外力;mg 为薄钢片和它所沾附的液体所受的总重力。表面张力 f 与接触面的周界长 $2(l+d)$ 成正比,故有 $f = 2\sigma(l+d)$,式中比例系数 σ 称为表面张力系数,数值上等于作用在液体表面单位长度上的力。将 f 的值代入式(2-4-1),可得

$$\sigma = \frac{F - mg}{2(l+d)} \qquad (2\text{-}4\text{-}2)$$

表面张力系数 σ 与液体的种类、纯度、温度和它上方的气体成分有关。实验表明,液体的温度越高,σ 值越小;所含杂质越多,σ 值也越小。只要上述这些条件保持一定,σ 就是一个

常数。

还可以用金属(如铂)的圆环代替薄钢片来做此实验。将底直径等于圆环平均直径的圆锥与圆环牢固地对接在一起,用游标卡尺测出圆环的内、外直径 d_1 和 d_2,则其周界长为 $\pi(d_1+d_2)$。在这种情况下,与推导公式(2-4-2)相类似,可得到

$$\sigma = \frac{F-mg}{\pi(d_1+d_2)} \tag{2-4-3}$$

只要通过实验测出力 F、mg 以及长度 l、d 或 d_1 和 d_2,再按照式(2-4-2)或式(2-4-3)就可以算出液体的表面张力系数 σ。

(2) 焦利氏秤

如图 2-4-2 所示,焦利氏秤实际上是一个精细的弹簧秤,是测量微小力的仪器。转动升降旋钮 8 可以使具有毫米刻度的金属杆 1 在套管中上下移动,在套管上附有游标 2,以便读数。在金属杆上端横梁下,挂一精密的塔形弹簧 3,在塔形弹簧下端挂着一个带有水平刻线的指标镜 4,它可以在刻有横线的玻璃管 5 中上下移动。在指标镜下端挂有砝码盘和 冖 形金属丝。实验时,烧杯放在小平台 6 上,平台高度的微调通过螺旋 7 来完成。整台仪器的垂直可通过调节底座螺钉 9 来完成。

使用时,应将玻璃管的横线及其在指标镜中的像和指标镜中的刻线对齐。用这种方法可保证弹簧下端的位置是固定的,而弹簧的伸长量 ΔL 便可由米尺和游标测出来(即伸长前、后两次读数 之差值)。

根据胡克定律,在弹性限度内,弹簧的伸长量 ΔL 与所加的外力 F 成正比,即 $F=k\Delta L$,式中 k 为弹簧的倔强系数。对于一个给定的弹簧,k 的值是一定的。如果将已知质量的砝码加在砝码盘中,测量出弹簧的伸长量,由上式即可计算出该弹簧的 k 值。这一步骤称为焦利氏秤的校准。焦利氏秤校准后,只要测出弹簧的伸长量,就可算出作用于弹簧上的外力 F。

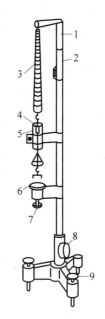

图 2-4-2　焦利氏秤

1—金属杆;2—游标;3—塔形弹簧;
4—指标镜;5—玻璃管;6—小平台;
7—螺旋;8—升降旋钮;9—螺钉

【实验内容】

(1) 按图 2-4-2 所示挂好塔形弹簧、指标镜和砝码盘,调节底座螺钉,使焦利氏秤的指标镜处于玻璃管的中心,并保持垂直。实验过程中应保证指标镜与玻璃管不发生接触。调节升降旋钮,使玻璃管的横线及其在指标镜中的像和指标镜中的刻线对齐,简称为三线对齐,记录此时的读数 L_0。

(2) 依次将实验室给定的质量为 m 的相同砝码加在弹簧下方的砝码盘内,转动升降旋钮,重新调到三线对齐,分别记下游标零线所指示的米尺上的读数 $L_1,L_2,\cdots,L_9$。

(3) 将金属线框用酒精仔细擦洗,然后挂在指标杆下端的小钩上,转动升降旋钮,使三线对齐,记下游标零线所指示的米尺读数 S_0。

(4) 将金属线框浸入盛液体的烧杯中,转动平台下端的螺旋,使平台缓缓下降。因表面

张力作用在金属线框上,指标杆上的水平刻线也随之下降,重新调节升降旋钮,使三线对齐。再使平台下降一点,重复上述调节过程,直到平台只要下降一点,金属线框就脱出液面为止。记下此时游标零线所指示的米尺读数 S,可以得出弹簧的伸长量 $S-S_0$。

(5) 重复步骤(3)和(4)两次。

(6) 记录实验前、后的室温,以其平均值作为液体的温度。测金属线框的宽 l 和线的直径 d 各 3 次。

【注意事项】

如果液体中有脏东西,则其表面张力系数会显著变小。因此,液体、玻璃容器、圆环或金属线框务必保持清洁。实验前,一般按照 NaOH 溶液、酒精、水的顺序进行清洁处理,然后放在清净的环境中待十分干燥后供实验用。切不可用手触及液体、玻璃容器内壁、圆环或金属线框。

【数据处理】

(1) 弹簧倔强系数 k 的测定

① 数据记录,数据参考表格见表 2-4-1。

表 2-4-1 测量弹簧倔强系数

砝码质量/kg	增重时读数 $L_i/(10^{-2}\,\text{m})$	减重时读数 $L_i/(10^{-2}\,\text{m})$	平均值 $\overline{L}_i/(10^{-2}\,\text{m})$	$\overline{L}_{i+5}-\overline{L}_i/(10^{-2}\,\text{m})$	$k_i=\dfrac{5mg}{\overline{L}_{i+5}-\overline{L}_i}/(\text{N/m})$
0					
m					
$2m$					
$3m$					
$4m$					
$5m$					
$6m$					
$7m$					
$8m$					
$9m$					

注:$g=9.80\,\text{m/s}^2$。

② 用逐差法求弹簧的倔强系数,公式如下:

$$k_1 = \frac{5mg}{L_5 - L_0}, k_2 = \frac{5mg}{L_6 - L_1}, \cdots, k_5 = \frac{5mg}{L_9 - L_4}$$

③ 算出倔强系数的平均值,即

$$\overline{k} = \frac{1}{5}(k_1 + k_2 + k_3 + k_4 + k_5)$$

(2) 水的表面张力系数的测定

① 记录数据,数据参考表格见表 2-4-2。

平均水温 $t=$ _____。

表 2-4-2　测量水的表面张力系数

实验次数	$S_0/(10^{-2}\,\mathrm{m})$	$S/(10^{-2}\,\mathrm{m})$	$S_0-S/(10^{-2}\,\mathrm{m})$	$l/(10^{-2}\,\mathrm{m})$	$d/(10^{-2}\,\mathrm{m})$
1					
2					
3					

② 计算出弹簧的平均伸长 $\overline{S-S_0}$，于是有

$$F-mg = \bar{k}\,\overline{(S-S_0)}$$

③ 表面张力系数 $\sigma = \bar{\sigma} \pm \Delta\sigma$，则有

$$\bar{\sigma} = \frac{\bar{k}\,\overline{(S-S_0)}}{2(\bar{l}+\bar{d})}$$

水的表面张力系数 σ 随温度 t 的变化如表 2-4-3 所示。

表 2-4-3　水的表面张力系数 σ 随温度 t 的变化

$t/℃$	$\sigma/(10^{-3}\,\mathrm{N/m})$	$t/℃$	$\sigma/(10^{-3}\,\mathrm{N/m})$	$t/℃$	$\sigma/(10^{-3}\,\mathrm{N/m})$
0	75.49	15	73.26	30	71.03
5	74.75	20	72.53	35	70.29
10	74.01	25	71.78	40	69.54

思考题

1. 试比较焦利氏秤与普通弹簧秤的异同。

2. 液体的表面张力与哪些因素有关?

3. 金属线框向上提起,水膜即将破裂时,$F=mg+f$ 成立。若过早读数,对实验结果有什么影响?

4. 实验中应注意哪些方面才能有效地减小误差?

实验二　用毛细管升高法测液体的表面张力系数

【实验目的】

(1) 掌握用毛细管升高法测液体表面张力系数的原理和方法。

(2) 了解读数显微镜的构造,并掌握其使用方法。

【实验仪器】

玻璃毛细管、玻璃容器、读数显微镜、支架、吊线重锤、温度计、被测液体等。

【实验原理】

任何液体的表面都受到表面张力的作用。如果液面是水平的,则表面张力也是水平的;如果液面是曲面,则表面张力沿着与液面相切的方向,结果弯曲的液面对液体内部施以附加的压强。在凸面的情形下,这个附加的压强为正;在凹面的情形下,这个附加的压强为负。这两种情形明显地表现在所谓的毛细管现象中。把一根毛细管插入液体中,如果液体不能润湿管壁(如玻璃毛细管插入水银中),则液面呈凸球面形,管中液面将低于水银容器中的液面;如果液体能润湿管壁(如玻璃毛细管插入水或酒精中),则液面呈凹球面形,管中液面将高于水或酒精容器中的液面。

本实验研究玻璃毛细管插在水(或酒精)中的情形。

如图 2-4-3 所示,f 为表面张力,其方向沿着凹球面的切线方向,大小跟周长 $2\pi r$(r 为毛细管半径)成正比,即 $f=\sigma \cdot 2\pi r$,σ 为比例常数,称为表面张力系数,数值上等于作用在周界单位长度上的力。φ 是接触角,它与液体和管壁材料的性质有关。例如,对于纯水和清洁的玻璃,$\varphi=0°$;对于不纯的水和普通玻璃,$\varphi=25°$。若设凹球面的半径为 R,则由图 2-4-3 可得 $\cos\varphi=r/R$,于是由表面张力产生的垂直向上提高液面的力为 $f\cos\varphi=\sigma \cdot 2\pi r^2/R$,这个力与高为 h 的液柱的重力平衡,即

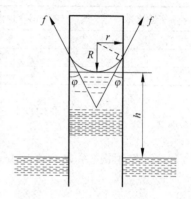

图 2-4-3　毛细管现象

$$2\pi r\sigma\cos\varphi = 2\pi r^2\sigma/R = \pi r^2 \rho g h$$

所以

$$\sigma = \frac{r\rho g h}{2\cos\varphi} = \frac{R\rho g h}{2} \qquad (2\text{-}4\text{-}4)$$

式中,ρ 为液体的密度;g 为重力加速度。如果玻璃管壁和水(或酒精)都非常洁净,则 $\varphi=0$,$R=r$,而式(2-4-4)变为

$$\sigma = \frac{r\rho g h}{2} \qquad (2\text{-}4\text{-}5)$$

式中,h 为毛细管内凹球面下端至容器内液面的高度。在推导式(2-4-5)时,我们忽略了凹球面下端以上的液体所受的重力,因为这部分体积约等于半径为 r、高为 r 的圆柱体和半径为 r 的半球体体积之差,即 $\pi r^3 - \frac{2}{3}\pi r^3$,故忽略的液体所受的重力为 $\pi r^3 \rho g/3$,考虑了这一修正项后,得到比式(2-4-5)更精确的计算公式为

$$\sigma = \frac{1}{2}r\rho g\left(h+\frac{r}{3}\right) = \frac{1}{4}d\rho g\left(h+\frac{d}{6}\right) \qquad (2\text{-}4\text{-}6)$$

只要精确测定毛细管的内径 d 和液柱高度 h,就可算出表面张力系数 σ。

【实验内容】

(1) 将玻璃容器进行清洁处理后装满蒸馏水,以便于用读数显微镜读取上升高度 h。

(2) 将洗净的干燥玻璃毛细管用夹头固定,夹头的另一端用螺钉固定在三脚支架的金属杆上。调节夹头在杆上的位置,使毛细管插入玻璃容器中,并用吊线重锤检验它是否在铅直位置。为了充分润湿管壁,可插深一些,然后稍微提起。

(3) 因为毛细管内径越小,凹球液面到达平衡位置所需的时间越长,插入液体至少需要 2~3min 后才可进行测量。用读数显微镜先对准水平液面读出一个数据,然后移动显微镜镜筒对准凹球液面的下端再读出另一个数据,两者差值即为液柱的高度 h。

(4) 将毛细管从水中取出,甩掉其中的水珠,用夹子固定在水平位置上。如图 2-4-4 所示,调

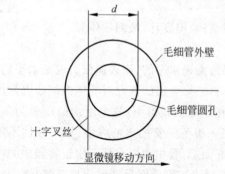

图 2-4-4　测毛细管直径示意图

节显微镜镜筒,使其十字叉丝的横丝正好沿着毛细管的直径移动,竖丝与孔的圆周相切。在两个相切点上的读数之差,即为毛细管的内径。转动毛细管,在不同方位测量 3 次,以其平均值作为毛细管的内径 d。

（5）测量并记下水的温度,按式(2-4-6)计算水的表面张力系数 σ。

（6）用不同直径的毛细管重复以上的步骤,可得到 σ 的平均值。将实验得到的 σ 的平均值与该温度下 σ 的标准值比较,估算实验的相对误差。如果误差较大,则应分析其原因。

【注意事项】

（1）使用的玻璃容器和液体等的表面必须十分洁净,否则测量结果将大不相同。

（2）读数显微镜属于精密光学仪器,应注意爱护并按规程操作。

实验 2.5 示波器的使用

示波器是一种显示各种电压波形的仪器。它利用被测信号产生的电场对示波管中电子运动的影响来反映被测信号电压的瞬变过程。由于电子惯性小,荷质比大,因此示波器具有较宽的频率响应,用以观察变化极快的电压瞬变过程,因而它具有较广的应用范围。一切能转换为电压信号的电学量(如电流、电功率、阻抗等)和非电学量(温度、位移、速度、压力、光强、磁场、频率等),它们随时间的瞬变过程都可以用示波器进行观察和测量分析。

由于微电子技术和计算机技术的飞速发展,示波器正向着小型化和智能化的方向发展,在现代测量中发挥着极其重要的作用。

【实验目的】

（1）了解示波器的大致结构与工作原理。

（2）熟悉使用示波器的基本方法。

（3）观测正弦信号的波形,测量信号电压与周期。

【实验仪器】

示波器、低频信号发生器。

【实验原理】

1. 示波器的基本结构

示波器的主要部分有示波管、带衰减器的 Y 轴放大器、带衰减器的 X 轴放大器、扫描发生器(锯齿波发生器)、触发同步和电源等,其结构方框图如图 2-5-1 所示。为了适应各种测量的要求,示波器的电路组成是多样而复杂的,这里仅就主要部分加以介绍。

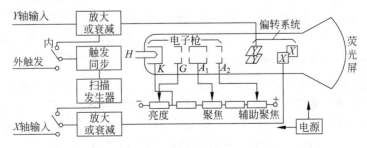

图 2-5-1 示波器结构方框图

1）示波管

如图 2-5-1 所示，示波管主要包括电子枪、偏转系统和荧光屏 3 部分，全都密封在玻璃外壳内，里面抽成高真空。下面分别说明各部分的作用。

（1）荧光屏：它是示波器的显示部分，当加速聚焦后的电子打到荧光上时，屏上所涂的荧光物质就会发光，从而显示出电子束的位置。当电子停止作用后，荧光剂的发光需经一定时间才会停止，称为余辉效应。

（2）电子枪：由灯丝 H、阴极 K、控制栅极 G、第一阳极 A_1、第二阳极 A_2 共 5 部分组成。灯丝通电后加热阴极。阴极是一个表面涂有氧化物的金属筒，被加热后发射电子。控制栅极是一个顶端有小孔的圆筒，套在阴极外面。它的电位比阴极低，对阴极发射出来的电子起控制作用，只有初速度较大的电子才能穿过栅极顶端的小孔然后在阳极加速下奔向荧光屏。示波器面板上的"亮度"调整就是通过调节电位以控制射向荧光屏的电子流密度，从而改变了屏上的光斑亮度。阳极电位比阴极电位高很多，电子被它们之间的电场加速形成射线。当控制栅极、第一阳极、第二阳极之间的电位调节合适时，电子枪内的电场对电子射线有聚焦作用，所以第一阳极也称聚焦阳极。第二阳极电位更高，又称加速阳极。面板上的"聚焦"调节，就是调节第一阳极电位，使荧光屏上的光斑成为明亮、清晰的小圆点。有的示波器还有"辅助聚焦"，实际是调节第二阳极电位。

（3）偏转系统：它由两对相互垂直的偏转板组成，一对垂直偏转板 Y，一对水平偏转板 X。在偏转板上加以适当电压，电子束通过时，其运动方向发生偏转，从而使电子束在荧光屏上的光斑位置也发生改变。

容易证明，光点在荧光屏上偏移的距离与偏转板上所加的电压成正比，因而可将电压的测量转化为屏上光点偏移距离的测量，这就是示波器测量电压的原理。

2）信号放大器和衰减器

示波管本身相当于一个多量程电压表，这一作用是靠信号放大器和衰减器实现的。由于示波管本身的 X 轴及 Y 轴偏转板的灵敏度不高（约 $0.1\sim1\mathrm{mm/V}$），当加在偏转板的信号过小时，要预先将小的信号电压加以放大后再加到偏转板上。为此设置 X 轴及 Y 轴电压放大器。衰减器的作用是使过大的输入信号电压变小以适应放大器的要求，否则放大器不能正常工作，使输入信号发生畸变，甚至使仪器受损。对一般示波器来说，X 轴和 Y 轴都设置有衰减器，以满足各种测量的需要。

3）扫描系统

扫描系统也称时基电路，用来产生一个随时间作线性变化的扫描电压，这种扫描电压随时间变化的关系如同锯齿，故称锯齿波电压，这个电压经 X 轴放大器放大后加到示波管的水平偏转板上，使电子束产生水平扫描。这样，屏的水平坐标变成时间坐标，Y 轴输入的被测信号波形就可以在时间轴上展开。扫描系统是示波器显示被测电压波形必需的重要组成部分。

2. 示波器显示波形的原理

如果只在竖直偏转板上加一交变的正弦波电压，则电子束的亮点将随电压的变化在竖直方向来回运动，如果电压频率较高，则看到的是一条竖直亮线，如图 2-5-2 所示。要能显示波形，必须同时在水平偏转板上加一扫描电压，使电子束的亮点沿水平方向拉开。这种扫描电压的特点是电压随时间成线性关系增加到最大值，最后突然回到最小，此后再重复地变化。这种扫描电压即前面所说的锯齿波电压，如图 2-5-3 所示。当只有锯齿波电压加在水平偏转板上时,如果频率足够高,则荧光屏上只显示一条水平亮线。

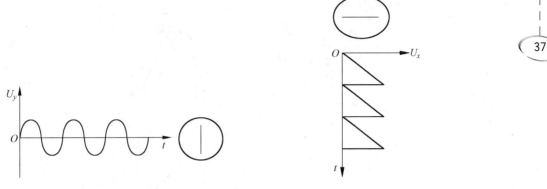

图 2-5-2　仅在竖直偏转板上加一正弦波电压　　　图 2-5-3　仅在水平偏转板上加一锯齿波电压

　　如果在竖直偏转板上(简称 Y 轴)加正弦波电压,同时在水平偏转板上(简称 X 轴)加锯齿波电压,电子受竖直、水平两个方向的力的作用,电子的运动就是两个相互垂直的运动的合成。当锯齿波电压比正弦波电压变化周期稍大时,在荧光屏上将能显示出完整周期的所加正弦波电压的波形图,如图 2-5-4 所示。

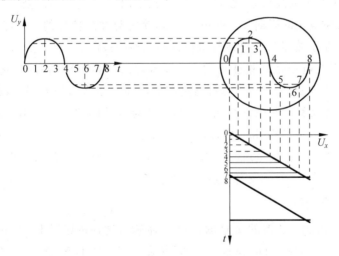

图 2-5-4　示波器显示正弦波形的原理图

3. 同步的概念

　　如果正弦波和锯齿波电压的周期稍微不同,屏上出现的是一移动着的不稳定图形。这种情形可用图 2-5-5 说明。设锯齿波电压的周期 T_x 比正弦波电压周期 T_y 稍小,如 $T_x/T_y=$ 7/8。在第一扫描周期内,屏上显示正弦信号 0~4 点之间的曲线段;在第二周期内,显示 4~8 点之间的曲线段,起点在 4 处;第三周期内,显示 8~11 点之间的曲线段,起点在 8 处。这样,屏上显示的波形每次都不重叠,好像波形在向右移动。同理,如果 T_x 比 T_y 稍大,则好像在向左移动。以上描述的情况在示波器使用过程中经常会出现,其原因是扫描电压的周期与被测信号的周期不相等或不成整数倍,以致每次扫描开始时波形曲线上的起点均不一样所造成的。为了使屏上的图形稳定,必须使 $T_x/T_y=n(n=1,2,\cdots)$,n 是屏上显示完整

波形的个数。

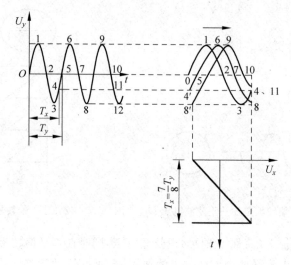

图 2-5-5　$T_x = \dfrac{7}{8}T_y$ 时的波形

为了获得一定数量的波形,示波器上设有"扫描时间"(或"扫描范围")、"扫描微调"旋钮,用来调节锯齿波电压的周期 T_x(或频率 f_x),使之与被测信号的周期 T_y(或频率 f_y)成合适的关系,从而在示波器屏上得到所需数目的完整的被测波形。输入 Y 轴的被测信号与示波器内部的锯齿波电压是互相独立的。由于环境或其他因素的影响,它们的周期(或频率)可能发生微小的改变。这时,虽然可通过调节扫描旋钮将周期调到整数倍的关系,但过一会儿又变了,波形又移动起来。在观察高频信号时这种问题尤为突出。为此示波器内装有扫描同步装置,让锯齿波电压的扫描起点自动跟着被测信号改变,这就称为同步(或整步)。有的示波器需要让扫描电压与外部某一信号同步,因此设有"触发选择"键,可选择外触发工作状态,相应设有"外触发"信号输入端。

4. 信号电压的测量

把待测信号输入到示波器的 Y 轴输入端,Y 轴输入选择按钮置于 AC 位置(测量直流电压时 Y 轴输入选择按钮置于 DC 位置),Y 轴"衰减"开关(V/DIV)置于适当位置,调节有关控制开关及旋钮使显示的波形稳定,读出波形的峰-峰值 H,电压峰值=V/DIV×H(DIV)。

【实验内容】

首先调整好示波器 CRT 部分的各控制旋钮,达到亮度适中、聚焦清晰、位置垂直并且水平位置适宜。按下 AUTO 按钮,使屏上依次出现一条水平扫描亮线。然后打开低频信号发生器,将频率调为 1000Hz,调节电压调节钮,使信号大小适中,将此信号输入 CH1(或 CH2)通道。调整"衰减"及"微调",以稳定图形。改变扫描速度,使屏上出现 1～3 个完整周期的正弦波形。

【数据处理】

数据参考表格如表 2-5-1 所示。

表 2-5-1　半波、全波数据

波形名称	波形图	时间/分度(扫描速度)开关/(s/DIV)	周期宽度/cm	周期/s	衰减开关/(V/DIV)	波形峰-峰值/cm	电压峰值/V	有效值/V
交流波形								

【注意事项】

（1）进行测量前要先熟悉示波器面板各按钮和旋钮的功能。

（2）转动旋钮时不可太用力。

（3）避免亮点在荧光屏上长时间停留，特别是"X-Y"不要随便按下。

【仪器介绍】

VP-5220D 是一台双踪示波器，既能观测单一信号的波形，也能同时观测两个信号的波形。图 2-5-6 所示是它的前面板。我们将按图 2-5-6 的分区，分别介绍各种键、旋钮、插座、端子、标记符号等。在实验操作之前，必须反复对照图 2-5-6～图 2-5-9 和与各个图对应的表格，弄清楚各开关的作用和操作方法。

示波器前面板 CRT 部分，见图 2-5-7 和与之对应的表 2-5-2。

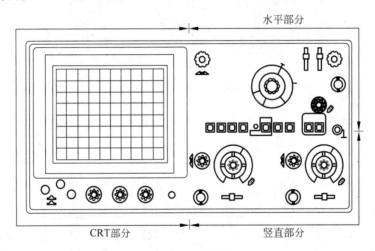

图 2-5-6　前面板

表 2-5-2　VP-5220D 示波器前面板 CRT 部分旋钮及使用指南

旋钮部位	英文名	中文名	操作方法	功　能
①	POWER	电源开关	按键	按下后接通 220V 电源
②	CAL	校准信号接口	连线	0.3V 校准电压的输出端子
③	INTENSITY	辉度	旋转	CRT 扫描线的亮度调整
④	FOCUS	聚焦	旋转	CRT 扫描线的聚焦调整
⑤	SCALE ILLUM	刻线亮度	旋转	用于管面的刻度照明
⑥	TRACE ROTATION	扫描线旋度	用改锥等	CRT 扫描线的水平调整

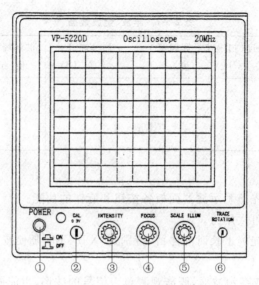

图 2-5-7　前面板 CRT 部分

示波器前面板竖直部分,见图 2-5-8 和与之对应的表 2-5-3。

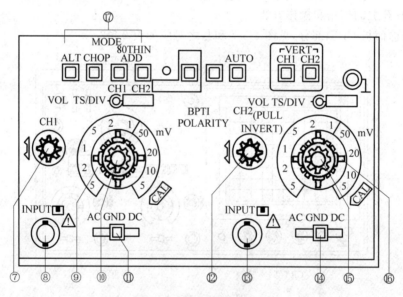

图 2-5-8　前面板竖直部分

表 2-5-3　VP-5220D 示波器前面板竖直部分旋钮及使用指南

旋钮部位	英文名	中文名	操作方法	功　能
⑦	CH1	位置调整	旋转	CH1 的辉线竖直位置调节
⑧	INPUT	输入	连线	CH1 竖直输入信号的端子。作为 X-Y 示波器使用时,成为 X 轴信号的输入端子
⑨、⑯	VOLTS/DIV	衰减开关	旋转	衰减输入信号幅度
⑩、⑮	VARIABLE	微调	旋转	CH1、CH2 微调
	PULL×5 MAG	调整	按键	把被显示的灵敏度降低到 1/2.5 以下。拉开旋钮,灵敏度扩大 5 倍

续表

旋钮部位	英文名	中文名	操作方法	功　　能
⑪、⑭	AC GND DC	输入耦合选择开关	拨动	输入信号和垂直放大器的耦合方式,其中: AC——阻止输入信号的直流成分,只有交流成分通过; GND——放大器的输入回路被接地; DC——输入信号直接进入放大器
⑫	CH2 POLARITY	位置与极性	旋转	CH2 的辉线竖直位置调节,拉出旋钮使 CH2 信号的显示极性反转
⑬	INPUT	输入	连线	CH2 竖直输入信号的端子。作为 X-Y 示波器使用时,成为 Y 轴信号的输入端子
⑰	CH1、CH2、ADD、CHOP、ALT	竖直方式选择开关	按键	CH1——显示 CH1 通道的信号; CH2——显示 CH2 通道的信号; CHOP——振荡器给出大约 300kHz 频率信号控制竖直开关电路,便于慢扫描时信号的观测; ALT——快扫描时 CH1、CH2 通道信号交替显示; ADD——CH1、CH2 按钮同时按下,CH1 和 CH2 的信号以单踪代数和显示

示波器前面板水平部分见图 2-5-9 和与之对应的表 2-5-4。

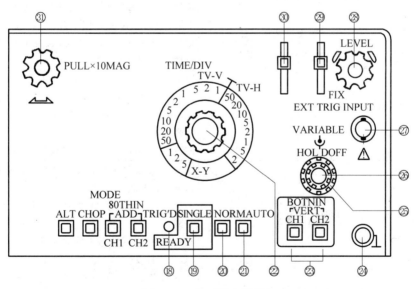

图 2-5-9　前面板水平部分

表 2-5-4　VP-5220D 示波器前面板水平部分旋钮及使用指南

旋钮部位	英文名	中文名	操作方法	功　　能
⑱	TRIG'D READY	显示灯	绿色显示	单次扫描时表示为触发信号的等待状态,其他以外的场合表示扫描为触发状态
⑲	SINGLE	单次扫描	按键	单次扫描与复位

旋钮部位	英文名	中文名	操作方法	功　能
⑳	NORM	选择开关内触发源	按键	只在触发状态下显示波形,非触发状态下不显示波形
㉑	AUTO	自动	按键	在触发状态下,能稳定显示波形;在主触发状态下,扫描为自激扫描方式
㉒	TIME/DIV	时间/分度(扫描速度)	旋转	设定扫描时间因数。在"X-Y"位置上,作为 X-Y 示波器进行工作
㉓	VERT、CH1、CH2	选择开关内触发源	按键	CH1——扫描电路只被 CH1 信号触发;CH2——扫描电路只被 CH2 信号触发
㉔	⊥	地线接口	连线	测试用接地端子
㉕	HOLDOFF	释抑	旋转	套轴的外侧旋钮。配合 LEVEL 旋钮使不易触发的复杂波形稳定地显示。左旋释抑时间变长,显示波形的亮度下降。通常右旋到头置 NORM 位置
㉖	VARIABLE	微调	旋转	套轴的内侧旋钮。能使扫描时间因数在 1～1/2.5 间连续变化。在 CAL 位置(右旋到头的位置)时,扫描时间因数被校准
㉗	EXT TRIG INPUT	外触发输入端	连线	连接外部触发信号的输入端
㉘	LEVEL	触发沿选择	旋转	选择扫描的触发电平。旋钮按入是用触发信号的上升沿触发,拉出是用下降沿触发。当把这个旋钮左旋到头置 FIX 位置时,触发电路以固定电平自动触发扫描电路
㉙	INT、LINE、EXT、EXT÷10	触发源选择	拨动	INT——选择从竖直放大器来的触发信号;LINE——用主电源信号作为触发信号;EXT——把接在 EXT TRIG INPUT 插座 27 上的信号作为触发信号;EXT÷10——把 EXT 触发信号衰减成 1/10
㉚	AC、AC-LF、TV、DC	触发信号耦合开关	拨动	AC——用电容阻止触发信号源的直流成分(30Hz 以下的信号也被衰减);AC-LF——使触发信号中 50kHz 以上的信号被衰减;TV——用电视信号中的同步信号作为触发信号;DC——触发信号直接接至触发电路
㉛	PULL×10　MAG	位移调整与扫描扩展	旋转	调整扫描线的水平位置(X-Y 时为 X 位置);拉出旋钮,管面波形在水平方向上扩大,扫描速率提高 10 倍

思考题

1. 若打开示波器看不到光点或亮线该如何调节?

2. Y 轴有信号输入,然而屏上只有一条水平直线,可能是什么原因? 如何调节才能使

波形沿 Y 轴展开?

    3. 用示波器观察信号时若图形不稳定应如何调节?

实验 2.6 用线式电位差计测量干电池的电动势

    电位差计是一种精密测量电位差(电压)的仪器,用电位差计测量电动势(电压)就是将未知电压与电位差计上的已知电压相比较,这时被测的未知电压回路无电流,测量的结果仅仅依赖于准确度极高的标准电池、标准电阻以及高灵敏度的检流计。电位差计的测量准确度可达到 0.01% 或更高。由于上述优点,电位差计是精密测量中应用很广的仪器之一,不但可用来测量电动势、电压、电流和电阻等,还可用来校准精密电表和直流电桥等直读式仪表,在非电参量(如温度、压力、位移和速度等)的电测法中也占有重要地位。

【实验目的】

(1) 掌握电位差计的工作原理和基本线路。

(2) 学习用线式电位差计测量电动势。

【实验仪器】

    直流稳压电源、饱和标准电池、甲种电池、惠斯通电桥、检流计、单刀双掷开关、滑线式变阻器、导线等。

【实验原理】

    如图 2-6-1 所示,若我们需要测定一电池的电动势时,如果用电压表测定,设电压表内阻为 R_g,被测电源的电动势为 E_x,内阻为 r,则 $E_x = Ir + IR_g = Ir + U$,式中 U 为电压表的读数,是电源的端电压,要使 $U = E_x$,则必须 $Ir = 0$,但 I、r 均不能为零,因此用电压表不能准确地测定电源的电动势。

补偿法原理

    为了准确地测量电源的电动势,可用补偿电路,如图 2-6-2 所示的电路。其中 E_x 是待测电源,E_0 是一个可以调节电动势大小的电源,两个电源通过检流计 G 反接在一起。当调节电动势 E_0 的大小,使检流计的指针不偏转(即电路中没有电流)时,两个电源的电动势大小相等,互相补偿,即 $E_x = E_0$,这种测定电源电动势的方法叫做补偿法。

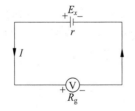
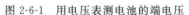
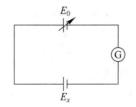

图 2-6-1 用电压表测电池的端电压   图 2-6-2 补偿电路

    连续可调电源是很难制成的。根据补偿原理,即被测电压与补偿电压极性相反而大小相等,可设计如图 2-6-3 所示的电路来测量未知电动势(电压),具体测量步骤如下。

    (1) 校准。接通 K_1,将 K_2 倒向标准电动势 E_s 一侧。取 R_n 为一定值。移动活动端 C,直至检流计指针为零,此时有

$$E_s = U_{AC} = I_0 R_{AC} = I_0 R_0 l_s \qquad (2\text{-}6\text{-}1)$$

或

$$I_0 = \frac{E_s}{R_0 l_s} \qquad (2\text{-}6\text{-}2)$$

式中,R_0 为每单位长度电阻丝的电阻;$I_s = l_{AC}$。此步骤的目的是使工作电流 I_0 为一已知的"标准"电流。由电源 E、R_n 和电阻丝 AB 组成的回路为工作电流回路,E_s、AC 段电阻丝组成的回路为校准工作电流回路。

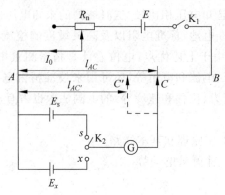

图 2-6-3   线式电位差计原理图

(2) 测量。将 K_2 倒向未知电压 E_x 一侧。重新调节活动端 C 的位置至 C',使检流计 G 中电流为零,则有

$$E_x = U_{AC'} = I_0 R_{AC'} = I_0 R_0 l_x \qquad (2\text{-}6\text{-}3)$$

比较式(2-6-1)与式(2-6-3)有

$$E_x = E_s \frac{l_x}{l_s} \qquad (2\text{-}6\text{-}4)$$

E_x、AC' 和检流计组成的回路称测量回路。乘积 $I_0 R_0 l_x$ 是测量回路中 AC' 段电阻上的电压,叫做补偿电压,与待测电压大小相等、方向相反。

采用补偿法具有如下优点。

(1) 电位差计是一个分压装置,它将被测电压 U_x 与一标准电动势加以并列比较,U_x 的值仅取决于标准电动势,因而可能达到较高的准确度。

(2) 在校准和测量两步骤中检流计两次均指零。测量时既不从校准回路内的标准电池中吸取电流,也不从测量回路中吸取电流,因此不改变被测回路的原有状态及电压等参量,同时可避免测量回路导线电阻、标准电池内阻以及被测回路等效内阻对测量准确度的影响。这是补偿法测量的准确度较高的另一原因。

【实验内容】

(1) 按图 2-6-4 连接线路,连线时需断开所有开关。应特别注意工作电源的正负应与标准电池 E_s、待测电池 E_x 的正负极相对,否则检流计 G 的指针总不能指零。调好检流计零点。

(2) 校准电位差计:E 取 2.0~4.5V,接通电源开关,将 K 倒向 s。

① 粗调:将 R 调到最大值,E 取一个确定值,然

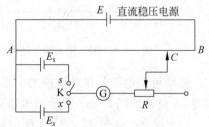

图 2-6-4   电位差计测未知
电动势实验线路

44

后仔细移动键 C 并不断地按下,至检流计指针指零为止。

②细调:将 R 调到最小值,仔细移动键 C 并不断地按下,重新找到使检流计指针指零的位置点 C,记下 AC 段的长度 l_s。

(3)测量电池电动势。E 取值不变,将 K 倒向 x。

①粗调:将 R 取最大值,仔细移动键 C 并不断按下,至检流计指针指零为止。

②细调:将 R 调到最小值,仔细移动键 C 并不断按下,重新找到使检流计指针为零的位置点 C',记下 AC' 长度 l_x。

(4)本实验共进行 6 次,将实验数据填入表 2-6-1 中,电源电压分别取 2.0、2.5、3.0、3.5、4.0、4.5V,分别计算出 E_x,并计算出 $\overline{E_x}$。

【注意事项】

(1)每次测量应将保护电阻 R 调至最大,以保护检流计;而在电位差计处于补偿状态时又要把电阻 R 调至最小,以提高电位差计的灵敏度。

(2)使用标准电池时应注意以下几点。

①由于标准电池内部为液体,因此搬动时不能倾斜,也不能倒置,还应防止振动。

②标准电池不能当作电源使用,不容许通过大于 $10\mu A$ 的电流,也不能用电压表测它的电动势。

③标准电池必须在温差小的条件下保存,并应避免阳光直射。

【附】

本实验采用的标准电池为饱和标准电池,标准电池的电动势 $E_s(t)$ 在 $0\sim40℃$ 时,按下列公式换算:

$$E_s(t) = E_s(20) - 39.94 \times 10^{-6}(t-20) - 0.929 \times 10^{-6}(t-20)^2$$
$$+ 0.0090 \times 10^{-6}(t-20)^3 (V)$$

即

$$E_s(t) \approx E_s(20) - 4 \times 10^{-5}(t-20)(V)$$

$E_s(20)$ 是 20℃时的标准电池的电动势,约为 1.0183V。

【数据处理】

实验室内温度_____℃,标准电池电动势 E_s = _____。

(1)测干电池电动势数据表格如表 2-6-1 所示。

表 2-6-1　干电池电动势数据记录表

项目	次　　数						平均值
	1	2	3	4	5	6	
电源电压/V							——
I_s/cm							——
I_x/cm							——
$E_x = E_s \dfrac{l_x}{l_s}$/V							

(2) 不确定度的估算及结果表示如下：

$$\Delta E_x \approx S_x = \sqrt{\frac{\sum (E_{xi} - \overline{E_x})^2}{n-1}}, \quad n = 6; \ E_x = \overline{E_x} \pm \Delta E_x$$

思考题

1. 使用电位差计时，为了阻止过大电流通过检流计和标准电池，应怎样操作？

2. 怎样提高电位差计的灵敏度？

3. 用线式电位差计测量电池电动势实验中，如果发现检流计指针总向一个方向偏转，无法调到平衡，试分析此故障产生的可能原因并提出排除故障的方法。

实验 2.7　用分光计测三棱镜的顶角

分光计是精确测定光线偏转角的仪器，也称测角仪。光学中的许多基本量如波长、折射率等都可以直接或间接地表现为光线的偏转角，因而利用它可测量波长、折射率，此外还能精确地测量光学平面间的夹角。许多光学仪器（棱镜光谱仪、光栅光谱仪、分光光度计、单色仪等）的基本结构也是以它为基础的，所以分光计是光学实验中的基本仪器之一。使用分光计时必须经过一系列精细的调整才能得到准确的结果，它的调整技术是光学实验中基本技术之一，必须正确掌握。本实验的目的就在于着重训练分光计的调整技术和技巧，并用它来测量三棱镜的顶角。

【实验目的】

(1) 了解分光计的构造原理。

(2) 学习分光计的调节技术。

(3) 测定三棱镜的顶角。

【实验仪器】

分光计、低压钠灯电源、光学平行平板、三棱镜、变压器、放大镜。

【实验原理】

1. 分光计的结构

分光计主要由底座、平行光管、望远镜、载物台和读数圆盘 5 部分组成。图 2-7-1 所示为一台 JJY 型 1′ 分光计的外形图。

分光计的基本结构如下。

(1) 底座：中心有一竖轴，望远镜和读数圆盘可绕该轴转动，该轴也称为仪器的公共轴或主轴。

(2) 平行光管：是产生平行光的装置。管的一端装一会聚透镜，另一端是带有狭缝的圆筒，狭缝宽度可以根据需要调节。

(3) 望远镜：观测用，由目镜系统和物镜组成。为了调节和测量，物镜和目镜之间还装有分划板，它们分别置于内管、外管和中管内，3 个管彼此可以相互移动，也可以用螺钉固定。如图 2-7-2 所示，在中管的分划板下方紧贴一块 45° 全反射小棱镜，棱镜与分划板的粘

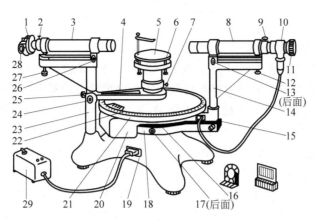

图 2-7-1 分光计

1—狭缝装置；2—狭缝装置锁紧螺钉；3—平行光管部件；4—游标盘制动架(二)；5—载物台；6—载物台调平螺钉(3只)；7—载物台锁紧螺钉；8—望远镜部件；9—目镜锁紧螺钉；10—阿贝式自准直目镜；11—目镜视度调节手轮；12—望远镜光轴高低调节螺钉；13—望远镜光轴水平调节螺钉；14—支臂；15—望远镜微调螺钉；16—转座与度盘止动螺钉；17—望远镜止动螺钉；18—制动架(一)；19—底座；20—转座；21—度盘；22—游标盘；23—立柱；24—游标盘微调螺钉；25—游标盘止动螺钉；26—平行光管光轴水平调节螺钉；27—平行光管光轴高低调节螺钉；28—狭缝宽度调节手轮；29—自准灯电源

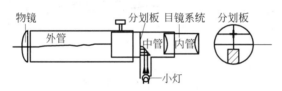

图 2-7-2 望远镜结构

贴部分涂成黑色,仅留一个绿色的小十字窗口。光线从小棱镜的另一直角边入射,从 45°反射面反射到分划板上,透光部分便形成一个在分划板上的明亮的十字窗。

（4）载物台：放平面镜、棱镜等光学元件用。台面下 3 个螺钉可调节台面的倾斜角,平台的高度可通过调节螺钉 7 进行升降,调到合适位置再锁紧螺钉。

（5）读数圆盘：读数装置。在游标盘对称方向设有两个角游标,这是因为读数时要读出两个游标处的读数值,然后取平均值,这样可消除刻度盘和游标盘的圆心与仪器主轴的轴心不重合所引起的偏心误差。游标上的 30 格与刻度盘上的 29 格相等,故游标的最小分度值为 $1'$。读数时应首先看游标零刻线所指的位置,例如图 2-7-3 所示情形为 116°稍多一点,而游标上的第 12 格恰好与刻度盘上的某一刻度对齐,因此该读数为 116°12′。

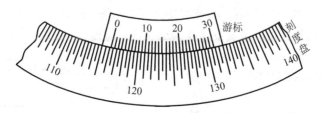

图 2-7-3 分光计的游标盘

2. 补充资料

1）望远镜的详细结构和功能

要测准入射光与出射光之间的偏转角,必须满足两个条件:①入射光与出射光均为平行光束;②入射光和出射光的方向以及反射面或折射面的法线都与分光计的刻度盘平行。

分光计中采用的是自准望远镜。它由物镜、叉丝分划板和目镜组成,分别装在 3 个套筒中,彼此可以相对滑动以便调节,如图 2-7-4(a)所示。中间的一个套筒里装有一块分划板,其上刻有"丰"形叉丝,分划板下方与小棱镜的一个直角面紧贴着。在这个直角面上刻有一个十字形透光的叉丝,套筒上正对棱镜的另一直角面处开有小孔并装一小灯。小灯的光进入小孔后经小棱镜照亮十字形叉丝。如果叉丝平面正好处在物镜的焦面上,从叉丝发出的光经物镜后成一平行光束。如果前方有一平面镜将这束平行光反射回来,再经物镜成像于其焦平面上,那么从目镜中可以同时看到"丰"形叉丝与十字形叉丝的反射像,并且不应有视差。这就是用自准法调节望远镜适合于观察平行光的原理。如果望远镜光轴与平面镜的法线平行,在目镜里看到的十字形叉丝像应与"丰"形叉丝的上交点相重合,光路图如图 2-7-4(b)所示。

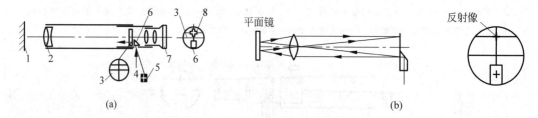

图 2-7-4　自准直望远镜

1—平面镜;2—物镜;3—"丰"形分划板;4—入射光(小灯提供的);

5—十字透光窗;6—小棱镜;7—目镜;8—十字形反射像

如图 2-7-1 所示,阿贝式自准直望远镜 8 安装在支臂 14 上,支臂与转座 20 固定在一起,并套在度盘上。当松开止动螺钉 16 时,转座与度盘一起转动;当旋紧止动螺钉时,转座与度盘可以相对转动。旋转制动架(一)18 与底座上的止动螺钉 17 时,借助制动架(一)末端上的调节螺钉 15 可以对望远镜进行微调。望远镜系统的光轴位置也可以通过调节螺钉 12、13 进行微调。望远镜系统的目镜 10 可以沿光轴移动和转动,目镜的视角可以调节。

2）平行光管详细结构和功能

平行光管由狭缝和透镜组成,结构如图 2-7-5(a)所示。狭缝与透镜之间的距离可以通过伸缩狭缝套筒来调节,只要将狭缝调到透镜的焦平面上,则从狭缝发出的光经透镜后就成为平行光。光路图如图 2-7-5(b)所示,狭缝的刃是经过精密研磨制成的,为避免损伤狭缝,只有在望远镜中看到狭缝像的情况下才能调节狭缝的宽度。

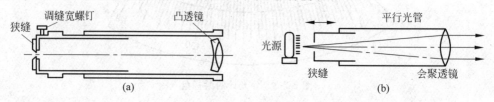

图 2-7-5　平行光管

【实验内容】

1. 分光计的调节

为了保证观测工作的准确,必须事先调节好分光计。调节好分光计的要求是:平行光管发出平行光;望远镜接收平行光(聚焦于无穷远处);平行光管和望远镜的光轴与分光计的中央铅直轴垂直,或载物台中轴线与中央铅直轴重合。调节前,应对照实物和图2-7-1的结构熟悉仪器,了解各个调节螺钉的作用。调节时要先粗调再细调。

1) 粗调(凭眼睛观察判断)

调节望远镜和平行光管上的高低调节螺钉12和27,尽量使它们的光轴与刻度盘平行;调节载物台下的3个水平调节螺钉,尽量使它们与刻度盘平行(粗调是细调的前提,也是细调成功的保证)。

2) 细调

(1) 调节望远镜

① 调节望远镜适合于观察平行光——自准法

a. 目镜调整。调节目镜适度调节手轮11,直到能够清楚地看到分划板"准线"为止。

b. 接上小电珠电源,打开开关,可在目镜视场中看到如图2-7-6(c)所示的"准线"和带有绿色小十字的窗口。

c. 把三棱镜ABC按图2-7-7所示的位置放置在载物台上。

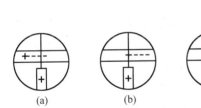

图 2-7-6　目镜视场中的影像

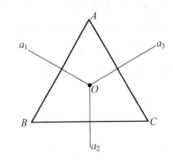

图 2-7-7　三棱镜与载物台各螺钉相对位置

d. 放松控制游标盘(连同载物台)转动的止动螺钉16,转动游标盘(连同载物台),使三棱镜的一个透光镜面,如AC面与望远镜光轴大致正交。然后慢慢地左、右转动游标盘,同时从望远镜中观察和寻找由镜面AC反射回来的绿色小十字像。若为绿斑,前后移动目镜使反射像清楚。随着游标盘的旋转,小十字像应该左、右晃动,如图2-7-6(a)所示。随着游标盘自左向右转动时,绿色小十字像也自左向右移动。因此,仔细缓慢地转动游标盘可使小十字像调至视场中央,实现小十字线和"丰"准线中的竖线相重合,如图2-7-6(b)所示。

如果在游标盘转动过程中,望远镜中看不到小十字像,则说明粗调尚未调好,应调节望远镜高低调节螺钉或载物台水平调节螺钉,使镜面与望远镜基本正交后即可看到。待看到随着游标盘转动而左右移动的小十字像后,再转动游标盘,使三棱镜另一透光镜面AB对准望远镜,找反射像。当AC与AB两面均能看到反射的小十字像后,要前后移动目镜,使小十字像清晰并消除视差。

② 调节望远镜光轴垂直于分光计主轴

当望远镜中分别能看到三棱镜AC与AB两面上反射的小十字像时,说明望远镜光轴与仪器中心轴线基本正交,尚需进一步调整到完全正交。先使望远镜对准 AC 面,看到反射的小十字像,它与分划板上部的十字叉丝一般并不重合,如图 2-7-6(a) 所示。竖直线的重合可由缓慢地转动载物台来实现,如图 2-7-6(b) 所示。水平线重合的调节,可采用减半逐步逼近调节法,调节方法如下:调整望远镜高低调节的螺钉 12,使两水平线的间距由 h 减半缩小为 $\frac{h}{2}$,如图 2-7-8(b) 所示。然后调节如图 2-7-7 所示的螺钉 a_3,使两水平线完全重合,如图 2-7-8(c) 所示。再转动载物台,使三棱镜另一面 AB 对准望远镜,以同样方法调整,但这时应调节螺钉 a_1,使两水平线完全重合。经反复调整,直到三棱镜不论 AC、AB 哪一面对准望远镜时,反射回来的小十字像均能和分划板准线的上部十字线重合为止。这时望远镜光轴和分光计主轴线已经完全正交了。

(2) 调节平行光管

① 调节平行光管使其产生平行光

首先用钠光灯照明狭缝,然后用已适合于观察平行光的望远镜作为标准,正对平行光管观察。调节狭缝和透镜间的距离,使狭缝位于透镜的焦平面上。这时从望远镜中看到的是一清晰的狭缝像(注意:是轮廓清楚窄长条形的狭缝像,而不是边缘模糊的亮条),同时应使狭缝像与叉丝无视差。此时,平行光管发出的光即是平行光。最后可调节狭缝宽度,使实验中狭缝像宽约 1mm 即可。

② 调节平行光管光轴使其垂直于分光计主轴

看到清晰的狭缝像后,转动狭缝(但前后不能移动)成水平状态,调节平行光管高低调节螺钉 27,使狭缝像与分划板上的中央水平线重合,如图 2-7-9(a) 所示,这时平行光管已经垂直于分光计主轴了。然后将狭缝转 90°,使狭缝竖直像被中央十字线的水平线平分,如图 2-7-9(b) 所示。

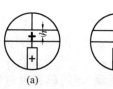

图 2-7-8 "减半逐步逼近法"调节示意图

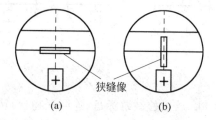

狭缝像

图 2-7-9 平行光管调节示意图

2. 测三棱镜的顶角 A

如图 2-7-10 所示,转动载物台使棱镜 BC 面对着平行光管后锁住载物台。转动望远镜对准 AB 面,使叉丝像与叉丝重合,固定望远镜,从左、右窗口读数,填入表格。再转动望远镜对准 AC 面,使叉丝像与叉丝重合,固定望远镜,从左、右窗口读数,填入表格。

【注意事项】

(1) 拿光学元件(平面镜、三棱镜、光栅等)时,要轻拿轻放,以免损坏,切忌用手触摸光学面。

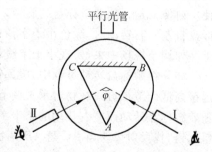

图 2-7-10 测量观察位置示意图

（2）分光计是较精密的光学仪器，要倍加爱护，不应在止动螺钉锁紧时强行转动望远镜，也不要随意拧动狭缝。

（3）在测量数据前务必检查分光计的几个止动螺钉是否锁紧，若未锁紧，取得的数据不可靠。

（4）测量中应正确使用可使望远镜转动的微调螺钉，以便提高工作效率和测量准确度。

（5）测量前应调整好游标盘的位置，使游标在测量过程中不被平行光管或望远镜挡住。

【数据处理】

（1）数据记录。按表 2-7-1 记录实验数据。

表 2-7-1　望远镜读数

次数	望远镜位置 I		望远镜位置 II	
	左窗读数 $\varphi_{I左}$	右窗读数 $\varphi_{I右}$	左窗读数 $\varphi_{II左}$	右窗读数 $\varphi_{II右}$
1				
2				
3				
4				
5				
6				

（2）计算方法。若用左窗读数计算顶角，$A_左=180°-|\varphi_{II左}-\varphi_{I左}|$；若用右窗读数计算，$A_右=180°-|\varphi_{II右}-\varphi_{I右}|$。由于偏心误差的存在，$A_左$ 与 $A_右$ 略有不同，故需取平均值，即

$$A=\frac{1}{2}(A_左+A_右)=\frac{1}{2}\left[360°-|\varphi_{II左}-\varphi_{I左}|-|\varphi_{II右}-\varphi_{I右}|\right]$$

$$=180°-\frac{1}{2}\left[|\varphi_{II左}-\varphi_{I左}|+|\varphi_{II右}-\varphi_{I右}|\right] \tag{2-7-1}$$

（3）根据多次测量结果，计算 $\overline{A}$。

（4）估算 A 的测量不确定度 Δ_A，$S_A=\sqrt{\dfrac{\sum\limits_{i=1}^{6}(A_i-\overline{A})^2}{6-1}}$，$\Delta_B=0.017°$，$\Delta_A=\sqrt{S_A^2+\Delta_B^2}$。

（5）结果表示：$A=\overline{A}\pm\Delta_A$。

思考题

1. 分光计由哪几部分组成？各部分的作用是什么？调节分光计的要点是什么？

2. 在调整分光计时为什么说调好望远镜是关键？其他调节都可以以它为准吗？

3. 什么叫视差？怎样判断有无视差存在？本实验中进行哪几步调节时要消除视差？如何消除？

4. 为什么在游标盘上配备两个游标？

5. 请扼要说明用自准法测定三棱镜顶角的基本原理和测量步骤。

6. 试总结如何能较迅速地将分光计调整好？实验中你有哪些体会？

7. 如果狭缝过宽或过窄将对实验有何影响？

实验 2.8　用迈克耳孙干涉仪测光波波长

美国实验物理学家迈克耳孙于 1881 年发明了迈克耳孙干涉仪,并在 1887 年对其进行了改进。迈克耳孙干涉仪在近代物理学的发展史上起过重要的作用。1801 年英国医生托马斯·杨作出了第一个观察光的干涉现象的实验——光的双缝干涉实验,并成功地测出了红光和紫光波长,奠定了光的波动性的实验基础。按照经典力学的理论,光既然是一种波动,就一定要靠介质才能传播,于是人们提出了所谓光的以太假说。为了探测以太的存在,1880 年迈克耳孙在柏林大学的赫姆霍兹实验室开始筹划用干涉方法测量以太漂移速度的实验。之后,迈克耳孙精心设计了著名的迈克耳孙干涉装置,进行了耐心的实验测量。然而直到 1887 年 7 月迈克耳孙也没能得到理论预期的以太漂移的结果,这为最终否定以太假说奠定了坚实的实验基础,也为爱因斯坦建立狭义相对论开辟了道路。后来,人们利用迈克耳孙干涉装置的原理制成了迈克耳孙干涉仪,并将其用于研究光的精细结构和长度标准校准。迈克耳孙干涉仪是用分振幅的方法实现干涉的光学仪器,它设计巧妙,包含了极为丰富的实验思想,在物理学发展史上具有重大的历史意义,而且得到了十分广泛的应用。例如,可以观察各种不同几何形状、不同定域状态的干涉条纹,研究光源的时间相干性,测量气体、固体的折射率,进行微小长度测量等。

在大学物理实验中使用的是传统迈克耳孙干涉仪,其常见的实验内容是:观察等倾干涉条纹,观察等厚干涉条纹,测量激光或钠光的波长,测量钠光的双线波长差,测量玻璃的厚度或折射率等。此外,利用迈克耳孙干涉仪及其原理可以进行很多与实际应用结合紧密的测量,例如可进行气体浓度的测量以及引力波的探测。光纤迈克耳孙干涉仪还可以进行混凝土内部应变的测量、地震波加速度的测量、温度的测量、透明液体折射率、固体折射率或与折射率相关的浓度的测量。此外迈克耳孙干涉仪也是其他一些仪器的核心部分,傅里叶红外吸收光谱仪、干涉成像光谱技术、光学相干层析成像系统都用到了迈克耳孙干涉仪。

【实验目的】

(1) 了解迈克耳孙干涉仪的原理和基本结构。

(2) 掌握迈克耳孙干涉仪的调节和使用方法。

(3) 应用迈克耳孙干涉仪测定光波的波长。

【实验仪器】

迈克耳孙干涉仪、氦氖激光器、扩束镜、仪器升降台、手电筒。

【实验原理】

1. 迈克耳孙干涉仪的原理及结构

迈克耳孙干涉仪是一种分振幅双光束干涉仪,光路见图 2-8-1。从光源 S 发出的一束光射到分束镜 G_1 上,G_1 板后表面镀有半反射(银)膜,这个半反射膜将一束光分为两束,一束为反射光(1),另一束为透射光(2),当激光束以与 G_1 成 45°角射向 G_1 时,被分为互相垂直的两束光,它们分别

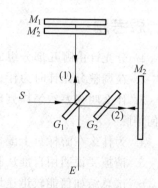

图 2-8-1　迈克耳孙干涉仪光路

垂直射到反射镜 M_1 与 M_2 上，M_1 与 M_2 相互垂直，则经反向后这两束光再回到 G_1 的半反射膜上，又重新会集成一束光。由于反射光（1）和透射光（2）为两束相干光，因此我们可在 E 方向观察到干涉现象。G_2 为补偿板，其物理性能和几何形状与 G_1 相同，且与 G_1 平行，其作用是保证（1）、（2）两束光在玻璃中的光程完全相等。

反射镜 M_2 是固定不动的，M_1 可在精密导轨上前后移动，从而改变（1）、（2）两光束之间的光程差。精密导轨与 G_1 成 45°角，为了使光束（1）与导轨平行，激光应垂直导轨方向射向迈克耳孙干涉仪。

2. 干涉条纹的形成

1）点光源照明时形成非定域干涉条纹

如图 2-8-2 所示，激光束经扩束镜 L（短焦距凸透镜）会聚后得到点光源 S，它发出的球面光波照射在迈克耳孙干涉仪分束镜 G_1 上，A 为 G_1 的半反射膜，S' 是点光源 S 经 A 所成的虚像，S_1' 是 S' 经 M_1 所成的虚像，S_2' 是 S' 经 M_2' 所成的虚像（M_2' 是 M_2 在 A 中的虚像）。显然 S_1'、S_2' 是一对相干点光源。只要观察屏放在 S_1'、S_2' 发出光波的重叠区域内，都能看到干涉现象。因此，这种干涉称为非定域干涉。如果 M_1 与 M_2' 严格平行，且把观察屏放在垂直于 S_1' 和 S_2' 的连线上，就能看到一组明暗相间的同心圆干涉环，其圆心位于 $S_1'S_2'$ 轴线与屏的交点 P_0 处。从图 2-8-3 可以看出，P_0 处的光程差 $\delta_0 = 2d$，观察屏上任一点 P 的光强取决于 S_1' 和 S_2' 至该点的光程差，即

$$\delta = \overline{S_2'P} - \overline{S_1'P} \approx 2d\cos\varphi \tag{2-8-1}$$

式中，φ 为 S_2' 射到 P 点的光线与 M_1 法线之间的夹角。

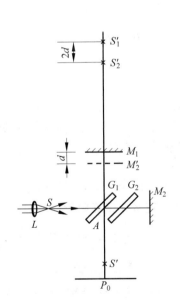
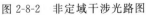

图 2-8-2　非定域干涉光路图

图 2-8-3　点光源产生的等倾干涉条纹

观察屏上形成明暗条纹的条件为

$$\delta = 2d\cos\varphi = \begin{cases} k\lambda & \text{明} \\ (2k+1)\dfrac{\lambda}{2} & \text{暗} \end{cases}, \quad k = 1,2,\cdots \tag{2-8-2}$$

由式(2-8-2)可知,$\varphi=0$ 时光程差最大,即圆心 P_0 处干涉环级次最高,越向边缘级次越低。由明纹条件可知,当干涉环中心为明纹时,$\delta=2d=k\lambda$,此时若移动 M_1(改变 d),环心处条纹的级次相应改变,d 每改变 $\lambda/2$ 距离,环心就有一个条纹"吞入"或"吐出"。若 M_1 移动距离为 Δd,相应"吞入"或"吐出"的干涉环条纹数为 Δk,则有

$$\Delta d = \Delta k \frac{\lambda}{2} \qquad (2\text{-}8\text{-}3)$$

所以在实验时只要数出 Δk,读出 d 的改变量 Δd,就可以计算出光波波长 λ 的值,即

$$\lambda = \frac{2\Delta d}{\Delta k} \qquad (2\text{-}8\text{-}4)$$

由明纹条件推知,相邻两条纹的夹角为

$$\Delta\varphi = -\frac{\lambda}{2d\sin\varphi}$$

当 P 与 P_0 间的距离 $r \ll z$(其中 $z=\overline{S_2'P_0}$)时,$\sin\varphi \approx \varphi$,则

$$\Delta\varphi \approx -\frac{\lambda}{2\varphi d} \qquad (2\text{-}8\text{-}5)$$

式(2-8-5)表明:

(1) d 一定时,越靠近中心(即 φ 越小)的干涉圆环,$|\Delta\varphi|$ 越大,即干涉条纹内疏外密;

(2) φ 一定时,d 越小,$|\Delta\varphi|$ 越大,即条纹将随着 d 的减小而变稀。

2) 用面光源照明时形成定域干涉条纹

(1) 等倾干涉条纹

如图 2-8-4 所示,设 M_1 与 M_2' 互相平行,用面光源照明,对倾角 θ 相同的各光束,它们由上、下两表面反射而形成的两光束,其光程差均为

$$\delta = AC + CB - AD = \frac{2d}{\cos\theta} - 2d\tan\theta\sin\theta$$

整理可得

$$\delta = 2d\cos\theta \qquad (2\text{-}8\text{-}6)$$

可以看出,在倾角 θ 相等的方向上两相干光束的光程差 δ 均相等,具有相等 θ 的各方向光束形成一圆锥面,因此在无穷远处形成的干涉条纹呈圆环形,若用人眼直接观察,或可以看到一组同心圆。用面光源照明时等倾干涉条纹定域于无穷远。

(2) 等厚干涉条纹

如图 2-8-5 所示,当 M_1 与 M_2' 有一个很小的夹角 α,且 M_1 与 M_2' 所形成的空气楔很薄时,用面光源照明就出现等厚干涉条纹。等厚干涉条纹定域在镜面附近。

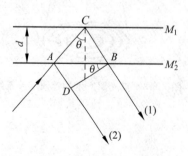

图 2-8-4 等倾干涉光路

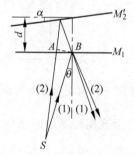

图 2-8-5 等厚干涉光路

经过镜 M_1 与 M_2' 反射的两光束,其光程差仍可近似地表示为 $\delta=2d\cos\theta$(当 M_1 与 M_2' 交角很小时)。在镜 M_1 与 M_2' 的相交处,由于 $d=0$,光程差为零,应观察到直线亮条纹。

由于入射角 θ 很小(决定于反射镜对眼睛的张角,一般比较小),$\delta=2d\cos\theta\approx2d(1-\theta^2/2)$,在交棱附近,$\delta$ 中的第二项 $d\theta^2$ 可以忽略,光程差主要决定于厚度 d,所以在空气楔上厚度相同的地方光程差相同,观察到的干涉条纹是平行于两镜交棱的等间隔的直线条纹。在远离交棱处,$d\theta^2$ 项(与波长大小可比)的作用不能忽视,而同一条干涉条纹上光程差相等,为使 δ 相同,必须用增大 d 来补偿由于 θ 的增大而引起光程差的减小,所以干涉条纹在要弯向 d 增大的地方,使得干涉条纹逐渐变成弧形,而且条纹弯曲的方向是凸向两镜交棱的方向。

【实验内容】

1. 迈克耳孙干涉仪的调整

(1) 对照图 2-8-6,了解迈克耳孙干涉仪的结构原理以及各部件的作用。弄清仪器的使用方法后才可以动手操作。

(2) 调节迈克耳孙干涉仪的底角螺钉使其水平。

(3) 接通激光器电源,调整激光器或干涉仪的位置使激光束投射到分束镜 G_1 的中部附近,并大致垂直于固定平面镜 G_2 或导轨,直至在激光管暗盒一端的小孔附近可以看到由 M_1 和 M_2 反射回来的两排光斑。

(4) 用纸遮住可动镜 M_1,这时小孔附近只剩一排光斑,调节 M_2 背后的 3 个螺钉,使光斑中最亮的一个与激光出射孔重合(调整反射镜背后的粗调螺钉时,先要把微调螺钉调在中间位置,以便能在两个方向上作微调)。用同样的方法调节 M_1,使另一排光斑中最亮的一个也与小孔重合,此时 M_1 与 M_2' 就大致平行了。若出现两个最亮光斑无法同时调到与小孔重合的情况,应重新调节激光器或干涉仪的位置,重复上述过程。

(5) 转动粗调鼓轮,使拖板上的标志线在主尺 32cm 附近,此时 M_1 与 M_2 相对于分光板大致等光程。

(6) 校正零点。转动微调鼓轮时,粗调鼓轮会随之转动,但在转动粗调鼓轮时微调鼓轮并不随之转动,因此在读数前必须校准零点,方法如下:将微调鼓轮沿测量方向旋转至零,然后转动粗调鼓轮,使之对齐读数窗口中的某一刻度线,以后测量时微调鼓轮只能沿该方向转动。

2. 观察点光源的非定域干涉,测定 He-Ne 激光的波长

(1) 将扩束镜 L 放在激光器前共轴线上(靠近干涉仪的一端),使激光束会聚成点光源,并使发散后的光线能均匀照射到分束镜 G_1 上(若无法实现,则应调整扩束镜的上下或左右位置),这时观察屏上就可看到非定域干涉条纹。

(2) 仔细调节平面镜 M_2 的水平或垂直拉簧螺钉,使干涉条纹成圆环状,沿测量方向轻轻转动微调鼓轮,直至视场中的圆环"吞入"或"吐出"几环,此时空程已消除。至此,即完成迈克耳孙干涉仪的调节,可以进行测量了。

(3) 记下 M_1 镜初始位置的读数 d_0,沿同一方向继续转动微调鼓轮,每"吞入"(或"吐出")100 环记一次 M_1 位置读数 d_n,重复测量 3 次,将测得的数据填入表 2-8-1 中。

3. 观察等倾干涉与等厚干涉

(1) 取下观察屏(毛玻璃),将其放在扩束镜 L 和分束镜 G_1 之间,使点光源发出的球面波经毛玻璃散射成为面光源。

（2）用聚焦到无穷远的眼睛作接收器,这时迎着平面镜 M_1 可以看到圆条纹。

（3）进一步调节 M_2 的拉簧螺钉,使眼睛上下左右移动时各圆的大小不变,圆心没有条纹"吞吐",而仅仅是圆心随着眼睛的移动而移动。这时,我们看到的就是严格的等倾干涉条纹了。

（4）转动粗调鼓轮,使等倾干涉圆环条纹由细变粗、由密变疏,当视场中出现很少几条圆条纹时(四五条),表示 M_1 与 M_2' 距离很近。此时,稍微调节一下 M_2 的水平拉簧螺钉,使 M_1 与 M_2' 有一微小夹角,这时会观察到几条直条纹,即为等厚干涉条纹。

【注意事项】

（1）不要让没有扩束的激光直接射入眼内,否则会使视网膜形成永久性伤害。

（2）干涉仪是精密光学仪器,使用过程中切勿用手触摸光学玻璃表面。

（3）调节螺钉和转动鼓轮时,一定要轻、慢,决不允许强扭硬扳。

（4）反射镜背后的粗调螺钉不可旋得太紧,以防止镜面变形。

（5）测量中,只能沿一个方向缓慢地转动鼓轮,否则会引起较大的空程差。

（6）为了测量读数准确,使用干涉仪前必须对读数系统进行零点校正。

【数据处理】

将实验数据填入表 2-8-1 中。

表 2-8-1　测入射光波波长表格

次数	起点 d_0/mm	终点 d_n/mm	Δd/mm	波长 λ/nm
1				
2				
3				

计算氦氖激光的波长, $\bar{\lambda} = \dfrac{1}{3}(\lambda_1 + \lambda_2 + \lambda_3)$,氦氖激光波长的标准值为 632.8nm,将计算所得的 $\bar{\lambda}$ 值与标准值比较,计算其相对误差 $E_r = |\bar{\lambda} - \lambda_标| / \lambda_标 \times 100\%$ 。

【仪器介绍】

WSM-100 型迈克耳孙干涉仪的结构如图 2-8-6 所示。机械台面 4 固定在底座 2 上,底座上有 3 个水平调节螺钉 1,台面上装有一根螺距为 1mm 的精密丝杆 3,丝杆的一端与齿轮系统外壳 12 相连,转动粗调鼓轮 13 或微调鼓轮 15 都可使丝杆转动,从而带动骑在丝杆上的可动镜(M_1)6 沿着导轨 5 移动。 M_1 的位置及移动的距离可从装在台面一侧的毫米标尺(图中未画出)、读数窗 11 及微调鼓轮 15 读出。粗调鼓轮 13 分为 100 分格,每转 1 分格,可动镜就平移 0.01mm。微调鼓轮 15 每转一周,粗调鼓轮随之转过 1 分格。微调鼓轮又分为 100 格,因此微调鼓轮转过 1 格, M_1 平移 10^{-4} mm,这样,最小读数可估读至 10^{-5} mm。

在平面反射镜 M_1 、 M_2 的背面装有螺钉 7,用于调整镜面倾角。各螺钉的调节范围是有限的,如果螺钉过松,在实验过程中镜面倾角可能会因振动而发生变化;如果螺钉过紧,会使镜片产生形变,导致条纹形状不规则。因此在调节时应仔细调到适中位置。在固定镜 M_2 的附近有水平拉簧螺钉 14 和垂直拉簧螺钉 16,用于精密调节 M_2 镜的方位角。

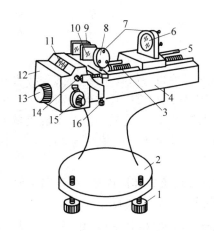

图 2-8-6　迈克耳孙干涉仪结构图

1—水平调节螺钉；2—底座；3—精密丝杠；4—机械台面；5—导轨；6—可动镜 M_1；7—螺钉；8—固定镜 M_2；9—分束镜 G_1；10—补偿板 G_2；11—读数窗；12—齿轮系统外壳；13—粗调鼓轮；14—水平拉簧螺钉；15—微调鼓轮；16—垂直拉簧螺钉

思考题

1. 什么是定域干涉条纹和非定域干涉条纹？它们产生的条件有何不同？

2. 迈克耳孙干涉仪产生的等倾干涉条纹与牛顿环有何不同？

3. 在调节鼓轮过程中,若发现干涉条纹圆环中心位置发生移动,请分析其原因。

实验 2.9　溶液旋光性的研究

分析和研究物质的旋光性,不仅有助于对物质分子结构、晶体结构的研究,还可用于检验旋光物质的纯度、含量及溶液的浓度等,它被广泛地应用于化工、制药、制糖、香料、石化及食品等工农业生产和科学实验中。

【实验目的】

（1）了解旋光仪的原理、结构及使用方法。

（2）测定蔗糖溶液的浓度和旋光率。

（3）研究和观察偏振旋光及现象。

【实验仪器】

WXG-4 型旋光仪、钠光灯。

【实验原理】

当偏振光通过某些透明物质时,其振动面将以光的传播方向为轴线旋转一定的角度,这种现象称为旋光现象。能使偏振光振动面旋转的物质称为旋光物质,如石英晶体、蔗糖溶液、氯酸钠、松节油、酒石酸溶液等都具有旋光性。旋光物质有左旋和右旋之分。当面对光线射来方向观察时,如果振动面顺时针方向旋转,则为右旋物质；反之,为左旋物质。旋光现象有如下特点。

（1）当入射光波长一定时,旋光晶体使振动面转过的角度 φ 和晶体厚度 d 成正比,即

$$\varphi = ad \qquad (2\text{-}9\text{-}1)$$

对于旋光性溶液有

$$\varphi = acl \qquad (2\text{-}9\text{-}2)$$

式中,φ 为用波长为 λ 的偏振光时测得的旋转角度,称为旋转角或旋光度,(°);c 为旋光性溶液的浓度,kg/m^3;l 为偏振光在旋光物质中经过的距离,m;a 表征了物质的旋光性质,称为旋光率,与旋光物质的性质、入射光波长、旋光性溶液的温度等有关,单位为 $(°)\cdot m^3/(kg\cdot m)$,它在数值上等于线偏振光通过厚度为 1m、浓度为 $1kg/m^3$ 的旋光物质的液体层后,其振动面旋转的角度。

(2)旋光物质具有旋光色散现象。其原因是,在相同条件下不同波长的光偏振面旋转的角度不同,旋转角度大致与波长的平方成反比。

测量物质旋光度的装置称为旋光仪,其结构如图 2-9-1 所示,其光学系统如图 2-9-2 所示。测量时,先将旋光仪中的起偏镜与检偏镜的偏振面调到互相垂直,这时在目镜中看到最暗的视场;然后装入试管,转动检偏镜,使变亮的视场重新达到最暗,则检偏镜旋转的角度即被测溶液的旋光度。

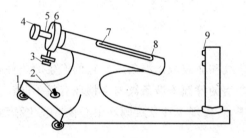

图 2-9-1　WXG-4 型旋光仪结构

1—底座;2—电源开关;3—度盘调节手轮;4—放大镜;5—视度调节螺旋;6—度盘游标;7—镜筒;8—镜盖连接;9—钠光灯

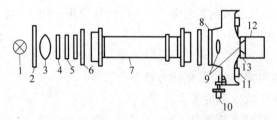

图 2-9-2　WXG-4 型旋光仪的光学系统

1—光源;2—毛玻璃;3—聚光镜;4—滤色片;5—起偏镜;6—半波片;7—试管;8—检偏镜;9—物、目镜组;10—度盘调节手轮;11—度盘及游标;12—读数放大镜;13—调焦轮

由于人眼不可能准确判断视场是否最暗,故多采用半影法。在起偏镜后面再加一半波片,此半波片与起偏镜的一部分在视场中重叠。随半波片安放的位置不同,可将视场分为两部分或三部分,如图 2-9-3 所示。同时在半波片旁装上一定厚度的玻璃片,使玻璃片吸收和反射后光的强度与半波片的相等。取半波片的光轴平行于自身表面并与起偏镜的偏振轴成一角度 θ(仅几度)。由光源发出的光经起偏镜成为线偏振光,其中一部分光经过半波片在半波片上分成 e 光与 o 光两部分,产生 π 或 π 的奇数倍的相位差,使出射的合成光仍为线偏

振光,其振动面相对于入射光的振动面转过了 2θ 角,故进入试管的光是振动面的夹角为 2θ 的两束偏振光。

当转动检偏镜 8 时,在目镜中可看到视场的明暗交替变化图。图 2-9-4 中列出了三分视场 4 种显著不同的情形。

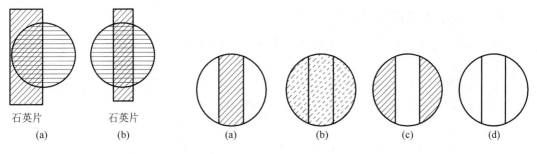

石英片　　　　石英片
(a)　　　　(b)

图 2-9-3　视场
(a)二分视场;(b)三分视场

(a)　　　　(b)　　　　(c)　　　　(d)

图 2-9-4　零度视场的分辨

为提高人眼的分辨率,常取图 2-9-4(b)所示的较暗均匀视场作为参考视场(零度视场),并将此时检偏镜的偏振轴所指的位置取作刻度盘的零点。图 2-9-4(d)所示的视场作为全亮视场。

在旋光仪中放入试管后,通过起偏镜和半波片的两束偏振光均通过试管,它们的振动面转过相同的角度,并保持两振动面间的夹角不变。若转动检偏镜,使视场仍然回到图 2-9-4(b)的状态,则检偏镜转过的角度即为被测溶液的旋光度。旋光仪采用双游标读数(见图 2-9-5),以消除度盘偏心差。度盘分 360 格,每格 $1°$,游标分 20 格,等于度盘 19 格,用游标直接读数到 $0.05°$。

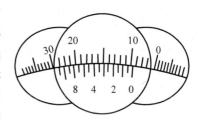

图 2-9-5　游标读数

【实验内容】

1. 调整仪器

(1) 打开电源开关,待钠光灯发光正常后即可开始实验。

(2) 对准钠光灯,调节旋光仪的目镜并慢慢转动度盘调节手轮一周,观察视场亮度变化情况,使能看清视场中两(或三)部分的分界线。

2. 测定蔗糖溶液的旋光率

(1) 确定零度视场位置 φ_0,即在出现较暗均匀的零度视场时记下读数 φ_0。读数时应从左、右窗口分别读数,记入数据表格。

(2) 取蔗糖 26g,溶于纯水中,加水至 100mL,搅拌均匀后置于室温中,作为待测溶液(原液)。装入试管,盖严,并擦干两端外部残留液,放入旋光仪内。

(3) 转动度盘调节手轮,使视场重新回到较暗均匀的零度视场,记下读数 φ'。注意须从左、右两边窗口同时读数,将读数记入表格。

(4) 把原液分别稀释 2 倍、4 倍、8 倍、16 倍,重复步骤(1)、(2)、(3)。

(5) 旋光角 $\varphi = \varphi' - \varphi_0$,代入式(2-9-2),求出旋光率。

3. 测定蔗糖溶液的浓度

(1) 用未知浓度的蔗糖溶液按实验内容 2 的方法测量检偏镜转过的角度,求出旋光度。

(2) 将蔗糖溶液配成不同浓度的溶液共 8 组,分别注入不同长度 L 的试管内并测出各自的旋光度。自己设计表格,并记录数据。由式(2-9-2)计算蔗糖溶液浓度。

4. 观察旋光色散现象(选做)

(1) 用白光作光源,反复调节检偏镜,观察旋光引起的色散现象。要特别注意在半暗位置附近颜色的变化。

(2) 用滤光片分别获得红色、绿色和蓝色等单色光,分别测出蔗糖溶液对各单色光的旋光度,并与钠黄光的旋光度作比较,试找出其中的规律。

【注意事项】

(1) 试管应装满待测溶液,不允许有气泡在光路中出现。

(2) 仪器所有镜面、试管端面均经精密磨制,不得用手或其他粗糙物体及纸张等揩拭,以防损坏镜面,应用软绒布等轻轻揩拭。

(3) 如用同一试管测量不同浓度的溶液,则应先测低浓度溶液,然后由低到高依次测量。每次换装溶液前应将试管用蒸馏水冲洗干净。

【数据与结果】

按表 2-9-1 记录实验数据。

表 2-9-1　旋光仪实验数据记录　　　　　　　　　　　　(°)

实验次数		零点读数	溶液 I		溶液 II		溶液 III	
			浓度	长度	浓度	长度	浓度	长度
1	左							
	右							
2	左							
	右							
3	左							
	右							
平均值								
旋光度 φ								

(1) 求已知浓度的蔗糖溶液的旋光率。

(2) 用求出的旋光率及未知浓度蔗糖溶液的旋光度代入式(2-9-2),求其浓度。

(3) 用实验内容 3 所测数据,以溶液浓度 c 为横坐标,旋光度为纵坐标作图,表示不同浓度下的旋光度,应用线性拟合法处理,验证式(2-9-2)。求出此溶液的旋光率及其不确定度,并与上面用单次实验求得的旋光率作比较。

思考题

1. 什么是旋光现象?

2. 零度视场有何特点?为什么不用图 2-9-4(d)所示的全亮视场作零度视场?

3. 旋光仪采用双游标读数的目的是什么？

4. 图 2-9-5 所示为旋光仪的左窗窗口示数，请给出正确读数。

5. 对不同波长的光，测量结果有何不同？为什么？

实验 2.10　金属电子逸出功实验

金属中存在大量的自由电子，但电子在金属内部所具有的能量低于在外部所具有的能量，因而电子逸出金属时需要给电子提供一定的能量，这份能量称为电子逸出功。

研究电子逸出是一项很有意义的工作，很多电子器件都与电子发射有关，如电视机的电子枪，它的发射效果会影响电视机的质量，因此研究这种材料的物理性质，对提高材料的性能是十分重要的。

【实验目的】

(1) 用里查逊(Richardson)直线法测定钨的逸出功。

(2) 学习用图表法处理数据。

【实验仪器】

MD-WFC-2 型金属电子逸出功测定仪。

【实验原理】

电子从金属中逸出需要能量。增加电子能量有多种方法，如用光照、利用光电效应使电子逸出，或用加热的方法使金属中的电子热运动加剧，也能使电子逸出。本实验采用加热金属使热电子发射的方法来测量金属的逸出功。

如图 2-10-1 所示，若真空二极管的阴极(用被测金属钨丝做成)通以电流加热，并在阳极上加以正电压，在连接这两个电极的外电路中将有电流通过。这种电子从加热金属线发射出来的现象，称为热电子发射。

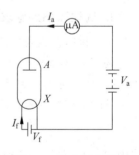

图 2-10-1　金属电子功
电路示意图

研究热电子发射的目的之一，是选择合适的阴极材料。诚然，可以在相同加热温度下测量不同阳极材料的二极管的饱和电流，然后相互比较，加以选择。但通过对阴极材料物理性质的研究来掌握其热电子发射的性能，是带有根本性的工作，因而更为重要。

在通常温度下，由于金属表面与外界(真空)之间存在一个势垒 W_a，所以电子要从金属中逸出至少必须具有能量 W_a，在绝对零度时电子逸出金属至少需要从外界得到的能量为

$$W_0 = W_a - W_f = e\Phi$$

式中，W_0 称为金属电子的逸出功，其常用单位为 eV，它表征要使处于绝对零度下的金属中具有最大能量的电子逸出金属表面所需要给予的能量；Φ 称为逸出电位，其数值等于以电子伏特表示的电子逸出功。

热电子发射就是用提高阴极温度的办法以改变电子的能量分布，使其中一部分电子的能量大于 W_a，使电子能够从金属中发射出来。因此，逸出功的大小对热电子发射的强弱具有决定性作用。

1. 热电子发射公式

根据费米-狄拉克能量分布公式,可以导出热电子发射的里查逊-杜什曼(Richardson-Dushman)公式:

$$I = AST^2 e^{-\frac{e\Phi}{kT}} \tag{2-10-1}$$

式中,I 为热电子发射的电流强度,A;A 为和阴极表面化学纯度有关的系数,A/$(cm^2 \cdot C^2)$;S 为阴极的有效发射面积,cm^2;k 为玻耳兹曼常数,$k = 1.38 \times 10^{-23}$J/K。

原则上我们只要测定 I、A、S 和 T,就可以根据式(2-10-1)计算出阴极材料的逸出功,但困难在于 A 和 S 这两个量是难以直接测定的,所以在实际测量中常用下述的里查逊直线法,以设法避开 A 和 S 的测量。

2. 里查逊直线法

将式(2-10-1)两边除以 T^2,再取对数得

$$\lg \frac{I}{T^2} = \lg AS - \frac{e\Phi}{2.30kT} = \lg AS - 5.04 \times 10^3 \Phi \frac{1}{T} \tag{2-10-2}$$

从式(2-10-2)可以看出,$\lg \frac{I}{T^2}$ 与 $1/T$ 成线性关系。如果以 $\lg \frac{I}{T^2}$ 为纵坐标、以 $1/T$ 为横坐标作图,从所得直线的斜率即可求出电子的逸出电位 Φ,从而求出电子的逸出功 $e\Phi$。这个方法叫做里查逊直线法,该方法的好处是可以不必求出 A 和 S 的具体数值,直接从 I 和 T 就可以得出 Φ 的值,A 和 S 的影响只是使 $\lg \frac{I}{T^2}$-$1/T$ 直线平行移动。这种实验方法在实验、科研和生产上都有广泛应用。

3. 从加速场外延求零场电流

为了维持阴极发射的热电子能连续不断地飞向阳极,必须在阴极和阳极间外加一个加速电场 E_a。然而由于 E_a 的存在使阴极表面的势垒 E_b 降低,因而逸出功减小,发射电流增大,这一现象称为肖脱基(Scholtky)效应。可以证明,在加速电场 E_a 的作用下,阴极发射电流 I_a 与 E_a 有如下的关系:

$$I_a = I \times e^{\frac{0.439\sqrt{E_a}}{T}} \tag{2-10-3}$$

式中,I_a 和 I 分别为加速电场为 E_a 和零时的发射电流。对式(2-10-3)取对数得

$$\lg I_a = \lg I + \frac{0.439}{2.30T} \sqrt{E_a} \tag{2-10-4}$$

如果把阴极和阳极做成共轴圆柱形,并忽略接触电位差和其他影响,则加速电场可表示为

$$E_a = \frac{U_a}{r_1 \ln \frac{r_2}{r_1}} \tag{2-10-5}$$

式中,r_1 和 r_2 分别为阴极和阳极的半径;U_a 为加速电压。将式(2-10-5)代入式(2-10-4)得

$$\lg I_a = \lg I + \frac{0.439}{2.30T} \cdot \frac{1}{\sqrt{r_2 \ln \frac{r_2}{r_1}}} \sqrt{U_a} \tag{2-10-6}$$

由式(2-10-6)可见,在一定的温度 T 和管子结构下,$\lg I_a$ 和 $\sqrt{U_a}$ 成线性关系。如果以

$\lg I_a$ 为纵坐标、以 $\sqrt{U_a}$ 为横坐标作图,此直线的延长线与纵坐标的交点为 $\lg I$,由此即可求出在一定温度下,加速电场为零时的发射电流 I(见图 2-10-2)。

综上所述,要测定金属材料的逸出功,首先应该把被测材料做成二极管的阴极。当测定了阴极温度 T、阳极电压 U_a 和发射电流 I_a 后,通过数据处理,得到零场电流 I,然后即可求出逸出功 $e\Phi$(或逸出电位 Φ)来了。

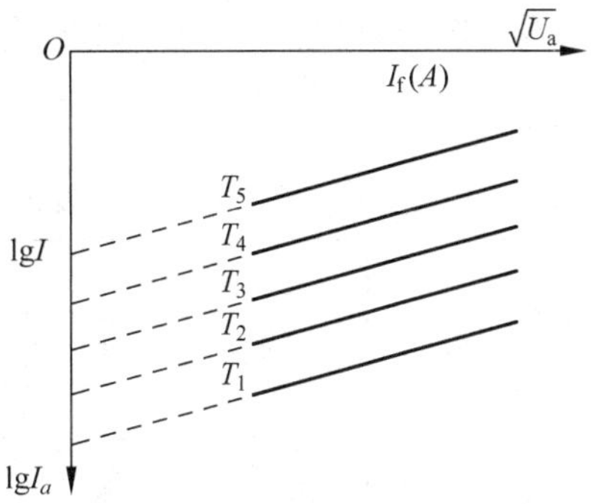

图 2-10-2 $\lg I$ 与 $\sqrt{U_a}$ 求发射电流 I

【实验内容】

(1) 将仪器面板上的 3 个电位器逆时针旋到底。

(2) 将主机背板的插孔和理想二极管测试台的插孔用红黑连接线按编号一一对应接好(仔细检查,请勿接错)。

(3) 接通主机电源开关,开关指示灯和数字表发光。

(4) 调节相应的灯丝电流和板压。

(5) 从数字表上读出灯丝电流、板压和板流,进行数据处理。

(6) 实验结束后,关闭电源,将仪器面板上的 3 个电位器逆时针旋到底。

【数据处理】

(1) 对每一参考灯丝电流在阳极上加 25V,36V,49V,64V,…,144V 电压,各测出一组阳极电流,将数据记录在表 2-10-1 中。

表 2-10-1 在不同阳极加速电压和灯丝温度下的阳极电流

I_f/A \ U_a/V	$I_a/(10^{-6}A)$							
	25	36	49	64	81	100	121	144
0.55								
0.60								
0.65								
0.70								
0.75								

(2) 根据表 2-10-2 中的数据,作出 $\lg I_a$-$\sqrt{U_a}$ 图线,求出截距 $\lg I$,即可得到在不同灯丝温度时的零场热电子发射电流 I。

表 2-10-2 数据的换算值

$T/(10^3 K)$ \ $\sqrt{U_a}/V$	$\lg I_a$							
	5.0	6.0	7.0	8.0	9.0	10.0	11.0	12.0
1.80								
1.88								
1.96								
2.04								
2.12								

（3）根据表 2-10-3 中的数据，作出 $\lg \dfrac{I}{T^2}$-1/T 图线，从直线斜率求出钨的逸出功 $e\Phi$（或逸出电位 Φ）。

表 2-10-3   钨的逸出功测量数据

项　　目	T/(10³K)				
	1.80	1.88	1.96	2.04	2.12
$\lg I$					
$\lg \dfrac{I}{T^2}$					
$\dfrac{1}{T}$/(10⁻³K⁻¹)					

实验 2.11　单色仪的使用

单色仪是一种利用色散元件把复色光分解为单色光的光谱仪器。单色仪与光谱摄谱仪的结构相似，为从宽波段的辐射束中分离出一系列狭窄波段的电磁辐射，它以出射狭缝取代摄谱仪焦面上的感光板，该仪器可广泛应用于光谱分析、透明物质的光学性质、光源特性、光电效应等方面的研究工作，也可作为标准单色光源，因此它是有关厂矿企业、科研单位和高等院校实验的常用仪器。

【实验目的】

（1）了解单色仪的结构和原理。

（2）学习单色仪的调试及使用方法。

（3）对白光进行光谱分析，测定钠光及汞灯的光谱波长。

【实验仪器】

JSⅡ型凹面光栅单色仪、高压汞灯、钠光灯、读数显微镜、溴钨灯等。

【实验原理】

光的衍射现象是指光遇到障碍物时偏离直线传播方向的现象。而光栅是指任何能起周期性地分割波阵面作用的衍射屏。作为色散元件的衍射光栅最早是由夫琅和费用细金属丝制成的，夫琅和费用它测出了太阳光谱中的暗线波长。后来他又用金刚石刻划贴金箔的玻璃板，得到了性能更好的光栅。

常用的衍射光栅分透射式与反射式两种。透射式光栅是用金刚石刀在平面透明玻璃板上刻划平行、等间距又等宽的直痕而制成的。反射式光栅是在坚硬的合金板或高反射率平面镜上刻划而成的。

本实验所用的 JSⅡ型凹面光栅单色仪的基本设计思想是采用伊格耳装置原理，如图 2-11-1 所示。光源

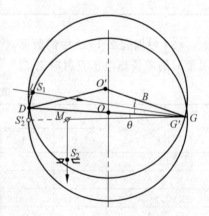

图 2-11-1　光路扫描示意图

发出的光照亮并通过入射狭缝 S_1 投射到凹面光栅 G 上,然后经凹面光栅的衍射分光和会聚成像作用,将所需光谱线由反光镜 M 引至出射狭缝 S_2 处。圆 O 是以凹面光栅曲率半径为直径的罗兰圆,入射狭缝 S_1、光栅 G、出射狭缝 S_2 在反射镜 M 中的虚像 S_2' 均在以 O 为圆心的罗兰圆上。在扫描过程中,通过机械丝杆推动罗兰圆圆心 O 绕转轴 D 转动,从而在连杆 B 带动下凹面光栅向左右作直线移动的同时,绕光栅座支柱中心转动,这样在整个扫描过程中使入射狭缝、出射狭缝、光栅都始终符合罗兰圆的条件。

机械传动机构如图 2-11-2 所示。光栅对谱线进行扫描,主要由丝杆推动连杆 A 和 B 的支点轴承 O(即罗兰圆圆心),从而带动光栅的移动和转动来实现。丝杆由步进电机或手柄带动。

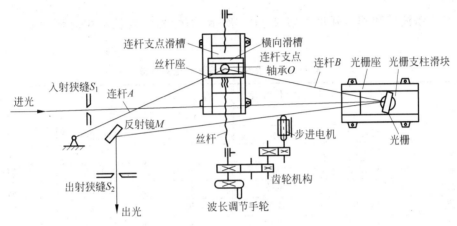

图 2-11-2　机械传动机构示意图

由光栅方程

$$d(\sin i + \sin\theta) = n\lambda \tag{2-11-1}$$

根据伊格耳原理,取 $i = \theta$,并取 $n = 1$,则上式可写成

$$2d\sin i = \lambda \tag{2-11-2}$$

由式(2-11-2)可知,波长 λ 的变化和光线入射角的正弦的变化成线性关系。由于连杆长度和丝杆螺距是恒定的,因此用步进电机或手柄转动丝杆,便可以量出轴承 O 移动的距离,即通过丝杆上的齿轮及齿轮机构传动到机械计数器上,就能直接显示出相应谱线的波长数值。

【实验内容】

1. 对白光进行光谱分析

(1) 用溴钨灯照明入射狭缝。

(2) 使读数显微镜的物镜与出射狭缝在同一高度,调节显微镜与出射狭缝的距离,前后移动镜筒,在视野中找到狭缝,调节目镜左右位置,使狭缝清晰出现在视场中心,之后缩小狭缝宽度。

(3) 转动手柄,在读数显微镜中看到彩色谱线的上限(红光),记下此时的波长为红光上限。再转动手柄,当视野中出现红、橙混合时,记下此时波长为红光下限(橙光上限)。继续重复这样的操作,记下各色光的范围,直至最后紫色消失。

2. 测定钠光的波长

用钠光灯照明入射狭缝,仔细观察钠光的谱线,记录两条谱线最亮处的谱线波长。

3. 测定汞灯的光谱波长

用汞灯照明入射狭缝,仔细观察汞灯的光谱线,记录每条光谱线最亮处的谱线波长。

【注意事项】

(1)本机调整时以 850.0～250.0nm 单向操作为准,要求单向操作,以确保精度和重复性,反向扫描时则需加修正值。

(2)实验过程中,鼓轮应向一个方向转动。

【附】

汞灯光谱波长和相对强度如表 2-11-1 所示,钠灯光谱波长和相对强度如表 2-11-2 所示。

表 2-11-1　汞灯光谱波长和相对强度

颜　色	波长/nm	相对强度	颜　色	波长/nm	相对强度
紫	404.66	强	黄绿	567.59	弱
紫	407.78	次强	黄	576.96	强
紫	410.81	弱	黄	579.07	强
蓝	433.92	弱	黄	579.93	弱
蓝	434.75	弱	黄	588.89	弱
蓝	435.83	很强	橙	607.27	弱
青	491.61	弱	橙	612.34	弱
青	496.03	强	橙	623.54	弱
绿	535.41	弱	红	671.64	弱
绿	536.51	弱	红	690.75	强
绿	546.07	很强	红	708.19	极弱

表 2-11-2　钠灯光谱波长和相对强度

颜　色	波长/nm	相对强度
黄	589.00	强
黄	589.59	强

思考题

1. 单色仪为什么要采用凹面光栅?有什么优点?

2. 用单色仪怎样测量未知单色光的频率?

3. 除使用单色仪外,还可以用哪些光学仪器测量单色光的光谱?

第3章

综合应用型实验

实验 3.1　金属丝杨氏弹性模量的测量

　　杨氏弹性模量(亦称杨氏模量)是工程材料的一个重要物理参数,它标志着材料抵抗弹性形变的能力。杨氏模量是固体材料在弹性形变范围内正应力与相应正应变的比值,其数值大小跟材料的结构、化学成分和加工制造方法有关。它的测量方法有静力学拉伸法和动力学共振法等,本实验采用静力学拉伸法。同时提供了一种测量微小伸长的方法,即光杠杆法(一种光学放大装置)。光杠杆装置还被许多高灵敏度的测量仪器(如冲击电流和光电检流计等)所采用。

　　本实验的仪器结构、实验方法、数据处理、误差分析等方面的内容非常丰富,能使学生得到全面的训练,是一个很好的教学实验。

实验一　砝码加力拉伸仪法测杨氏模量

【实验目的】

(1) 学会用拉伸法测量金属丝的杨氏弹性模量。

(2) 掌握用光杠杆及望远镜尺组测量微小长度变化的原理和方法。

(3) 学习用逐差法处理数据。

【实验仪器】

杨氏模量测定仪、螺旋测微计(外径螺旋测微计)、塑料直尺、卷尺。

【实验原理】

　　物体在外力的作用下发生形状与大小改变的现象称为形变。一切固体材料在外力的作用下都要或多或少地发生形变。形变可分为弹性形变和塑性形变两大类。外力撤除后物体能完全恢复原形的形变,称为弹性形变;如外力撤除后物体不能完全恢复原状,而留下剩余形变,称为塑性形变。发生弹性形变时,物体内部产生恢复原状的内应力,弹性模量是反映材料形变与内应力关系的物理量。在本实验中,只研究弹性形变。为此,应控制外力的大小,以保证此外力去掉后物体能恢复原状。

　　拉伸法是沿纵向施加外力使材料产生形变的,它是一种研究最简单的弹性形变的方法。设有一根长为 L 粗细均匀的金属丝,截面积为 S,受到沿长度方向外力 F 的作用,其伸长量为 ΔL。比值 F/S 是单位面积上受到的作用力,称为胁强,它决定了物体的形变;比值 $\Delta L/L$ 是金属丝单位长度的伸长量,即相对伸长量,称为胁变,它表示物体形变的大小。按胡克定律,在弹性限度内,胁变与胁强成正比,即

$$\frac{\Delta L}{L} = \frac{1}{E} \cdot \frac{F}{S} \tag{3-1-1}$$

式中，比例系数 E 称为杨氏弹性模量，实验证明，它的大小与物体所受外力 F、物体的长度 L 和截面积 S 的大小无关，而只决定于物体材料本身的属性。式(3-1-1)可改写为

$$E = \frac{F/S}{\Delta L/L} = \frac{F}{S} \cdot \frac{L}{\Delta L} \tag{3-1-2}$$

根据式(3-1-2)，若要用实验方法测定金属丝的杨氏弹性模量大小，只要测出 F、S、L、ΔL 的量值后通过计算即可得出。F、S 和 L 易用一般仪器测得，ΔL 的值很小，用一般方法不易测出，而且测量的准确度很低。采用光杠杆放大原理，可以较好地解决这一难题。

光杠杆的构造如图 3-1-1 所示，它是一个装有平面镜的支架，平面镜 M 垂直于它的底座，后足到两前足连线的垂直距离为 b。它的求法是将三足在铺平的纸上按一下，印出 3 个小足印，再用几何方法求出。

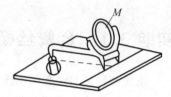

图 3-1-1 光杠杆

光杠杆是和杨氏模量仪及望远镜尺组配合使用的。图 3-1-2(a)所示为一杨氏模量仪，三底座上装有两根平行立柱和一个调节螺钉。金属丝的上端固定在立柱顶端横梁的螺钉 A 中，下端系在活动框架上，框架下端可悬挂砝码 B。立柱中间有一个可以上下移动的平台 G，平台用来安放光杠杆。平台后部有一小孔，框架可在孔中上下移动。平台前部有若干条横槽，用于放置光杠杆前足，光杠杆的后足放在框架上的小坑内。图 3-1-2(b)所示为望远镜尺组，由望远镜 R 和刻度尺 S 组成。

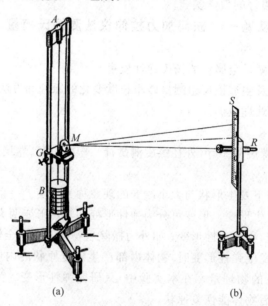

(a)   (b)

图 3-1-2 用光杠杆法测杨氏弹性模量装置图
(a) 杨氏模量仪；(b) 望远镜尺组

光杠杆的放大原理是：当被测金属丝未发生长度变化前，可从望远镜内读出标尺的读数 n_0，即水平读数，如图 3-1-3 所示。加砝码后金属丝的伸长量为 ΔL，光杠杆的后足尖也

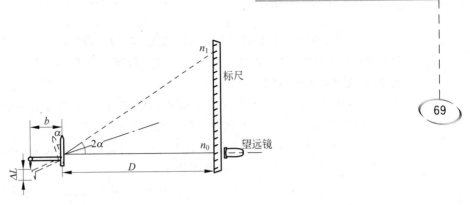

图 3-1-3 光杠杆放大原理图

随框架下降。此时镜面以前足为支点向后转过 α 角,由图 3-1-3 可见,$\tan\alpha=\dfrac{\Delta L}{b}$,这时由望远镜里读出标尺上的读数为 n_1,前后两次的读数差 $\Delta n=n_1-n_0$。由光的反射定律可知,当光杠杆镜面 M 转过 α 角度时,镜面法线也同时转过 α 角度,这样入射光线和反射光线之间的夹角为 2α。设镜面到标尺的距离为 D,由图可知

$$\tan 2\alpha = \frac{\Delta n}{D} \tag{3-1-3}$$

实验中,由于 α 角很小,因此有 $\tan\alpha\approx\alpha$,$\tan 2\alpha\approx 2\alpha$,得到

$$\alpha = \frac{\Delta L}{b}, \quad 2\alpha = \frac{\Delta n}{D}$$

由上两式中消去 α,可得

$$\Delta L = \frac{b\Delta n}{2D} \tag{3-1-4}$$

通过光杠杆的放大作用,将对微小伸长量 ΔL 的测量转变为对较大量 D、b 及 Δn 的测量。将金属丝的截面积 $S=\dfrac{1}{4}\pi d^2$(d 为金属丝的直径)及式(3-1-4)代入式(3-1-2)中,最后得到

$$E = \frac{8FLD}{\pi d^2 b\Delta n} \tag{3-1-5}$$

上式即本实验测定金属丝杨氏模量的理论公式。

【实验内容】

(1)调节杨氏模量测定仪支架底座螺钉,使平台达到水平,此时金属丝处于铅直位置,它下端的活动框架能自由升降。

(2)将光杠杆放在平台上,两前足尖放入平台的横槽内,后足尖放在活动框架上的小坑内,调整平台位置,使三足尖处于同一水平面上,且将平面镜调成与平台大致垂直。

(3)在距光杠杆镜面约 1.50m 处放置望远镜尺组,并开始调节望远镜(这是本实验的关键,要仔细耐心地调节)。

① 调节望远镜高度,使望远镜中心与光杠杆上的小镜中心处于同一高度,调节标尺使之在适当的位置。

② 沿望远镜外侧上边缘观察,望远镜上的准槽、准星和小镜中的尺像三点应成一直线,否则,微微调节望远镜,使之上、下、左、右移动,直到达到要求为止。

③ 眼睛紧贴望远镜筒向光杠杆的反射镜看,应能看到反射镜中标尺的像,如看不到,可调整镜筒使其伸缩(调整目镜与物镜的距离),微调望远镜尺组的位置、望远镜倾角以及反射镜倾角,直到看到标尺的像为止。

④ 旋转目镜看清叉丝,再细调镜筒使其伸缩,直到在望远镜中清晰地看见标尺的像和叉丝。再细心调整,使标尺的像与叉丝在同一平面内,上、下、左、右微动眼睛的位置,标尺的像与叉丝无相对位移,称为无视差。这时即可记下十字叉丝横线对准标尺的某一标度值,此标度值为金属丝初始状态时的水平读数 n_0。

(4) 按顺序增加砝码,每次增加一个砝码(质量为 1kg),在望远镜中观察标尺的像,并逐次记下相应的标尺刻度。然后逐个取下砝码,记录相应的标尺读数。

(5) 取同一负荷下标尺读数的平均值 $n_0,n_1,n_2,n_3,n_4,n_5,n_6,n_7$,再用逐差法处理这些数据。即把数据等分成两组,一组是 n_0,n_1,n_2,n_3,另一组是 n_4,n_5,n_6,n_7,取相应项的差值得

$$\Delta n_1 = \frac{n_4 - n_0}{4}, \quad \Delta n_2 = \frac{n_5 - n_1}{4}, \quad \Delta n_3 = \frac{n_6 - n_2}{4}, \quad \Delta n_4 = \frac{n_7 - n_3}{4}$$

平均值为

$$\Delta n = \frac{\Delta n_1 + \Delta n_2 + \Delta n_3 + \Delta n_4}{4}$$

不难看出,逐差法处理数据的优点是充分利用了所有数据,可以减小测量的随机误差,而且也可以减小测量仪器带来的误差,是一种很好的数据处理方法。

(6) 在金属丝没加负荷的那一段,任取 3 处,用螺旋测微计测其直径。

(7) 用钢卷尺测量金属丝的长度 L 和镜面到标尺的距离 D。

(8) 将光杠杆的 3 个足尖点压在一张纸上,量出后足尖至前两足尖连线的垂直距离 b。

【注意事项】

(1) 在望远镜的调整中,必须注意视差的消除,否则将会影响读数的正确性。

(2) 光杠杆、望远镜尺组所构成的光学系统一经调整好后,在实验过程中就不可再移动。否则,所测数据无效,实验应从头做起。

(3) 在加、减砝码时,切勿使其摆动,必须轻拿轻放,系统稳定后才可读数。

(4) 在增加和减少砝码时,当金属丝负荷相等时,读数应近似相等,如果相差甚大,必须找出原因再重做实验。

(5) 光杠杆平面镜是易碎物品,不能用手触摸,也不能随意擦拭,更不能将其跌落在地,以免打碎镜面。

【数据与结果】

(1) 按表 3-1-1~表 3-1-3 记录实验数据。

表 3-1-1　金属丝直径

项　　目	测量次数			平均值
	1	2	3	
直径 d/mm				

表 3-1-2　镜面到标尺的距离、金属丝长度及光杠杆足尖距离

镜面到标尺的距离 D/cm	金属丝长度 L/cm	光杠杆足尖距离 b/cm

表 3-1-3　加负荷后标尺的读数

次数	砝码质量/kg	标尺读数 n_i/cm 增重时	减重时	两次测量的平均值/cm	单个砝码对应的标尺读数/cm
0				$n_0=$	$\Delta n_1=(n_4-n_0)/4$
1				$n_1=$	$\Delta n_2=(n_5-n_1)/4$
2				$n_2=$	$\Delta n_3=(n_6-n_2)/4$
3				$n_3=$	$\Delta n_4=(n_7-n_3)/4$
4				$n_4=$	
5				$n_5=$	$\overline{\Delta n}=\dfrac{1}{4}\sum\Delta n_i=$
6				$n_6=$	
7				$n_7=$	

（2）用逐差法处理数据。

（3）将所测数据代入 $E=\dfrac{8FLD}{\pi d^2 b\Delta n}$，计算出金属丝的杨氏弹性模量 E（计算时应注意计量单位的统一，采用国际单位制），并根据误差传递公式计算出计算结果的误差，最后正确表示测量结果 $E=\overline{E}\pm\Delta_E$。

思考题

1. 材料相同，但粗细、长度不同的两根钢丝，它们的杨氏弹性模量是否相同？
2. 光杠杆有什么优点？怎样提高光杠杆测量微小长度变化的灵敏度？
3. 用逐差法处理实验数据有什么好处？能否根据实验数据判断金属丝有无超过弹性限度？
4. 做完用光杠杆法测金属丝的杨氏弹性模量实验后，请你总结一下，为了能在望远镜中始终看清楚标尺刻度，镜面、尺面、镜高、望远镜高、标尺中点位置、望远镜轴之间的相互关系应如何？与地面的关系又如何？

实验二　数显液压加力拉伸法测杨氏弹性模量

【实验目的】

（1）学会测量杨氏弹性模量的一种方法。
（2）掌握光杠杆放大法测量微小长度的原理。
（3）学会用逐差法处理数据。

【实验仪器】

数显液压加力杨氏模量拉伸仪、螺旋测微计、直尺、卷尺。

【实验原理】

（1）测量杨氏弹性模量的原理

设长为 L、截面积为 S 的均匀金属丝，在两端以外力 F 相拉后，伸长 ΔL。实验表明，在弹性范围内,单位面积上的垂直作用力 F/S(正应力)与金属丝的相对伸长 $\Delta L/L$(线应变)成正比,其比例系数就称为杨氏模量,用 Y 表示,即

$$Y = \frac{F/S}{\Delta L/L} = \frac{FL}{S\Delta L} \tag{3-1-6}$$

其中,F、L 和 S 都易于测量,ΔL 属微小变量,我们将用光杠杆放大法测量。

放大法是一种应用十分广泛的测量技术。我们将在本课程中接触到机械放大、光放大、电子放大等测量技术,例如螺旋测微计是通过机械放大而提高测量精度的、示波器是通过将电子信号放大后进行观测的。本实验采用的光杠杆法属于光放大技术。光杠杆放大原理被广泛地用于许多高灵敏度仪表中,如光电反射式检流计、冲击电流计等。

放大法的核心是将微小变化量输入一"放大器",经放大后再进行精确测量。

设微小变化量用 ΔL 表示,放大后的测量值为 N,我们称

$$A = \frac{N}{\Delta L}$$

为放大器的放大倍数。原则上 A 越大,越有利于测量,但往往会引起信号失真。研究保真技术已成为测量技术的一个专门领域。

设金属丝的直径为 d,将 $S = \dfrac{\pi d^2}{4}$ 代入式(3-1-6)得

$$Y = \frac{4FL}{\pi d^2 \Delta L} \tag{3-1-7}$$

本实验的整套装置由数显液压加力杨氏模量拉伸仪和新型光杠杆组成。

数显液压加力杨氏模量拉伸仪如图 3-1-4 所示,金属丝上下两端用钻头夹具夹紧,上端固定于双立柱的横梁上,下端钻头卡的连接拉杆穿过固定平台中间的套孔与一拉力盒相连,压力传感器装在盒内,并通过穿过拉力盒的两个螺杆与中间的横梁相固连,液压囊位于传感器和拉力盒底板之间,当压力增大(或减小),即液囊体积增大(或减小)时,传感器和拉力盒都将受力,由于传感器是固定的,该力将反推拉力盒向下移动,从而拉伸金属丝。所施力大小由电子数字显示系统显示在液晶显示屏上。加力大小由外置的液压加力盒调节螺杆改变。

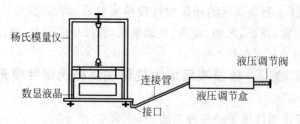

图 3-1-4　数显液压加力杨氏模量拉伸仪

(2) 光杠杆放大原理

图 3-1-5(a)所示为新型光杠杆的结构示意图。在等腰三角形铁板 1 的三个角上各有一个尖头螺钉,底边连线上的两个螺钉 B 和 C 称为前足尖,顶点上的螺钉 A 称为后足尖。2 为光杠杆倾角调节架,3 为光杠杆反射镜,调节架可使反射镜作水平转动和俯仰角调节。测量标尺在反射镜的侧面并与反射镜在同一平面上,如图 3-1-5(b)所示。测量时两个前足尖放在杨氏模量拉伸仪的固定平台上,后足尖则放在待测金属丝的测量端面上,该测量端面就

是与金属丝下端夹头相固定连接的水平托板。当金属丝受力后,产生微小伸长,后足尖便随测量端面一起作微小移动,并使光杠杆绕前足尖转动一微小角度,从而带动光杠杆反射镜转动相应的微小角度,这样标尺的像在光杠杆反射镜和调节反射镜之间反射,便把这一微小角位移放大成较大的线位移。这就是光杠杆产生光放大的基本原理。下面我们来导出本实验的测量原理公式。

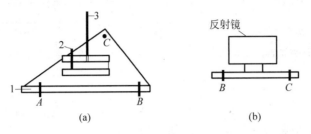

图 3-1-5 光杠杆的结构

图 3-1-6(a)所示为 NKY-2 型光杠杆放大原理示意图。标尺和观察者在两侧,如图 3-1-6(b)所示。开始时光杠杆反射镜与标尺在同一平面,在望远镜上读到的标尺读数为 n_0,当光杠杆反射镜的后足尖下降 ΔL 时,产生一个微小偏转角 θ,在望远镜上读到的标尺读数为 n_1,$n_0 - n_1$ 即放大后的钢丝伸长量 Δn,常称做视伸长。

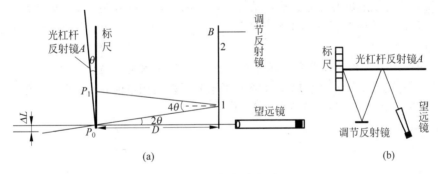

图 3-1-6 光杠杆放大原理

由图可知

$$\Delta L = b\tan\theta \approx b\theta$$
$$\Delta n = n_1 - n_0 = D\tan 4\theta \approx 4D\theta$$

所以它的放大倍数为

$$A_0 = \frac{\Delta n}{\Delta L} = \frac{n_1 - n_0}{\Delta L} = \frac{4D}{b}$$

代入式(3-1-7)可得

$$Y = \frac{16FLD}{\pi d^2 b \Delta n} \tag{3-1-8}$$

式中,b 称为光杠杆常数或光杠杆腿长,为光杠杆后足尖 A 到两前足尖 BC 连线的垂直距离,如图 3-1-7 所示;D 为反射平面镜到标尺的距离,可用光学方法在望远镜中间接测得。调节望远镜的目镜,聚焦后可清晰地看到叉丝平面上有上、中、下三条平行基准线,如图 3-1-8 所示,其中间基准线称为测量准线,用于读金属丝长度变化的测量值 $n_1, n_2, \cdots$。

上下两条准线称为辅助准线,它们之间的距离 $n_a - n_b$ 称为视距,则有

$$D = \frac{100}{3} \times 视距$$

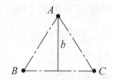

图 3-1-7　光杠杆常数的测量

图 3-1-8　望远镜目镜聚焦后的叉丝平面

(3) 系统误差分析与消减办法

① 由于钢丝不直或钻头夹具夹得不紧将出现假伸长,为此,必须用力将钻头卡夹紧钢丝。同时,在测量前应将金属丝拉直并施加适当的预拉力。

② 由于钢丝在加外力后,要经过一段时间才能达到稳定的伸长量,这种现象称为滞后效应,这段时间称为弛豫时间。为此每次加力后应等到显示器数据稳定后再测读数据。

③ 金属丝(钢丝)锈蚀或长期受力产生所谓金属疲劳,将导致应力集中或非弹性形变,因此,当发生钢丝锈蚀或使用两年以上应更换。

④ 本实验所用的数字测力秤的示值误差为 $\pm 10g$。

⑤ 关于其他测量量的误差分析与估算。由于测量条件的限制,L、D、b 这 3 个量只作单次测量,它们的误差限应根据具体情况估算。其中 L、D 用钢尺测量时,其极限误差可估算为 $1 \sim 3mm$。测量光杠杆常数 b 的方法是:将三个足尖压印在硬纸板上,作等腰三角形,从后足尖至两前足尖连线的垂直距离即为 b。由于压印,作图连线宽度可达 $0.2 \sim 0.3mm$,故其误差限可估算为 $0.5mm$。金属丝直径 d 用千分尺多次测量时,应注意测点要均匀地分布在上、中、下不同位置,千分尺的仪器误差取 $0.005mm$。

【实验内容】

(1) 调节

按下电源开关。

① 调节光杠杆。将光杠杆放置好,两前足尖放在平台槽内,后足尖置于与钢丝固定的圆形托盘上,并使光杠杆反射镜平面与照明标尺基本在一个平面上。调节光杠杆平面镜后面的黑色倾角螺钉,使平面镜与平台面基本垂直。

② 调节反射镜。调节反射镜高度,使其与光杠杆中心基本处于等高位置。调节反射镜下面的倾角螺钉,使反射镜镜面与光杠杆镜面基本平行。转动反射镜,同时通过目测观察照明标尺在光杠杆、反射镜的二次反射像(即目测光杠杆平面镜里有反射镜的像,反射镜像里有标尺的像)。

③ 调节望远镜。调节望远镜高度,使其与光杠杆中心基本处于等高位置。转动望远镜,沿望远镜外侧上边缘观察,使望远镜上的准槽、准星和光杠杆中的标尺三点成一线。旋转望远镜的目镜看清叉丝平面的三条准线。将望远镜对准照明标尺在光杠杆平面镜上的像,然后调节望远镜的物镜焦距,看清光杠杆反射回的标尺像并与叉丝平面的三条准线在同一平面无视差(即上、下、左、右移动眼睛的位置,标尺的像与叉丝无相对位移)。

④ 调节反射镜下面的倾角螺钉,使光杠杆平面镜里标尺像的"5"对应的刻度线对准望远镜的目镜叉丝平面的中间准线。

操作要点：调节好光路是本实验的基础，为此必须充分理解光杠杆的放大原理。调节好照明标尺-调节反射镜-光杠杆反射镜-望远镜光路系统，使照明标尺在光杠杆反射镜中的反射像能进入望远镜；调节望远镜的目镜和物镜焦距，确保在望远镜中能清晰且无视差地看到叉丝平面的三条准线和标尺像的刻度线。弄清光杠杆和调节反射镜调节俯仰角的方法，操作时动作要轻，要精细准确。

上述步骤属于光路调节，调节前要动脑筋，体会光路调节中的"等高同轴要领"的含义，就一定会获得满意的图像。

（2）测量

① 按下数显屏上的"开/关"键。待显示屏出现"0.000"后，用液压加力盒的调节螺杆加力，显示屏上会出现所施拉力。

② 为测量数据准确方便，先测量加载过程，将数显拉力从某一荷载开始（从大于或等于 10.00kg 为好），每间隔 1kg 记录标尺读数，继续加载 7 组数据，分别记作 n_0, n_1, n_3, n_4，$n_5, n_6, n_7, n_8, n_9, \cdots$。隔 1~2min 后，连续减载，每减少 1kg 观测一次标尺读数。读取相应的数据，填入记录表格中。

③ 重复上述步骤②再做一遍。

④ 观测完毕应将液压调节螺杆旋至最外端，使显示屏指示"0.000"附近后，再关"电源"。

⑤ 测量 D、L、b、d 值，其中 D、L、b 只测一次，d 用千分尺在金属丝的不同位置测 3 次，记入表格中。

【数据与结果】

（1）按表 3-1-4～表 3-1-6 记录实验数据。

表 3-1-4 金属丝直径

测量次数	1	2	3	平均值
直径 d/mm				

表 3-1-5 反射平面镜镜面到标尺的距离、金属丝长度及光杠杆足尖距离

反射平面镜到标尺的距离 D/cm	金属丝长度 L/cm	光杠杆足尖距离 b/cm

表 3-1-6 加力后标尺的读数

次数	加力/kg 力	标尺读数 n_i/cm		两次测量的平均值/cm	每 kg 力对应的标尺读数/cm
		加力时	减力时		
0				$n_0 =$	$\Delta n_1 = (n_4 - n_0)/4$
1				$n_1 =$	$\Delta n_2 = (n_5 - n_1)/4$
2				$n_2 =$	$\Delta n_3 = (n_6 - n_2)/4$
3				$n_3 =$	$\Delta n_4 = (n_7 - n_3)/4$
4				$n_4 =$	
5				$n_5 =$	$\overline{\Delta n} = \frac{1}{4} \sum \Delta n_i =$
6				$n_6 =$	
7				$n_7 =$	

（2）将所测数据代入 $\bar{Y}=\dfrac{16FLD}{\pi d^2 b\Delta \bar{n}}$，$Y$ 的单位为 $\mathrm{N/m^2}$。

（3）不确定度为

$$\Delta_Y = \bar{Y}\sqrt{\left(2\cdot\dfrac{\Delta_d}{d}\right)^2+\left(\dfrac{\Delta_{\Delta n}}{\Delta n}\right)^2} \quad （D、L、b 的影响忽略不计）$$

（4）结果表示：$Y=\bar{Y}\pm\Delta_Y$。

思考题

1. 逐差法的优点是什么？
2. 光杠杆放大法测量微小长度变化有什么优点？怎样提高光杠杆放大系统的放大倍数？
3. 证明：若测量前光杠杆反射镜与调节反射镜不平行，不会影响测量结果。

实验 3.2 气体中声速的测定

声波是一种在弹性介质中传播的纵波，人耳能听到的声波称为可闻声波，频率在 $20\mathrm{Hz}\sim 20\mathrm{kHz}$ 之间。频率低于 $20\mathrm{Hz}$ 的声波称为次声波，频率高于 $20\mathrm{kHz}$ 的称为超声波。超声波具有波长短、能定向发射等优点，在现代工业、农业、国防和科研等方面有着广泛的应用。声波的波长、强度、传播速度等是描述声波的重要物理量，其中声速和传播媒质的特性与状态有关，因而通过测量媒质中的声速，可以了解被测媒质的某些特性或状态的变化。例如，测定气体或液体中声速的变化可了解该气体或液体的比重、浓度及分界面特性等。

测量声速最简单的方法之一是利用声速 v 与振动频率 f 和波长 λ 之间的关系（即 $v=f\lambda$），从而求出声速。本实验主要是测量超声波在空气中的传播速度，采用相位比较法和共振干涉法。

【实验目的】

（1）了解超声波产生和接收原理，加深对相位概念的理解。

（2）掌握相位比较法和共振干涉法测量声速的原理，学会用两种方法测定超声波在空气中的传播速度。

（3）了解压电陶瓷在电、声相互转换中的应用，了解非电量的电测原理与方法。

【实验仪器】

SW-Ⅲ型声速测量仪、函数信号发生器、示波器、交流毫伏表、温度计。

【实验原理】

1. 仪器介绍

1）声速测量仪

SW-Ⅲ型声速测量仪如图 3-2-1 所示，该仪器由底座、标尺、刻度鼓轮和两个超声压电换能器组成。其中，一个换能器固定在游标卡尺尺身零刻度线的一端，充当发射换能器；另一个换能器固定在游标卡尺的游标上，充当接收换能器，可随游标一起沿尺身方向移动。两换能器的结构完全相同，具有相同的固有频率。利用微动装置移动游标可精密调节两换能器之间的距离。

超声压电换能器是在压电陶瓷片的前后两表面用胶粘上两种金属组成的夹心型振子

（见图 3-2-2），头部用轻金属做成喇叭形，尾部用重金属做成锥形，中间为压电陶瓷环，环中间通过螺钉固定。这种结构的换能器，既能将正弦交流信号变成压电材料纵向的机械振动，使压电陶瓷成为声波的波源；也能将声压变化转换成电压变化，即可用压电陶瓷作为声波的接收器。而用轻重金属做成的夹心结构，增大了辐射面积，增强了振子的耦合作用，使发射的声波方向性强、平面性好。

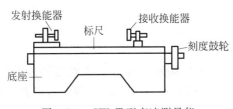

图 3-2-1　SW-Ⅲ型声速测量仪

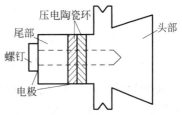

图 3-2-2　超声压电换能器

2）函数信号发生器

函数信号发生器是一种与声速测定仪配套使用的信号源，由于仪器本身不仅具有功率输出电路，而且还有计频数字显示电路，因此在实验中可取代一台低频信号发生器和一台频率计。其输出的电压信号频率是可调的，连续调节又分粗调和微调两挡，当需要很准确的频率时，可用频率微调。

3）示波器

阴极射线（即电子射线）示波器，简称示波器，主要由示波管和复杂的电子线路组成。用示波器可以直接观察电压波形，并测定电压的大小。因此，一切可转化为电压的电学量（如电流、电功率、阻抗等）、非电学量（如温度、位移、速度、压力、光强、磁场、频率等）以及它们随时间的变化过程都可用示波器来观测。由于电子射线的惯性小，又能在荧光屏上显示出可见的图像，因此示波器特别适用于观测瞬时变化过程，是一种用途广泛的现代测量工具。本实验所用示波器的各旋钮及接线柱的用法及有关知识请参阅实验 2.5。

2. 声速的理论值

在理想气体中声波的传播速度为

$$v = \sqrt{\frac{\gamma R T}{M}} \tag{3-2-1}$$

式中，R 为摩尔气体常数，$R=8.314\mathrm{J/(mol \cdot K)}$；$\gamma$ 为比热容比，即气体摩尔定压热容和摩尔定容热容的比值；M 为气体的摩尔质量；T 为气体的开氏温度（热力学温度），K，若用 t 表示摄氏温度，则有

$$T = (t + 273.15)\mathrm{K} \tag{3-2-2}$$

将式（3-2-2）代入式（3-2-1），整理化简后得声波在室温 t 下干燥空气中的传播速度为

$$v = v_0 \sqrt{1 + \frac{t}{273.15}} \tag{3-2-3}$$

式中，v_0 为 0℃时声波在干燥空气中的传播速度，$v_0 = 331.45\mathrm{m/s}$。

3. 测量声速的实验方法

机械波的产生有两个条件，首先要有作机械振动的物体（波源），其次要有能够传播这种机械振动的介质，只有通过介质质点间的相互作用，才能够使机械振动由近及远地在介质中

向外传播。发生器(如声带)是波源,空气是传播声波的介质,声速是声波在介质中的传播速度。如果声波在时间 t 内传播的距离为 s,则声速为

$$v = \frac{s}{t} \tag{3-2-4}$$

由于声波在时间 T(一个周期)内传播的距离为 λ(一个波长),故

$$v = \frac{\lambda}{T} \tag{3-2-5}$$

式中,T 为周期,$T = \frac{1}{f}$;f 为频率,Hz。则上式可写为

$$v = f\lambda$$

可见,只要测出频率和波长,便可求出声速 v。其中声波频率 f 是发射换能器的谐振频率,而该频率等于信号源输出电压信号的频率,它可通过信号源直接读出。剩下的任务就是测量声波波长,也就是本实验的主要任务。

1) 相位比较法

声波是振动状态的传播,也可以说是相位的传播,在声波传播方向上任何一点和波源之间都存在相位差。相位差 φ、声波频率 f、波速 v 和传播距离 l 之间的关系为

$$\Delta\varphi = 2\pi f \frac{l}{v} = 2\pi \frac{l}{\lambda}$$

若在距离声源 l_1 处的某点振动与声源的振动反相,则 $\Delta\varphi_1$ 为 π 的奇数倍,即

$$\Delta\varphi_1 = (2k+1)\pi, \quad k = 0,1,2,\cdots$$

若在距离声源 l_2 处的某点振动与声源的振动同相,则 $\Delta\varphi_2$ 为 π 的偶数倍,即

$$\Delta\varphi_2 = 2k\pi, \quad k = 0,1,2,\cdots$$

相邻的同相点与反相点之间的距离为

$$\Delta l = l_2 - l_1 = \frac{\lambda}{2}$$

这就是说,沿着波的传播方向,相邻的与声源(发射器)同相点与反相点的位置相差半个波长。

根据这一结论,实验时只需将接收器从发射器附近缓慢移开,通过示波器依次找出一系列与声源(发射器)同相或反相的点的位置 $l_1, l_2, l_3, l_4, \cdots$,就可求出声波的波长 λ。

$\Delta\varphi$ 的测定可以用示波器观察李萨如图形的方法进行。将发射器和接收器的信号分别输入示波器的 X 端(CH1)和 Y 端(CH2),则荧光屏上亮点的运动是两个互相垂直的谐振动的合成,当 Y 方向的振动频率与 X 方向的振动频率比 $f_x : f_y$ 为整数时,合成运动的轨迹是一个稳定的封闭图形,称为李萨如图形。李萨如图形和振动频率之间的关系如图 3-2-3 所示。

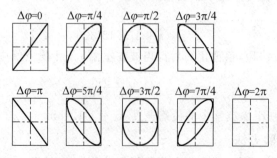

图 3-2-3 李萨如图形($f_X : f_Y = 1 : 1$)

由图可知,随着相位差的改变将看到不同的椭圆,而在各个同相点和反相点看到的则是直线。

2) 共振干涉法(驻波法)

如图 3-2-1 所示,从发射器 S_1(声源)发射出的平面声波传播到接收器 S_2 后,在激发起 S_2 振动的同时又被 S_2 的端面反射。保持接收器和发射器端面相互平行,声波将在两平行面之间往返反射并且叠加,其结果使空气媒质形成驻波。当两端面间的距离满足一定条件时,驻波的波幅达到极大,发射器(声源)和接收器间产生共振现象,同时,接收器端面上的声压也达到极大值,经接收器转换成的电信号也最强。声压变化和接收器位置的关系可从实验中测出,如图 3-2-4 所示。

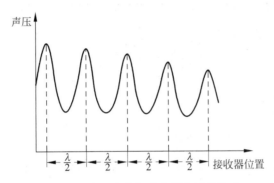

图 3-2-4　声压变化与接收器位置的关系

理论计算表明,若改变接收器与发射器之间的距离,在某些特定的距离上媒质中会出现共振现象,对于相邻两次共振的距离 l_1 和 l_2,有 $|l_1-l_2|=\lambda/2$。若保持声源频率,移动接收器,依次测出接收信号极大的位置为 $l_1,l_2,l_3,l_4,\cdots$,则可求出声波的波长 λ,进而计算出声速 v。

【实验内容】

1. 相位比较法测声速

(1) 按图 3-2-5 连线,用屏蔽导线将信号源的输出端和发射器 S_1 的输入端并接到示波器的 X 端(CH1),将接收器 S_2 的输出端接到示波器的 Y 端(CH2)。

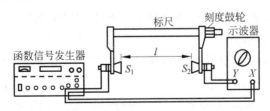

图 3-2-5　相位比较法测声速线路图

(2) 接通仪器电源,使仪器预热 15min 左右,并置好仪器的各旋钮。

(3) 先将函数信号发生器的频率调节到 40kHz 左右,然后细调频率,使接收器的输出信号最大,并记录下此频率,即为超声波频率。实验过程中信号频率若有改变,记录下最大值和最小值,最后取平均值。示波器"扫描速度"旋钮选择"X-Y"方式。在此情况下,应该在示波器上观察到稳定的李萨如图形。

(4) 移动接收器 S_2,使 S_1 和 S_2 间距增大,按顺序记下李萨如图形为直线(包括斜右上方和斜右下方的直线)时 S_2 的位置 l_i。

(5)按表 3-2-1 记录 10 组数据,用逐差法处理数据,算出波长的平均值。

表 3-2-1　相位比较法测量超声波声速及逐差法数据处理表　　　　mm

同相点或反相点位置 l_i	l_1	l_2	l_3	l_4	l_5
同相点或反相点位置 l_{i+5}	l_6	l_7	l_8	l_9	l_{10}
$\Delta l_i = l_{i+5} - l_i$					
$\overline{\Delta l} = \dfrac{1}{5 \times 5} \sum \Delta l_i =$				$\lambda = 2 \times \overline{\Delta l} =$	

(6)根据公式 $v_{测} = \bar{f} \lambda$ 计算声速。$\bar{f} = \dfrac{f_1 + f_2}{2} = $ _____ kHz,其中,f_1、f_2 分别为信号频率的最大值(即测 l_1 时)和最小值(即测 l_{10} 时)。

(7)记录实验室温度 $t = $ _____ ℃,根据公式 $v = v_0 \sqrt{1 + \dfrac{t}{273.15}}$ 计算声速的理论值。将实验值与理论值作比较,求出其相对误差 $E_r = \dfrac{|v_{测} - v_{理}|}{v_{理}} \times 100\%$。

2. 共振干涉法测声速

(1)按图 3-2-6 将专用信号源的输出端与发射器的输入插孔相连,将接收器的输出插孔与交流毫伏表相连,连线时应注意极性(红端与红端相连)。

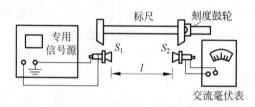

图 3-2-6　共振干涉法测声速

(2)调节发射器 S_1 和接收器 S_2 下部固定卡环上的紧定螺钉,使 S_1 和 S_2 的两个端面平行且与游标卡尺的尺身垂直。

(3)将交流毫伏表的量程开关置于合适位置。如不知道被测电压的大小,可置于最大量程 300V 上。

(4)接通信号源电源开关,仔细调节信号源的两个频率调节旋钮(先粗调后细调),使发射换能器处于谐振状态,记下谐振频率 f,并注意在整个实验中尽可能保持 f 不变。

(5)打开毫伏表电源开关,指针在大约 5s 内出现不规则的摆动(这是正常现象),待其稳定后可正常使用。观察毫伏表指针的指示,若偏转小于满刻度的 30% 时,逆时针方向转动量程旋钮,逐渐减小电压量程,使指针偏转大于满刻度的 30% 且小于满刻度。

(6)利用游标微动装置移动接收器,逐渐增大 S_1 与 S_2 间的距离,按顺序找出各声压最大(即毫伏表指针偏转最大)的点的位置 l_i 并填入表 3-2-2,用逐差法求波长 λ 的平均值,并算出声速 $v_{测} = f\lambda$。注意,在移动 S_2 的过程中,应根据需要及时改变毫伏表的量程。

表 3-2-2　用共振干涉法测声速的数据　　　　　　　　　　　　　　　mm

共振点位置 l_i	l_1	l_2	l_3	l_4	l_5
共振点位置 l_{i+5}	l_6	l_7	l_8	l_9	l_{10}
$\Delta l_i = l_{i+5} - l_i$					
$\overline{\Delta l} = \dfrac{1}{5}\sum \Delta l_i =$			$\lambda = 2 \times \dfrac{\overline{\Delta l}}{5} =$		

（7）用温度计测室温 t，代入式(3-2-3)计算声速理论值 $v_\text{理}$。

（8）计算相对误差：

$$E_\text{r} = \frac{|v_\text{测} - v_\text{理}|}{v_\text{理}} \times 100\%$$

思考题

1. 分析实验中的误差来源，比较两种测量方法的准确程度。

2. 在实验中，能否固定发射器与接收器之间的距离，通过改变频率测量声速？

3. 波形图上最大幅值的选择对结果有无影响？为什么？

实验 3.3　用衍射光栅测光波波长

衍射光栅是利用多缝衍射原理使光波发生色散的光学元件，由大量相互平行、等宽、等间距的狭缝或刻痕所组成。由于光栅具有较大的色散率和较高的分辨本领，故它已被广泛地装配在各种光谱仪器中。现代高科技技术可制成每厘米有上万条狭缝的光栅，它不仅适用于分析可见光成分，还能用于红外和紫外光波。在结构上有平面光栅和凹面光栅之分，同时光栅分为透射式和反射式两大类。衍射光栅的特点是具有大色散率和高分辨率，体积小、质量小，又由于光栅刻划技术和复制技术的日益完善，因而得到越来越广泛的应用。它不仅用于光谱学，还被广泛用于计量、光通信、信息处理等方面。

【实验目的】

（1）进一步熟悉分光计的调整和使用方法。

（2）观察钠光（或汞灯）的衍射光谱。

（3）学习利用衍射光栅测定光波波长的原理和方法。

（4）加深理解光栅衍射公式及其成立条件。

【实验仪器】

分光计、低压钠灯电源（或低压汞灯电源）、平面全息光栅、光学平行平板、放大镜、变压器。

【实验原理】

1. 光栅

常用的光栅分为透射光栅和反射光栅两种。透射光栅的制作方法是用精密的机械或光学方法在平板玻璃上刻出大量等宽等间距的平行刻痕。刻痕处入射光发生散射，相当于不透光部分；相邻刻痕间的透光部分相当于狭缝。精密加工的原刻光栅是非常贵重的，实验中所使用的通常都是复制光栅或全息光栅。光栅常数 d 定义为缝宽 a 和刻痕宽 b 之和($d=a+b$),它实际上等于相邻两缝中心的距离。另一个常用的参数是光栅常数的倒数 $\eta=1/(a+b)$,即单位长度上狭缝的数目。常用光栅 η 值的数量级一般在 $10\sim10^2$ 条/mm。

2. 光栅公式

若以单色平行光垂直照射在光栅面上,则透过各狭缝的光线因衍射将向各个方向传播,经透镜会聚后相互干涉,并在透镜焦平面上形成一系列被相当宽的暗区隔开的、间距不同的明条纹。按照光栅衍射理论,衍射光谱中明条纹的位置由下式决定:

$$(a+b)\sin\varphi_k = \pm k\lambda$$

或

$$d\sin\varphi_k = \pm k\lambda, \quad k=0,1,2,3,\cdots \qquad (3\text{-}3\text{-}1)$$

式中,d 为光栅常数;λ 为入射光波长;φ_k 为 k 级明条纹的衍射角。

如果入射光不是单色光,则由式(3-3-1)可以看出,光的波长不同,其衍射角 φ_k 也各不相同,于是复色光将被分解,而在中央 $k=0$,$\varphi_k=0$ 处,各色光仍重叠在一起,组成中央明条纹。在中央明条纹两侧对称地分布着 $k=1,2,\cdots$ 级光谱,各级光谱线都按波长大小的顺序依次排列成一组彩色谱线,这样就把复色光分解为单色光。如果已知光栅常数 d,用分光计测出 k 级光谱中某一明条纹的衍射角 φ_k,用式(3-3-1)即可算出该明条纹所对应的单色光的波长 λ。

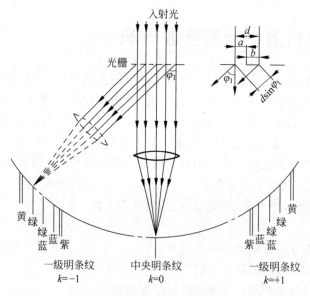

图 3-3-1　光栅衍射光谱示意图

【实验内容】

1. 分光计的调节

分光计如图 3-3-2 所示。分光计的调节和使用请参阅实验 2.7。

分光计的调节要求是:

(1) 调节望远镜聚焦于无穷远;

(2) 调节望远镜光轴与分光计中央铅直轴相垂直;

(3) 调节平行光管产生平行光;

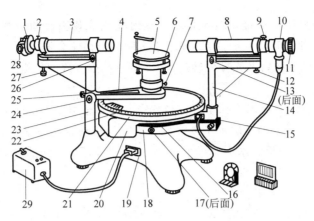

图 3-3-2　分光计

1—狭缝装置；2—狭缝装置锁紧螺钉；3—平行光管部件；4—游标盘制动架(二)；5—载物台；6—载物台调平螺钉(3只)；7—载物台锁紧螺钉；8—望远镜部件；9—目镜锁紧螺钉；10—阿贝式自准直目镜；11—目镜视度调节手轮；12—望远镜光轴高低调节螺钉；13—望远镜光轴水平调节螺钉；14—支臂；15—望远镜微调螺钉；16—转座与度盘止动螺钉；17—望远镜止动螺钉；18—制动架(一)；19—底座；20—转座；21—度盘；22—游标盘；23—立柱；24—游标盘微调螺钉；25—游标盘止动螺钉；26—平行光管光轴水平调节螺钉；27—平行光管光轴高低调节螺钉；28—狭缝宽度调节手轮；29—自准灯电源

（4）调节平行光管的光轴垂直于中央铅直轴。

分光计的具体调节步骤如下。

（1）粗调

可先用目测进行粗调。调节望远镜光轴高低调节螺钉 12 和平行光管光轴高低调节螺钉 27，使其光轴尽量与刻度盘平行。调节载物台下面的 3 个螺钉等高，尽量使它与刻度盘平行(即与主轴垂直)。

（2）调节望远镜聚焦于无穷远

① 目镜的调焦

旋转目镜视度调节手轮 11，一边旋转，一边从目镜中观察，直至分划板刻线成像清晰，目镜调焦的目的就是使眼睛通过目镜能很清楚地看到目镜中分划板上的刻线。

② 望远镜的调焦

望远镜调焦的目的是将目镜分划板上的十字线调整到物镜的焦平面上，也就是望远镜对无穷远聚焦。其方法如下：首先，接上灯源。然后，在载物台的中央放上光栅，放置位置如图 3-3-3 所示，让其反射面对着望远镜物镜，且与望远镜光轴大致垂直。通过调节载物台调平螺钉 6 和转动载物台，使望远镜的反射像和望远镜在一直线上。最后，从目镜中观察，此时可以看到一亮斑。前后移动目镜，对望远镜进行调焦，使亮十字像清晰，并与十字线无视差。

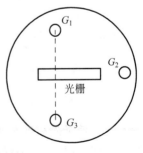

图 3-3-3　光栅在载物台上放置位置

（3）调整望远镜的光轴垂直于分光计中央铅直轴

① 看到的反射的小十字像，与分划板上部的十字叉丝一般并不重合。水平线重合的调节可采用减半逐步逼近调节法。

② 游标盘连同载物台及光栅旋转 180° 时观察到的亮十字可能与十字叉丝有一个垂直

方向的位移,就是说亮十字可能偏高或偏低。这时先调节载物台调平螺钉,使位移减小一半,再调整望远镜光轴高低调节螺钉12,使垂直方向的位移完全消除。

③ 把游标盘连同载物台及光栅再转过180°,检查其重合程度。重复步骤(1)和(2)使偏差得到完全校正。

④ 将分划板十字线调成水平和垂直。当载物台及光栅相对于望远镜旋转时,观察亮十字是否水平地移动,如果分划板的水平刻线与亮十字的移动方向不平行,就要转动目镜,使亮十字的移动方向与分划板的水平刻线平行,注意不要破坏望远镜的调焦,然后将目镜锁紧螺钉旋紧。

(4)调节平行光管产生平行光

① 用钠光灯(或汞灯)照明狭缝。

② 把平行光管光轴水平调节螺钉26调到适中的位置,将望远镜正对平行光管,从望远镜目镜中观察,调节望远镜微调机构和平行光管光轴高低调节螺钉27,使狭缝位于视场中心。

③ 前后移动狭缝机构,使狭缝清晰地成像在望远镜分划板平面上。

(5)调整平行光管的光轴与中央铅直轴垂直

① 调整平行光管光轴高低调节螺钉27,升高或降低狭缝像的位置,使得狭缝关于目镜视场的中心对称。

② 旋转狭缝机构,使狭缝与目镜分划板的垂直刻线平行,注意不要破坏平行光管的调焦,然后将狭缝装置锁紧螺钉旋紧。

(6)调节光栅,使其刻痕与转轴平行,并使入射角为零

① 转动望远镜,观察衍射光谱的分布情况,注意中央明条纹两侧的衍射光谱是否在同一水平面内。如果观察到光谱线有高低变化,说明狭缝与光栅刻痕不平行。此时可调节载物台的螺钉G_2,但不能再动G_1、G_3,直到中央明条纹两侧的衍射光谱基本上在同一水平面内为止。

② 为使入射角为零,让零级光谱(狭缝亮线)与望远镜分划板上的十字竖线及反射十字像的竖线三线重合,固定载物台。

2. 测量衍射角 φ_k 并计算波长

(1)由于衍射光谱对中央明条纹是对称的,为了提高测量准确度,测量第 k 级光谱的某谱线时,应测出该光谱线$+k$级和$-k$级的位置,两位置的差值之半即为 φ_k,即

$$\varphi_k = \frac{1}{2}(\theta_{-k} - \theta_k)$$

(2)为消除分光计刻度盘的偏心误差,测量每一条光谱线时,在刻度盘上的两个游标都要读数,然后取其平均值,即

$$\overline{\varphi_k} = \frac{1}{2}(\varphi_{k左} + \varphi_{k右})$$

(3)为使叉丝精确对准光谱线,必须使用望远镜微调螺钉来对准。

(4)测量时,可将望远镜移至最左端,从-3、-2、-1到$+1$、$+2$、$+3$依次测量,以免漏测数据。

(5)将测得的衍射角代入式(3-1-1),计算相应的光波波长。

【注意事项】

光栅是精密光学器件,严禁用手触摸刻痕,以免弄脏或损坏。

【数据处理】

将测得波长数据记入表 3-3-1 中,并计算相对误差 E_λ。

表 3-3-1　衍射光栅测入射光波长数据表格

k	θ_k		φ_k		$\overline{\varphi_k}$	λ_k/nm
	左	右	左	右		
-3						
$+3$						
-2						
$+2$						
-1						
$+1$						

$\overline{\lambda} = \dfrac{1}{3}(\lambda_1 + \lambda_2 + \lambda_3)$,将 $\overline{\lambda}$ 与标准值相比较,并计算测量误差 $E_r = \dfrac{|\overline{\lambda} - \lambda|}{\lambda} \times 100\%$。

汞发射光谱可见光区已知波长见表 3-3-2。

表 3-3-2　汞发射光谱可见光区已知波长

波长/nm	颜　色	相 对 强 度	波长/nm	颜　色	相 对 强 度
690.72	深红	弱	546.07	绿	很强
671.62	深红	弱	535.49	绿	弱
623.44	红	中	496.03	蓝绿	中
612.33	红	弱	491.60	蓝绿	中
589.02	黄	弱	435.84	蓝紫	很强
585.94	黄	弱	434.75	蓝紫	中
579.07	黄	强	433.92	蓝紫	弱
578.97	黄	强	410.81	紫	弱
576.96	黄	强	407.78	紫	中
567.59	黄绿	弱	404.66	紫	强

思考题

1. 本实验对分光计的调整有何特殊要求? 如何调节才能满足测量要求?
2. 分析光栅和棱镜分光的主要区别。
3. 如果光波波长都是未知的,能否用光栅测其波长?
4. 实验中当狭缝太宽或太窄时将会出现什么现象? 为什么?
5. 如果平行光并非垂直入射光栅,而是斜入射,衍射图样会有何变化?

实验3.4　用牛顿环测透镜的曲率半径

当频率相同、振动方向相同、相位差恒定的两束简谐光波相遇时,在光波重叠的区域,某些点合成的光强大于分光强之和,某些点合成的光强小于分光强之和,合成光波的光强在空间形成强弱相间的稳定分布,这种现象称为光的干涉。

牛顿环是一种用分振方法实现的等厚干涉现象,最早为牛顿所发现。为了研究薄膜的颜色,牛顿曾经仔细研究过凸透镜和平面玻璃组成的实验装置。他最有价值的成果是:发现了通过测量同心圆的半径就可算出凸透镜和平面玻璃板之间对应位置空气层的厚度;对应于亮环的空气层厚度与1,3,5,…成比例,对应于暗环的空气层厚度与0,2,4,…成比例。但由于他主张光的微粒说(光的干涉是光的波动性的一种表现)而未能对它作出正确的解释。直到19世纪初,托马斯·杨才用光的干涉原理解释了牛顿环现象,并参考牛顿的测量结果计算了不同颜色的光波对应的波长和频率。

实验中获得相干光的方法一般有两种:分波阵面法和分振幅法。牛顿环属于分振幅法产生的等厚干涉现象,它在光学加工中有着广泛的应用,例如测量光学元件的曲率半径等。这种方法适用于测量大的曲率半径。本实验用牛顿环测量薄凸透镜的曲率半径。

【实验目的】

(1)学习用牛顿环测量球面曲率半径的原理和方法。

(2)学会使用读数显微镜和钠光灯。

【实验仪器】

读数显微镜、钠光灯、牛顿环装置、手电筒、升降台。

【实验原理】

1. 牛顿环

如图 3-4-1 所示,将一块曲率半径为 R 的平凸透镜的凸面放在一个光学平板玻璃上,使平凸透镜的球面 AOB 与平面玻璃 CD 面相切于 O 点,组成牛顿环装置,则在平凸透镜球面与平板玻璃之间形成一个以接触点 O 为中心向四周逐渐增厚的空气劈尖。当单色平行光束近乎垂直地向 AB 面入射时,一部分光束在 AOB 面上反射,一部分继续前进,到 COD 面上反射。这两束反射光在 AOB 面相遇,互相干涉,形成明暗条纹。由于 AOB 面是球面,与 O 点等距的各点对 O 点是对称的,因而上述明暗条纹排成如图 3-4-2 所示的明暗相间的圆环图样,在中心有一暗点(实际观察是一个圆斑),这些环纹称为牛顿环。

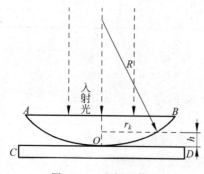

图 3-4-1　牛顿环装置

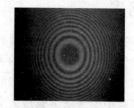

图 3-4-2　牛顿环干涉条纹

单色光的波长如果用 λ 表示,则空气层厚度为 h 处对应的两束相干光的光程差 δ(空气折射率近似为1)为

$$\delta = 2h + \frac{\lambda}{2} \tag{3-4-1}$$

式中,$\frac{\lambda}{2}$ 是由于光从光疏介质射向光密介质,在界面反射时有一位相为 π 的突变引起的附加

光程差,称为半波损失。

明条纹满足的条件为

$$\delta = 2h + \frac{\lambda}{2} = k\lambda, \quad k = 1, 2, 3, \cdots \tag{3-4-2}$$

暗条纹满足的条件为

$$\delta = 2h + \frac{\lambda}{2} = (2k+1)\frac{\lambda}{2}, \quad k = 0, 1, 2, 3, \cdots \tag{3-4-3}$$

由图可知空气层厚度 h、干涉圆环的半径 r 及透镜的曲率半径之间满足

$$R^2 = r^2 + (R-h)^2 \tag{3-4-4}$$

化简后得

$$r^2 = 2Rh - h^2 \tag{3-4-5}$$

因为 $R \gg h$(R 为几米,h 为几分之一厘米),故二阶小量 h^2 可以略去,所以有

$$h = \frac{r^2}{2R} \tag{3-4-6}$$

故对于第 k 级暗环则有

$$\delta = 2h + \frac{\lambda}{2} = \frac{r_k^2}{R} + \frac{\lambda}{2} = (2k+1)\frac{\lambda}{2} \tag{3-4-7}$$

$$r_k^2 = kR\lambda, \quad k = 0, 1, 2, \cdots \tag{3-4-8}$$

$$R = \frac{r_k^2}{k\lambda} \tag{3-4-9}$$

因此只要知道入射光的波长 λ,并测得第 k 级暗环的半径 r_k,便可以算出透镜的曲率半径 R。相反,当 R 已知时,则可计算出入射光的波长 λ。

在实际测量过程中,观察牛顿环将会发现,牛顿环中心不是一个点,而是一个不甚清晰的暗斑或亮斑。这是因为透镜和平板玻璃接触时,由于接触压力使玻璃发生弹性形变,因而平凸透镜与平板玻璃接触处不可能是一个理想的点,而是一个圆面。所以中心的干涉现象就不是一点,而是一个圆斑,从而使得圆心无法准确确定,圆环的半径不能精确测量。表面的形变会引起附加光程差,故圆心及其附近暗环的半径实际上不符合公式。另外平板玻璃上若有灰尘,接触处有间隙也会产生附加光程差,这时就不能确定第 k 条暗环便是第 k 级暗环。为了消除这两种情况引起的系统误差,提高测量精度,一般从离中心较远的某暗环开始,测出某两个暗环半径的平方差。

设 r_m 和 r_n 分别是第 m 条和第 n 条暗环的半径。由以上两种误差产生的附加厚度为 a,则由光程差满足暗条纹的条件得

$$\delta = 2(h \pm a) + \frac{\lambda}{2} = (2k+1)\frac{\lambda}{2} \tag{3-4-10}$$

$$h = k\frac{\lambda}{2} \pm a$$

而

$$h = \frac{r^2}{2R}$$

$$r_k^2 = kR\lambda \pm 2Ra \tag{3-4-11}$$

因此,第 m 条暗环的半径满足

$$r_m^2 = mR\lambda \pm 2Ra \tag{3-4-12}$$

第 n 条暗环的半径满足

$$r_n^2 = nR\lambda \pm 2Ra \tag{3-4-13}$$

将以上两式相减可得两暗环半径的平方差为

$$r_m^2 - r_n^2 = (m-n)R\lambda \tag{3-4-14}$$

可见,两暗环半径的平方差 $r_m^2 - r_n^2$ 与附加度 a 无关。

又因为暗环的圆心很难准确确定,所以用暗环的直径代替得

$$D_m^2 - D_n^2 = 4(m-n)R\lambda \tag{3-4-15}$$

因此,透镜的曲率半径为

$$R = \frac{D_m^2 - D_n^2}{4(m-n)\lambda} \tag{3-4-16}$$

由此可见,要计算 R,只需测出级数相差 $m-n$ 的两条暗环的直径 D_m 和 D_n 就可以了,而 m 或 n 的真正级数不必知道,这样就可以消除起始点的误差。

另外,以上分析的是反射光的情况。若采用透射光干涉,就没有所谓的半波损失。因此产生暗条纹的条件是

$$\delta = 2h = \frac{r^2}{R} = (2k+1)\frac{\lambda}{2} \tag{3-4-17}$$

$$r_k^2 = kR\lambda + \frac{R}{2}\lambda \tag{3-4-18}$$

同样可得

$$R = \frac{D_m^2 - D_n^2}{4(m-n)\lambda}$$

2. 钠光灯介绍

钠蒸气放电时,发出的光在可见光范围内有两条强谱线 5890Å 和 5896Å,通常称为钠双线。因两条谱线很接近,实验中可认为是较好的单色光源。通常取平均值 5893Å 作为该单色光源的波长。使用钠光灯时的注意事项如下。

(1)钠光灯必须与扼流圈串联起来使用,否则即被烧毁。

(2)灯点燃后,需等待一段时间才能正常使用(起燃时间 5～6min),又因为忽燃忽熄容易损坏,故点燃后就不要轻易熄灭它。另一方面,钠光灯在正常使用下也有一定消耗,使用寿命只有 500h 左右,因此在使用时必须注意节省,尽量使使用时间集中。

(3)灯在点燃时不得撞击或振动,否则灼热的灯丝容易振坏。

【实验内容】

1. 在读数显微镜视场中找到牛顿环

读数显微镜装置如图 3-4-3 所示。由于牛顿环的范围较小(一般约几毫米),一般直接从显微镜中寻找牛顿环比较困难。

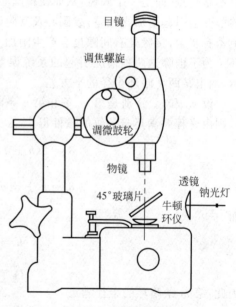

图 3-4-3　读数显微镜

1) 照明

调节光源前的透镜,使光线射向显微镜物镜下方 45°的玻璃片,并使单色平行光反射到牛顿环仪上。转动 45°玻璃片的取向,使显微镜视野中亮度最大。

2) 调焦

使目镜在镜筒内从下往上移动,直至十字叉丝成像清晰。等厚干涉条纹定域在空气隙上表面附近,故在观察时显微镜必须对准此面调焦。在物镜调焦的过程中,旋转调焦螺旋的方向时,必须先将显微镜接近牛顿环仪,然后自下而上地移动。

3) 对准

找到并对准牛顿环中心。调节显微镜的副尺轮(调微鼓轮)使条纹中心对准叉丝中心。为了使条纹调到刻度尺的量程范围内,应使条纹圆心位于刻度尺的中心部位。

2. 测量牛顿环的直径

(1) 调整显微镜的十字叉丝交点与牛顿环中心大致相重合。

(2) 调节镜筒高度,从显微镜中可清楚看到明暗相间的条纹,并且使叉丝与条纹无视差。

(3) 右手反转副尺轮,把叉丝中心移至 40 环后改为右手正转,使叉丝左移。为防止空转使叉丝总是从右方靠近环圈,要注意以纵向叉丝对准干涉条纹中心为读数处。分别记下暗环为右边的 35、30、25、20、15、10、5 环数的数值 X_{35}、X_{30}、X_{25}、X_{20}、X_{15}、X_{10}、X_5 及左边的 X'_{35}、X'_{30}、X'_{25}、X'_{20}、X'_{15}、X'_{10}、X'_5 等,并填入数据表格内。

【注意事项】

(1) 应避免螺旋空程引入的误差(回程误差)。在整个测量过程中,鼓轮只能沿一个方向转动,不许倒转,稍有倒转,全部数据即应作废。

(2) 应尽量使叉丝对准干涉条纹中心时读数。

(3) 读数时,叉丝应与干涉环纹相切,正确读取有效数字。

(4) 读数显微镜调焦时,显微镜筒只能由下向上调节,以免碰伤物镜或被观察物。

【数据处理】

(1) 由式(3-4-16)可知,R 为待测半径,λ 为光源的单色光波长,R、λ 都为常量。将实验数据填入表 3-4-1 和表 3-4-2 中。

表 3-4-1　测牛顿环直径数据表格

环的级数		40	35	30	25	20	15	10	5
环的位置/mm	左								
	右								
环的直径 D/mm									
D^2/mm²									

表 3-4-2　测牛顿环凸透镜曲率半径数据表格

$D_m^2 - D_n^2$/mm²	$D_{35}^2 - D_{30}^2$	$D_{35}^2 - D_{25}^2$	$D_{35}^2 - D_{20}^2$	$D_{35}^2 - D_{15}^2$	$D_{35}^2 - D_{10}^2$	$D_{35}^2 - D_5^2$
R/mm						

（2）取不同的暗环级差，算出 6 个 R 值，并求出平均值 $\bar{R}$。

（3）测量结果：$R = \bar{R} \pm \Delta_R$。

思考题

1. 如果将钠光灯换为白光光源，所看到的牛顿环将会有何特点？
2. 为什么说读数显微镜测量的是牛顿环的直径，而不是牛顿环放大像的直径？
3. 为何牛顿环不一样宽，而且随级数增加而减少？怎样可以测准 D？

实验 3.5 用电桥法测量电阻

电桥是电器测量中最常用的一种仪器，它可以用来测量电阻、电容和电感，还可以测定输电线的损坏处。桥式电路是最基本的电路之一，由于它具有许多优点（如灵敏度和准确度都很高，灵活性大，使用方便等）因而得到了广泛的应用。电阻的测量是关于材料特性的研究和电学装置中最基本的工作之一，测电阻的许多种方法，如伏安法、欧姆表法等，都不同程度地受到电表精度和接入误差的影响。使用电桥法测电阻就可大大降低上述影响，只要标准电阻很精确，检流计足够灵敏，被测电阻的结果就有较高的准确度。但电桥法测电阻也受到一定的限制，如对高阻（$>100\text{k}\Omega$）测量就不再适用，此时必须选择其他测量法。

本实验介绍测中值电阻（$1\Omega \sim 100\text{k}\Omega$）的单臂电桥（惠斯通电桥）法。

【实验目的】

（1）了解惠斯通电桥的结构和测量原理。

（2）熟悉调节电桥平衡的操作步骤。

（3）练习连接线路，熟悉检流计、电阻箱等的使用方法。

【实验仪器】

直流电阻电桥、旋转式电阻箱、直流稳压稳流电源、检流计、待测电阻、滑线式变阻器、单刀双掷开关、导线等。

【实验原理】

1. 惠斯通电桥工作原理

惠斯通电桥原理电路如图 3-5-1 所示。4 个电阻 R_1、R_2、R_x、R_3 称为电桥的 4 个臂，组成一个四边形 $ABCD$，对角 C 和 D 之间连接检流计 G，构成"桥"，一般情况 C、D 两点电位不相等，接通"桥"时检流计有电流通过，调节 R_1、R_2、R_3 的阻值，使 C、D 两点电位相等，此时再接通"桥"时，检流计 G 指零，电桥达到了平衡状态，此时有

$$I_{R_1} R_x = I_{R_2} R_3$$

$$I_{R_1} R_1 = I_{R_2} R_2$$

两式相除，得

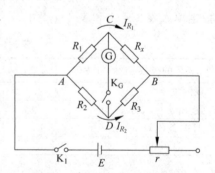

图 3-5-1　惠斯通电桥原理电路图

$$\frac{R_x}{R_1} = \frac{R_3}{R_2} \tag{3-5-1}$$

则待测电阻 R_x 可由下式求出：

$$R_x = \frac{R_1}{R_2} R_3 \qquad (3\text{-}5\text{-}2)$$

令比值 $R_1/R_2 = N$，N 称为比率系数，则

$$R_x = NR_3 \qquad (3\text{-}5\text{-}3)$$

通常取 N 为 10 的整数次方，如 0.01、0.1、1、10、100、1000 等，这样通过式(3-5-3)可以很方便地计算出 R_x 来。

2．N 值的选择

由式(3-5-3)可知，R_x 的有效数字位数由 N 和 R_3 的有效数字位数决定。由于 R_1、R_2 的精度足够高，使 N 具有足够的有效位数，故应视为常数。因此，R_x 的有效位数就由 R_3 来决定。标准电阻 R_3 一般采用一个位数有限(如×1000、×100、×10、×1、×0.1 等挡)的电阻箱。只有恰当地选取 N 值，才能使桥臂电阻 R_3 的各挡都工作，以保证 R_x 的有效位数。

3．电桥的灵敏度

式(3-5-3)是在电桥平衡条件下推导出来的。在实验中，测试者是依据检流计 G 的指针有无偏转来判断电桥是否平衡的。然而，检流计的灵敏度是有限的。在此，引入电桥灵敏度的概念，

$$S = \frac{\Delta n \cdot R_x}{\Delta R_x} \qquad (3\text{-}5\text{-}4)$$

式中，ΔR_x 是在电桥平衡后 R_x 的微小增减量；Δn 是相应的检流计偏转格数。电桥灵敏度 S 的单位是"格"。S 越大，在 R_x 基础上增减 ΔR_x 能引起的检流计偏转格数就越多，电桥就越灵敏，测量误差就越小。

电桥灵敏度的大小与工作电压有关。为使电桥灵敏度足够大，电源电压不能过低；当然电源电压也不能过高，否则很可能损坏电桥。

4．直流电阻电桥

直流电阻电桥是把整个仪器都装入箱内，便于携带。图 3-5-2 所示为 QJ23A 型直流电阻电桥的面板图，图 3-5-3 所示为其原理线路图。比值 N 有 1000、100、10、1、0.1、0.01、0.001 共 7 个数值，可旋转量程变换器选择 N 值。桥臂电阻 R_3 由 4 个旋钮组成(×1000、×100、×10、×1)，根据待测电阻的大约值，选择合适的比率 N，使 R_3 务必具有 4 位有效数字。例如待测电阻为几十欧姆，N 值选 0.01。

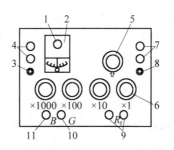

图 3-5-2 QJ23A 型直流电阻电桥面板图

1—指零仪零位调整器；2—指零仪；3—内、外接指零仪转换开关；4—外接指零仪接线端钮；5—量程变换器(倍率)；6—测量盘；7—外接电源接线端钮；8—内、外接电源转换开关；9—测试电阻器接线端钮；10—指零仪按钮(G)；11—电源按钮(B)

【实验内容】

1．用组合电桥测电阻

(1) 按图 3-5-4 连接电路，R_1、R_2、R_3 为电阻箱。图 3-5-4 与图 3-5-1 的不同之处在于"桥"路开关 K_G 上增加了一个保护电阻 R_h，其作用是保护检流计。

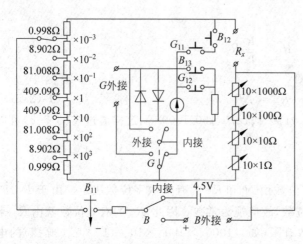

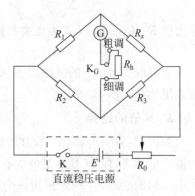

图 3-5-3　QJ23A 型直流电阻电桥原理线路图　　　　图 3-5-4　组合电桥

（2）构成比例臂的两只电阻箱（R_1、R_2）的取值必须适当，以保证标准电阻 R_3 具有 4 位有效数字。

（3）首先将电源电压取较小值，限流电阻 R_0（滑动变阻器）取最大值。

（4）调节电桥平衡：先加一小电压，将开关 K_G 合向粗调一侧，试探电桥是否平衡。如不平衡，则旋动电阻 R_3 的某一旋钮，至检流计指针偏向另一方，则先后两阻值间必有一值恰能使电桥趋于平衡。此后，将 K_G 扳向细调一侧，细调电桥平衡，且以多次按开关 K_G 时检流计指针稳定不动为平衡的依据。电桥平衡后，读出 R_3 值，记入数据表格中。

2. 用直流电阻电桥测电阻

QJ23A 型直流电阻电桥的使用方法如下。

（1）打开电源开关，检流计转换开关拨向"内接"，将检流计指针调至零位。

（2）将待测电阻接到 R_x 接线柱上。由待测电阻的估计值确定比率 N。将量程比率变换器转动到适当数值。

（3）按下按钮 B 与 G 并调节测量盘旋钮，使检流计指针重新回到零位。R_x = 量程比率读数 × 测量盘示值。为了保护检流计，按钮 G 应快按快放。在调整电阻值 R_3 时，也应将按钮 B 放开。

（4）使用完毕后，将内、外接电源转换开关拨向"外接"，按钮 B 和按钮 G 要松开。将检流计转换开关拨向"外接"，关闭电源开关。

【注意事项】

（1）比率 N 确定后，R_1、R_2 的选取不能太小（$R_1 > 50\ \Omega$），以免电路中有较大电流通过，造成电学元件损坏；R_1、R_2 也不能太大（$R_2 < 10000\ \Omega$），过大会降低电桥灵敏度。

（2）为了提高电桥灵敏度，在组合电桥中除选用灵敏度高的检流计外还可适当增加工作电压。

（3）使用直流电阻电桥时，测量盘"×1000"旋钮不允许置于"0"位。

【数据处理】

（1）组合电桥测电阻数据表格如表 3-5-1 所示。

表 3-5-1　　组合电桥测电阻数据记录表

电阻序号	N	R_1/Ω	R_2/Ω	R_3/Ω	R_x/Ω	$\Delta R_x/\Omega$	结果表示
1(几十欧)							$R_{x1}=$
2(几百欧)							$R_{x2}=$
3(几千欧)							$R_{x3}=$

（2）直流电阻电桥测电阻数据表格如表 3-5-2 所示。

表 3-5-2　　直流电阻电桥测电阻数据记录表

电阻序号	N	R_1/Ω	R_2/Ω	R_3/Ω	R_x/Ω	$\Delta R_x/\Omega$	结果表示
1(几十欧)							$R_{x1}=$
2(几百欧)							$R_{x2}=$
3(几千欧)							$R_{x3}=$

（3）不确定度的计算。

① 组合电桥测电阻时，$\Delta R_x = N\Delta R_3$，$\Delta R_3 = 1\Omega$。

② 直流电阻电桥测电阻时，$\Delta R_x = N(a\% R_3 + b\Delta R_3)$，$a = 0.1$ 为电桥灵敏度，$b = 0.2$ 为人眼对检流计偏转的分辨能力，$\Delta R_3 = 1\Omega$。

（4）分别给出组合电桥测电阻和直流电阻电桥测电阻两种方法的测量结果表达式 $R_x = R_{x测} \pm \Delta R_x$。

思考题

1. 为什么一般情况下用单电桥测电阻比伏安法测电阻的准确度高？采用单电桥测电阻，你认为哪些因素影响测量精度？

2. 在用惠斯通电桥法测电阻的实验线路图中，开关 K_G 为什么加了一个电阻 R_h？

3. 当惠斯通电桥达到平衡时，若互换电源与检流计位置，电桥是否仍保持平衡？为什么？

4. 如果电阻的粗测值为 50Ω，R_3 的取值范围为 $1\sim9999\Omega$，若使 R_x 具有 4 位有效数字，比值 N 应如何选取？

实验 3.6　电学元件的伏安特性

一个电学元件两端电压与通过电流之间的关系称为伏安特性，通常用纵坐标表示电流 I、横坐标表示电压 U，以此画出的 I-U 图像称为伏安特性曲线，用来研究电学元件的变化规律。电路中有各种电学元件，如碳膜电阻、线绕电阻、半导体二极管、三极管，以及光敏和热敏元件等，人们需要了解它们的伏安特性，以便正确地选用。

【实验目的】

理解和掌握基本电学元件伏安特性的测量原理和测量方法，并研究其变化规律。

【实验仪器】

DH6102 电阻元件 V-A 特性实验仪。

【实验原理】

1. 电学元件的伏安特性曲线

在电学元件两端施加一直流电压,电学元件内就有电流通过,则电学元件两端电压 U 与通过电流 I 之间的关系为

$$I = U/R \qquad (3\text{-}6\text{-}1)$$

以电压 U 为自变量,电流 I 为函数,做出电压-电流的关系曲线,称为该电学元件的伏安特性曲线。

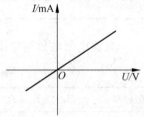

图 3-6-1　线性元件的伏安特性

对于碳膜电阻、金属膜电阻、线绕电阻等电学元件来说,在通常情况下,通过元件的电流与加在元件两端的电压成正比关系变化,即伏安特性曲线为一直线,这类电学元件称为线性元件,其伏安特性曲线如图 3-6-1 所示。

2. 实验线路的比较与选择

在测量电阻 R 的伏安特性的线路中,常用两种接法,即图 3-6-2(a)中电流表内接法和图 3-6-2(b)中电流表外接法。电压表和电流表都有一定的内阻(分别设为 R_U 和 R_I)。简化处理时直接用电压表读数 U 除以电流 I 得到被测电阻值 R,即 $R=U/I$,这样会引起一定的系统误差。当电流表内接时,电压表读数比电阻端电压值大,这时应有

$$R = \frac{U}{I} - R_I \qquad (3\text{-}6\text{-}2)$$

在电流表外接时,电流表读数比电阻 R 中流过的电流大,这时应有

$$\frac{1}{R} = \frac{I}{U} - \frac{1}{R_U} \qquad (3\text{-}6\text{-}3)$$

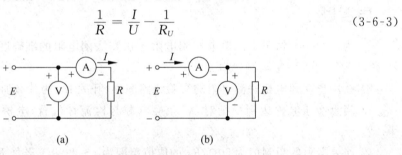

图 3-6-2　电流表的内接法和外接法

(a) 内接法；(b) 外接法

显然,如果简单地用 U/I 作为被测电阻值,电流表内接法的结果偏大,而电流表外接法的结果偏小,都有一定的系统误差。为了减少上述系统误差,测量电路可以粗略地按下述办法选择:

A. 当 $R_U \gg R$,R_I 和 R 相差不大时,宜选用电流表外接电路。

B. 当 $R \gg R_I$,R_U 和 R 相差不大时,宜选用电流表内接电路。

C. 当 $R \gg R_I$,$R_U \gg R$ 时,必须先用电流表内接和外接电路作测试而定。方法如下:先按电流表外接电路接好测试电路,调节直流稳压电源电压,使数字表显示较大的数字,保持电源电压不变,记下两表值为 U_1,I_1；将电路改成电流表内接式测量电路,记下两表值为 U_2,I_2。

将 U_1,U_2 和 I_1,I_2 比较,如果电压值变化不大,而 I_2 较 I_1 有显著的减少,说明 R 是高值电阻,此时选择电流表内接测试电路为好；反之电流值变化不大,而 U_2 较 U_1 有显著的减少,

说明 R 为低值电阻,此时选择电流表外接测试电路为好。当电压值和电流值均变化不大,此时两种测试电路均可选择(思考:什么情况下会出现如此情况?)。

表 3-6-1　实验线路的选择

R_U、R_I 和 R 的大小关系		电流表的接法选择
$R_U \gg R$,R_I 和 R 相差不大		外接法
$R \gg R_I$,R_U 和 R 相差不大		内接法
$R_U \gg R$,$R \gg R_I$	$U_1 \approx U_2$,$I_2 < I_1$	内接法
	$I_1 \approx I_2$,$U_2 < U_1$	外接法
	$U_1 \approx U_2$,$I_2 \approx I_1$	内接法、外接法均可

如果实验中所用的电压表和电流表为指针式磁电式表,量程和准确度等级一定时,由 $R = U/I$,可得测量误差

$$\Delta R = R \sqrt{\left(\frac{\Delta U}{U}\right)^2 + \left(\frac{\Delta I}{I}\right)^2} \tag{3-6-4}$$

可见,要使电阻的测量准确度高,线路参数的选择应使电表读数尽可能接近满量程。

3. 二极管的伏安特性

对二极管施加正向偏置电压时,则二极管中就有正向电流通过(多数载流子导电),随着正向偏置电压的增加,开始时,电流随电压变化很缓慢,而当正向偏置电压增至接近二极管导通电压时(锗管为 0.2V 左右,硅管为 0.7V 左右),电流急剧增加,二极管导通后,电压的少许变化,电流的变化都很大。

对二极管施加反向偏置电压时,二极管处于截止状态,其反向电压增加至该二极管的击穿电压时,电流猛增,二极管被击穿,在二极管使用中应竭力避免出现击穿观察,这很容易造成二极管的永久性损坏。所以在做二极管反向特性时,应当串接限流电阻,以防因反向电流过大而损坏二极管。典型的二极管的伏安特性曲线如图 3-6-3 所示。

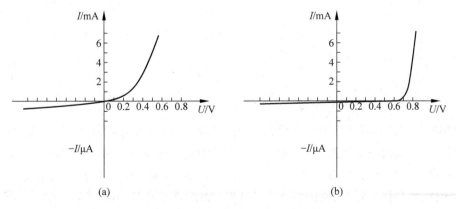

图 3-6-3　典型的二极管的伏安特性曲线

(a) 锗二极管;(b) 硅二极管

4. 稳压二极管的伏安特性

2CW56 属硅半导体稳压二极管,稳定电压为 7~8.8V,最大工作电流为 27mA,工作电

流为 5mA 时动态电阻为 15Ω,正向压降不大于 1V,其反向特性变化甚大。当 2CW56 二极管两端电压反向偏置时,其电阻值很大,反向电流极小,据手册资料称其值不大于 $0.5\mu A$。随着反向偏置电压的进一步增加,大约到 $7\sim8.8V$ 时,出现了反向击穿(有意掺杂而成),产生雪崩效应,其电流迅速增加,电压稍许变化,将引起电流巨大变化。只要在线路中对"雪崩"产生的电流进行有效的限流措施,其电流有少许变化,二极管两端电压仍然是稳定的(变化很小)。这就是稳压二极管的使用基础。

5. 钨丝灯的伏安特性

实验仪用灯泡中钨丝和家用白炽灯泡中钨丝同属一种材料,但丝的粗细和长短不同,就做成了不同规格的灯泡。本实验仪用钨丝灯泡规格为 12V,0.1A。只要控制好两端电压,使用就是安全的。

金属钨的电阻是随温度 T 变化的,其电阻温度系数为 $48\times10^{-4}/℃$,系正温度系数,当灯泡两端施加电压后,钨丝上就有电流流过,产生功耗,灯丝温度上升,致使灯泡电阻增加。灯泡不加电时电阻称为冷态电阻。施加额定电压时测得的电阻称为热态电阻。由于正温度系数的关系,冷态电阻小于热态电阻。在一定的电流范围内,电压和电流的关系为

$$U = KI^n \tag{3-6-5}$$

式中 U 为灯泡两端电压,单位为 V,I 为灯泡流过的电流,单位为 A,K、n 为与灯泡有关的常数。

为了求得常数 K 和 n,可以根据两次测量所得 U_1、I_1 和 U_2、I_2,得到

$$U_1 = KI_1^n \tag{3-6-6}$$
$$U_2 = KI_2^n \tag{3-6-7}$$

将式(3-6-5)除以式(3-6-7)可得

$$n = \frac{\lg\dfrac{U_1}{U_2}}{\lg\dfrac{I_1}{I_2}} \tag{3-6-8}$$

由式(3-6-6)可以得到

$$K = U_1 I_1^{-n} \tag{3-6-9}$$

6. DH6102 电阻元件 V-A 特性实验仪简介

DH6102 电阻元件 V-A 特性实验仪由直流稳压电源、可变电阻器、电流表、电压表以及被测元件等五部分构成,如图 3-6-4 所示。电流表和电压表采用四位半数显表头,具有一定的测量精度,可得到较为准确的测量结果。采用高度可靠的专用导线连接,可独立完成对线性电阻元件、半导体二极管、稳压管及钨丝灯泡等多种电学元件的伏安特性测量。电压表和电流表具有一定的内阻,必须合理配接才能使测量误差最小,这样可以使初学者在实验方案设计中得到锻炼。

DH6102 电阻元件 V-A 特性实验仪的技术指标如下:

电压表内阻:3MΩ,量程 0~2V 或 0~20V。

电流表量程及内阻。如表 3-6-2 所示。

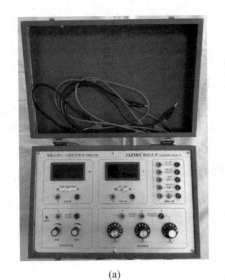

(a)

(b)

图 3-6-4　DH6102 电阻元件 V-A 特性实验仪

（a）实物图 ；（b）面板示意图

表 3-6-2　电流表量程及内阻

电流表量程	2mA	20mA	200mA
电流表内阻	100Ω	10Ω	1Ω

　　直流稳压电源：0～16V,0～0.2A,分粗调和细调两挡。可连续调节,可变电阻调节范围,(0～10)×(1000＋100＋10)Ω。

　　二极管：最高反向峰值电压 15V,正向最大电流不大于 0.2A(正向压降 0.8V)。

　　稳压二极管 2CW56：稳定电压 7～8.8V,最大工作电流 27mA,工作电流 5mA 时,动态电阻为 15Ω,正向压降不大于 1V。

钨丝灯泡规格为 12V、0.1A。

【注意事项】

(1) 注意电流表内接和外接的选取。

(2) 实验时二极管正向电流不得超过 20mA。

(3) 在测试稳压二极管反向伏安特性时,分两段分别采用电流表内接电路和外接电路。

(4) 本实验仪用的钨丝灯泡规格为 12V、0.1A,测量时不要超过其额定电压 12V。

【实验内容】

1. 线性电阻伏安特性的测量

被测电阻器选择 1kΩ 电阻器,其误差不大于 ±0.5%,连接线路如图 3-6-5 所示,其实验步骤为:

(1) 电流表外接测试,数据记入表 3-6-3。

(2) 电流表内接测试,数据记入表 3-6-3。

(3) 测试电路优选方法验证。

(4) 按式(3-6-2)和式(3-6-3)修正计算结果。

(5) 就下述提示写出实验总结:①电阻器伏安特性概述;②讨论内接法和外接法的优劣。

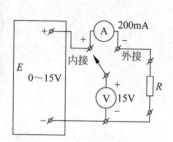

图 3-6-5　线性电阻伏安特性测量电路

表 3-6-3　1kΩ 电阻器伏安曲线测试数据表

电流表内接测试				电流表外接测试			
U/V	I/A	计算值 R/Ω $R=U/I$	修正值 R/Ω $R=U/I-R_I$	U/V	I/A	计算值 R/Ω $R=U/I$	修正值 R/Ω $R=U/I-R_I$

2. 二极管伏安特性曲线的测量

(1) 二极管正向伏安特性曲线测量电路如图 3-6-6(a)所示。二极管正向导电时,呈现的电阻值较小,拟采用电流表外接测试电路。电源电压在 0~10V 调节,变阻器开始设置 700Ω,调节电源电压,以得到所需电流值,测量数据记入表 3-6-4。

注意:实验时二极管正向电流不得超过 20mA。

(2) 二极管的反向电阻值很大,采用电流表内接测试电路可以减少测量误差。测试电路如图 3-6-6(b),变阻器设置 700Ω,测量数据记入表 3-6-5。

(3) 就下述提示可实验讨论:①二极管反向电阻和正向电阻差异如此大,其物理原理

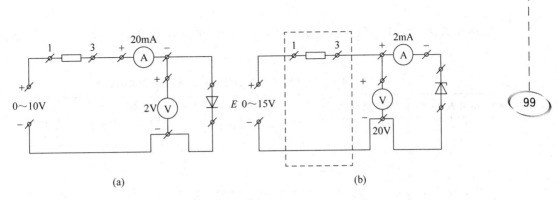

图 3-6-6　二极管伏安特性测量电路

(a) 正向特性；(b) 反向特性

是什么；②在制定表 3-6-4 时,考虑到二极管正向特性严重非线性,电阻值变化范围很大,在表 3-6-4 中加一项"电阻修正值"栏,与电阻计算值比较,讨论其误差产生过程。

表 3-6-4　正向伏安曲线测试数据表

I/mA									
U/V									
电阻计算值/$\text{k}\Omega$									
电阻修正值/Ω									

表 3-6-5　反向伏安曲线测试数据表

$I/\mu\text{A}$									
U/V									
电阻计算值/$\text{k}\Omega$									

3. 稳压二极管反向伏安特性曲线的测量

2CW56 稳压二极管反向偏置 0～7V 时阻抗很大,拟采用电流表内接测试电路为宜;反向偏置电压进入击穿段,稳压二极管内阻较小(估计为 $R=8/0.008=1\text{k}\Omega$),这时拟采用电流表外接测试电路,测量电路如图 3-6-7。

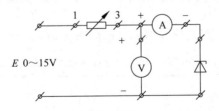

图 3-6-7　稳压二极管伏安特性测试电路

(1) 电源电压调至零,按图 3-6-7 接线,开始按电流表内接法,将电压表＋端接于电流表＋端;变阻器旋到 1100Ω 后,慢慢地增加电源电压,记下电压表对应数据。

(2) 当观察到电流开始增加,并有迅速加快表现时,说明 2CW56 稳压二极管已开始进入反向击穿过程,这时将电流表改为外接式(电压表"＋"端由接电流表"＋"端改接电流表"－"端),慢慢地将电源电压增加至 10V。为了继续增加 2CW56 稳压二极管工作电流,可以逐步减少变阻器电阻,为了得到整数电流值,可以辅助微调电源电压,以上数据记入表 3-6-6。

表 3-6-6　2CW56 稳压二极管反向伏安特性测试数据表

电流表接法	测量变量	数 据							
内接式	U/V								
	$I/\mu A$								
外接式	I/mA								
	U/V								

将上述数据在坐标纸上画出 2CW56 稳压二极管伏安曲线,见图 3-6-8。有条件时,在老师指导下,利用计算机作图。

4. 钨丝灯伏安特性的测量

灯泡电阻在端电压 12V 范围内,大约为几欧姆到一百多欧姆,电压表在 20V 挡内阻为 $3M\Omega$,远大于灯泡电阻,而电流表在 200mA 挡时内阻为 1Ω,与灯泡电阻相比,小得不多,宜采用电流表外接法测量,变阻器置 100Ω,电路图见 3-6-9。

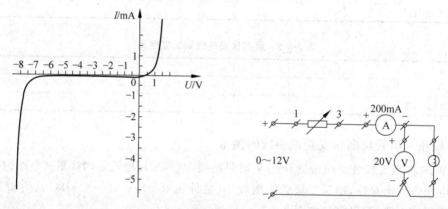

图3-6-8　2CW56 稳压二极管伏安曲线参考图　　　图 3-6-9　钨丝灯泡伏安特性测试电路

(1) 按表 3-6-7 规定的过程,逐步增加电源电压,记下相应的电流表数据。

表 3-6-7　钨丝灯泡伏安特性测试数据表

灯泡电压 V/V									
灯泡电流 A/mA									
灯泡电阻计算值/Ω									

(2) 由实验数据在坐标纸上画出钨丝灯泡的伏安特性曲线,并将电阻计算值也标注在坐标图上。

(3) 选择两对数据(如 $U_1=2V$, $U_2=8V$,及相应的 I_1、I_2),按式(3-6-8)、(3-6-9)计算出 K、n 两系数值,由此写出式(3-6-5),并进行多点验证。

(4) 思考题:试根据钨丝灯泡的伏安特性曲线解释为什么在开灯的时候容易烧坏。

实验 3.7　静电场分布模拟实验

　　模拟法本质上是用一种易于实现、便于测量的物理状态或过程模拟一种不易实现、不便测量的状态或过程,要求这两种状态或过程有一一对应的两组物理量,且满足相似的数学形式及边界条件。一般情况下,模拟可分为物理模拟和数学模拟。对一些物理场的研究主要采用物理模拟(物理模拟就是保持同一物理本质的模拟),如用光测弹性模拟工件内部应力的分布。数学模拟也是一种研究物理场的方法,它是把不同本质的物理现象或过程用同一个数学方程来描绘。对一个稳定的物理场,它的微分方程和边界条件一旦确定,其解是唯一的。两个不同本质的物理场,如果描述它们的微分方程和边界条件相同,则它们的解是一一对应的,只要对其中一种易于测量的场进行测绘并得到结果,那么与它对应的另一个物理场的结果也就知道了。由于稳恒电流场易于测量,故就用稳恒电流场来模拟与其具有相同数学形式的其他物理场。同时还要明确,模拟法是在试验和测量难以直接进行,尤其是在理论上难以计算时采用的一种方法,它在工程设计中有着广泛的应用。

【实验目的】

　　本实验用稳恒电流场分别模拟长同轴圆柱形电缆的静电场、劈尖形电极和聚焦以及飞机机翼周围的速度场,具体实验目的如下。

　　(1) 学习用模拟方法来测绘具有相同数学形式的物理场。

　　(2) 描绘出分布曲线及场量的分布特点。

　　(3) 加深对各物理场概念的理解。

　　(4) 初步学会用模拟法测量和研究二维静电场。

【实验仪器】

　　GVZ-3 型导电微晶静电场描绘仪。

【实验原理】

1. 模拟长同轴圆柱形电缆的静电场

　　稳恒电流场与静电场是两种不同性质的场,但是它们在一定条件下具有相似的空间分布,即两种场遵循的规律在形式上相似,都可以引入电位 U,电场强度 $E=-\nabla$,都遵守高斯定律。

　　对于静电场,电场强度 E 在无源区域内满足以下积分关系:

$$\oint_s \boldsymbol{E} \cdot \mathrm{d}\boldsymbol{s} = 0 \qquad \oint_l \boldsymbol{E} \cdot \mathrm{d}\boldsymbol{l} = 0$$

对于稳恒电流场,电流密度矢量 $\boldsymbol{j}$ 在无源区域内也满足类似的积分关系:

$$\oint_s \boldsymbol{j} \cdot \mathrm{d}\boldsymbol{s} = 0 \qquad \oint_l \boldsymbol{j} \cdot \mathrm{d}\boldsymbol{l} = 0$$

由此可见,E 和 j 在各自区域中满足同样的数学规律,在相同边界条件下,具有相同的解析解。因此,可以用稳恒电流场来模拟静电场。在模拟的条件上,要保证电极形状一定,电极电位不变,空间介质均匀,在任何一个考察点均应有 $U_{稳恒}=U_{静电}$ 或 $E_{稳恒}=E_{静电}$。下面具体结合本实验来讨论这种等效性。

　　1) 同轴电缆及其静电场分布

　　如图 3-7-1(a)所示,在真空中有一半径为 r_a 的长圆柱形导体 A 和一内半径为 r_b 的长

圆筒形导体 B,它们同轴放置,分别带等量异号电荷。由高斯定理知,在垂直于轴线的任一截面 S 内都有均匀分布的辐射状电场线,这是一个与坐标 Z 无关的二维场。在二维场中,电场强度 E 平行于 XY 平面,其等位面为一簇同轴圆柱面,因此只要研究 S 面上的电场分布即可。

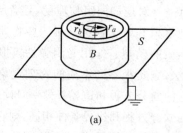 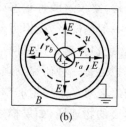

图 3-7-1 同轴电缆及其静电场分布

由静电场中的高斯定理可知,距轴线的距离为 r 处(见图 3-7-1(b))的各点电场强度大小为

$$E = \frac{\lambda}{2\pi\varepsilon_0 r}$$

式中,λ 为柱面每单位长度的电荷量,其电位为

$$U_r = U_a - \int_{r_a}^r E \cdot dr = U_a - \frac{\lambda}{2\pi\varepsilon_0} \ln \frac{r}{r_a}$$

设 $r = r_b$ 时,$U_b = 0$,则有

$$\frac{\lambda}{2\pi\varepsilon_0} = \frac{U_a}{\ln \frac{r_b}{r_a}}$$

代入上式,得

$$U_r = U_a \frac{\ln \frac{r_b}{r}}{\ln \frac{r_b}{r_a}}$$

$$E_r = -\frac{dU_r}{dr} = \frac{U_a}{\ln \frac{r_b}{r_a}} \cdot \frac{1}{r}$$

2) 同轴圆柱面电极间的电流分布

若上述圆柱形导体 A 与圆筒形导体 B 之间充满了电导率为 σ 的不良导体,A、B 与电流电源正负极相连接(见图 3-7-2),A、B 间将形成径向电流,建立稳恒电流场 E_r',可以证明不良导体中的电场强度 E_r' 与原真空中的静电场 E_r 是相等的。

取厚度为 t 的圆柱形同轴不良导体片为研究对象,设材料电阻率为 $\rho(\rho = 1/\sigma)$,则任意半径 r 到 $r + dr$ 的圆周间的电阻是

$$dR = \rho \frac{dr}{s} = \rho \frac{dr}{2\pi rt} = \frac{\rho}{2\pi t} \cdot \frac{dr}{r}$$

则半径为 r 到 r_b 之间的圆柱片的电阻为

$$R_{rr_b} = \frac{\rho}{2\pi t} \int_r^{r_b} \frac{dr}{r} = \frac{\rho}{2\pi t} \ln \frac{r_b}{r}$$

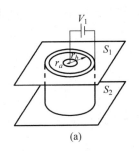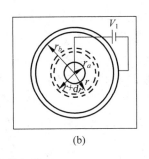

(a)

(b)

图 3-7-2 同轴电缆的模拟模型

总电阻（半径 r_a 到 r_b 之间圆柱片的电阻）为

$$R_{r_a r_b} = \frac{\rho}{2\pi t}\ln\frac{r_b}{r_a}$$

设 $U_b = 0$，则两圆柱面间所加电压为 U_a，径向电流为

$$I = \frac{U_a}{R_{r_a r_b}} = \frac{2\pi t U_a}{\rho\ln\dfrac{r_b}{r_a}}$$

距轴线 r 处的电位为

$$U'_r = IR_{r r_b} = U_a\frac{\ln\dfrac{r_b}{r}}{\ln\dfrac{r_b}{r_a}}$$

则 E'_r 为

$$E'_r = -\frac{\mathrm{d}U'_r}{\mathrm{d}r} = \frac{U_a}{\ln\dfrac{r_b}{r_a}}\cdot\frac{1}{r}$$

由以上分析可见，U_r 与 U'_r、E_r 与 E'_r 的分布函数完全相同。为什么这两种场的分布相同呢？可以从电荷产生场的观点加以分析。在导电质中没有电流通过时，其中任一体积元（宏观小，微观大，其内仍包含大量原子）内正负电荷数量相等，没有净电荷，呈电中性。当有电流通过时，单位时间内流入和流出该体积元内的正负电荷数量相等，净电荷为零，仍然呈电中性。因而，整个导电质内有电流通过时也不存在净电荷。这就是说，真空中的静电场和有稳恒电流通过时导电质中的场都是由电极上的电荷产生的。事实上，真空中电极上的电荷是不动的，在有电流通过的导电质中，电极上的电荷一边流失、一边由电源补充，在动态平衡下保持电荷的数量不变，因此这两种情况下电场分布是相同的。

2. 模拟飞机机翼周围的速度场

稳恒电流场和机翼周围的速度场具有相同的数学模拟，即它们可以由同一个微分方程来描述，并且具有相同的边界条件。

1）无旋稳恒电流场

设在导电微晶中有稳恒电流分布，即电流密度 $\boldsymbol{j}$ 不随时间而变化。按照散度的定义

$$\nabla\cdot\boldsymbol{j} = \lim_{\Omega\to 0}\frac{1}{\Omega}\left(\oint_s \boldsymbol{j}\cdot\mathrm{d}s\right)$$

式中，s 是闭合曲面；Ω 是 s 所围的体积。上式右边的曲面积分是单位时间里从 Ω 流出的总

电量,从而上式右边的极限表示单位时间里从单位体积流出的电量。若考虑的区域无电流源,则此项为零,亦即

$$\nabla \cdot \boldsymbol{j} = 0$$

既然电流密度是无旋的,必定存在势 φ,即

$$\boldsymbol{j} = -\nabla \varphi$$

由上两式得 $\nabla \varphi = 0$,这就是拉普拉斯方程,在二维场中可记做

$$\frac{\partial^2 \varphi}{\partial x^2} + \frac{\partial^2 \varphi}{\partial y^2} = 0$$

2)流体的二维无旋稳恒流场

飞机机翼周围的空气流动可以看做是无旋稳恒流场,下面来研究它的数学模拟。把流体的速度分布记做 $\boldsymbol{V}$,按照散度的定义

$$\nabla \cdot \boldsymbol{V} = \lim_{\Omega \to 0} \left[\frac{1}{\pi} \oint_s \boldsymbol{V} \cdot \mathrm{d}\sigma \right]$$

上式右边是从单位体积流出的流量,若考虑的区域里没有流体的源,则此项为零,即

$$\nabla \cdot \boldsymbol{V} = 0$$

既然流动是无旋的,必然存在速度势 u,即

$$\boldsymbol{V} = -\nabla u$$

由上两式,得到拉普拉斯方程为

$$\nabla u = 0$$

在二维场中表示为

$$\frac{\partial^2 u}{\partial x^2} + \frac{\partial^2 u}{\partial y^2} = 0$$

从上面分析可知,稳恒电流场和飞机机翼周围的速度场具有相同的数学模拟,因此可以用稳恒电流来模拟机翼周围的速度场。

3)模拟条件

模拟方法的使用有一定的条件和范围,不能随意推广,否则将会得到荒谬的结论。用稳恒电流场模拟静电场的条件可以归纳为下列 3 点。

(1)稳恒电流场中的电极形状应与被模拟的静电场中的带电体几何形状相同。

(2)稳恒电流场中的导电介质是不良导体且电导率分布均匀,并满足 $\sigma_{电极} \gg \sigma_{导电质}$,才能保证电流场中的电极(良导体)的表面也近似是一个等位面。

(3)模拟所用电极系统与被模拟电极系统的边界条件相同。

4)测绘方法

场强 E 在数值上等于电位梯度,方向指向电位降落的方向。考虑到 E 是矢量,而电位 U 是标量,从实验测量来讲,测定电位比测定场强容易实现,因此可先测绘等位线,然后根据电场线与等位线正交的原理画出电场线。这样就可由等位线的间距确定电场线的疏密和指向,将抽象的电场形象地反映出来。

【实验内容】

1. 描绘同轴电缆的静电场分布

(1)利用图 3-7-2(b)所示的模拟模型,将导电微晶上内外两电极分别与直流稳压电源

的正负极相连接,电压表正负极分别与同步探针及电源负极相连接,移动同步探针测绘同轴电缆的等位线簇。要求相邻两等位线间的电压为1V,以每条等位线上各点到原点的平均距离 r 为半径画出等位线的同心圆簇。然后根据电场线与等位线正交原理,再画出电场线,并指出电场强度方向,得到一张完整的电场分布图。在坐标纸上作出相对电位 U_r/U_a 和 $\ln r$ 的关系曲线,并与理论结果比较,再根据曲线的性质说明等位线是以内电极中心为圆心的同心圆。

(2) 描绘如图 3-7-3 所示的一个劈尖形电极和一个条形电极形成的静电场分布。将直流电压调到10V,将记录纸铺在上层平板上,从1V开始,平移同步探针,用导电微晶上方的探针找到等位点后,按一下记录纸上方的探针,测出一系列等位点,共测 9 条等位线。每条等位线上找 10 个以上的点,在电极端点附近应多找几个等位点。画出等位线,再作出电场线。作电场线时要注意:电场线与等位线正交,导体表面是等位面,电场线垂直于导体表面,电场线发自正电荷而止于负电荷,疏密表示出场强的大小,根据电极正、负画出电场线方向。

2. 描绘聚焦电极的电场分布

利用图 3-7-4 所示模拟模型,测绘阴极射线示波管内聚焦电极间的电场分布。要求测出 7～9 条等位线,相邻等位线间的电压为1V。该场为非均匀电场,等位线是一簇互不相交的曲线,每条等位线的测量点应取得密一些。画出电力线可了解静电透镜聚焦场的分布特点和作用,加深对阴极射线示波管电聚焦原理的理解。

图 3-7-3 劈尖形电极和条形电极

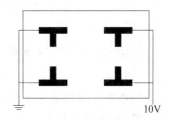

图 3-7-4 静电透镜聚焦场的模拟模型

【注意事项】

由于导电微晶边缘处电流只能沿边缘流动,因此等位线必然与边缘垂直,使该处的等位线和电力线严重畸变,这就是用有限大的模拟模型去模拟无限大的空间电场时必然会受到的边缘效应的影响。如要减小这种影响,则要使用"无限大"的导电微晶进行实验,或者人为地将导电微晶的边缘切割成电力线的形状。

思考题

1. 根据测绘所得等位线和电力线的分布,分析哪些地方场强较强,哪些地方场强较弱。

2. 从实验结果能否说明电极的电导率远大于导电介质的电导率? 如不满足该条件会出现什么现象?

实验 3.8 用示波器测量信号参数

示波器不仅可以对诸如电流、电功率、阻抗等能转换为电压信号的电学量进行观察和分析,而且也可以对诸如周期、频率、相位、温度、光强、磁场等非电学量进行观察和测量分析。

【实验目的】

（1）测量信号的频率和同频率信号的相位差。

（2）进一步熟悉示波器的使用。

【实验仪器】

示波器、双路数字合成信号发生器、整流波形仪。

【实验原理】

把待测信号电压输入到示波器 y 轴放大器的输入端，调节示波器面板上各开关旋钮到适当的位置，示波屏上显示一稳定波形。根据示波屏上的坐标刻度，读出显示波形的周期值。

1. 测量频率

把待测信号输入示波器的 y 轴输入端，将扫描速度开关（TIME/DIV）置于适当的位置，调节有关控制开关及旋钮使显示波形稳定，读出被测波形上所需测量的 P、Q 两点间的距离 L，如图 3-8-1 所示。由公式（3-8-1）、（3-8-2）可计算出待测信号的周期和频率。

$$T = \text{TIME/DIV} \times L(\text{DIV}) \qquad (3\text{-}8\text{-}1)$$

$$f = 1/T \qquad (3\text{-}8\text{-}2)$$

在测量被测信号的周期和频率时，应通过调节扫描速度开关（TIME/DIV）使被测信号相连两个波峰的水平距离尽量拉大，但是不能超出显示屏幕。

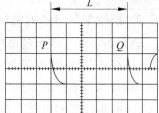

图 3-8-1 测量频率

2. 利用李萨如图形测定信号频率

在 x 轴输入端输入正弦信号，频率为 f_x，在 y 轴输入端输入另一正弦信号，频率为 f_y。当两者的频率为简单数学整数倍关系时，示波屏上就显示一稳定的图形，称为李萨如图形。图 3-8-2 画出了两个相互垂直的正弦波电压合成的不同李萨如图形。

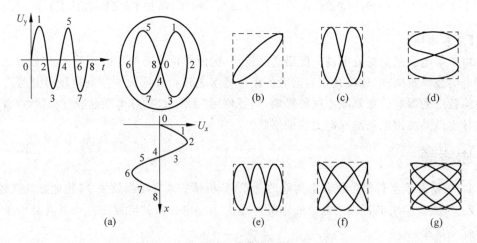

图 3-8-2 李萨如图形

(a)，(b) $\frac{f_y}{f_x} = \frac{1}{1}$；(c) $\frac{f_y}{f_x} = \frac{2}{1}$；(d) $\frac{f_y}{f_x} = \frac{1}{2}$；(e) $\frac{f_y}{f_x} = \frac{3}{1}$；(f) $\frac{f_y}{f_x} = \frac{3}{2}$；(g) $\frac{f_y}{f_x} = \frac{3}{4}$

若以 n_x 和 n_y 分别表示李萨如图形与外切水平线及外切垂直线的切点数，如图 3-8-3 所示，则切点数与正弦波频率之间有如下关系：

$$\frac{f_y}{f_x} = \frac{\text{屏上水平刻线与图形的切点数 } n_x}{\text{屏上垂直刻线与图形的切点数 } n_y} \qquad (3\text{-}8\text{-}3)$$

如已知 f_x（或 f_y）和从示波屏上读得的 n_y 和 n_x，就可以由式(3-8-3)计算出 f_y（或 f_x）。

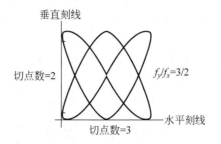

图 3-8-3　李萨如图形的切点数与正弦波频率的关系

3. 利用李萨如图形测定两同频率信号的相位差

设一信号为 $X = A\sin\omega t$，另一信号为 $Y = B\sin(\omega t + \phi)$，将其分别输入 x 轴和 y 轴输入端，在示波屏上显示如图 3-8-4 所示的椭圆，可以通过椭圆的性质确定其相位差。

当 $X = 0$，即 $A\sin\omega t = 0$ 时，$\omega t = n\pi(n = 0, 1, 2, \cdots)$，$Y = B\sin(\omega t + \phi) = B\sin\phi = \pm b$，所以

$$\phi = \arcsin\left(\frac{b}{B}\right) \qquad (3\text{-}8\text{-}4)$$

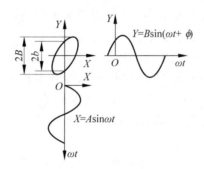

图 3-8-4　利用李萨如图形测定两个同频率信号的相位差

从图 3-8-4 中可测得 $2B$（它是椭圆在 y 方向上的最大投影）和 $2b$（它是椭圆在 y 轴上的截距），利用式(3-8-4)即可得出两个相同频率正弦电压的相位差。

4. 利用示波器观察整流波形图

1）整流原理

整流，就是把交流电变为直流电的过程，利用具有单向导电特性的器件，可以把方向和大小交变的电流变换为直流电。图 3-8-5 为整流波形电路，B 为电压变压器，a、b 接线柱输出低压交流电压，C、D 接线柱为输出端。

K_1、K_2、K_3、K_4 都断开时，C、D 端输出图形是正弦波形，为交流电压信号，如图 3-8-6(a)。K_1 闭合时为半波整流，电路中仅用一个二极管 E，由于二极管 E 具有单向导通性，当二极管因加正向偏压而导通，有电流流过负载电阻 R，C、D 端有电压输出；当二极管因加反向电压而截止，负载电阻 R 上无电流流过，C、D 端无电压输出，这样反复下去，交流电的负半周就被"削"掉了，只有正半周通过负载电阻 R，这种除去半周的整流方法叫做半波整流，其波形

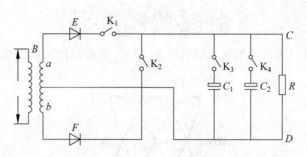

图 3-8-5　整流波形电路

如图 3-8-6(b)。半波整流是以"牺牲"一半交流为代价而换来整流效果,电流利用率低。

K₁、K₂ 闭合时为全波整流,电路中用两个二极管轮流作用,二极管 E 因加反向电压而截止时,二极管 F 却因加正向偏压而导通,使负载电阻 R 有电流通过,且电流方向不变,如此反复,由于两个整流元件轮流导电,结果负载电阻 R 在正、负两个半周作用期间,都有同一方向的电流通过,因此成为全波整流,其波形如图 3-8-6(c)。全波整流不仅利用了正半周,而且还巧妙地利用了负半周,从而大大地提高了整流效率。

电容 C_1、C_2 在此处起滤波的作用,其作用简单讲是使滤波后输出的电压为稳定的直流电压,其工作原理是当整流电压高于电容电压时电容充电,当整流电压低于电容电压时电容放电,在充放电的过程中,使 C、D 端输出电压基本稳定。即滤去信号中的交流部分,但一般仍含有残留的部分,称为纹波。K_3 闭合时为一次滤波,K_4 闭合时为二次滤波。

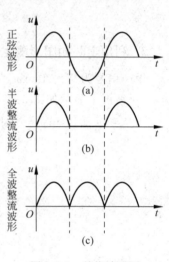

图 3-8-6　整流波形图

2) ZL-1 整流波形仪介绍

ZL-1 整流波形仪与示波器配合,可观测到交流电的正弦波以及整流的各种波形(半波、全波、一次和二次滤波)。它由各种开关控制,同时可作为交流电源使用。该仪器的面板见图 3-8-7,各旋钮、开关的功能介绍见表 3-8-1。

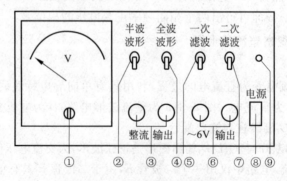

图 3-8-7　ZL-1 整流波形仪面板

表 3-8-1   ZL-1 整流波形仪面板部分旋钮及其使用指南

旋钮部位	名称	操作方法	功能介绍
①	电压表	显示	当前输出电压
②	半波波形开关 K_1	扳动	仅 K_1 扳上(开),K_2、K_3、K_4 同时扳下(断),半波整流输出
③	整流输出	接线	整流及滤波后的信号输出
④	全波波形开关 K_2	扳动	K_1、K_2 同时扳上(开),K_3、K_4 同时扳下(断),全波整流输出
⑤	一次滤波开关 K_3	扳动	K_1、K_3 同时扳上(开),K_2、K_4 同时扳下(断),半波一次滤波
⑥	~6V 输出	接线	独立的交流 6V 电源
⑦	二次滤波开关 K_4	扳动	K_1、K_2、K_3、K_4 同时扳上(开),全波二次滤波
⑧	电源	按钮	电源开关
⑨	指示灯	显示	显示电源通电与否

【实验内容】

1. 测量频率

用数字信号发生器作为交流电压信号源,它可以输出方波及正弦波。示波器面板开关作如下改变:输入耦合选择开关"AC GND DC"改变为"AC",衰减开关"V/DIV"调至 1V/DIV。在信号发生器电源"关"的情况下,用电缆线将信号源输出端与示波器 CH1(或 CH2)插座连接起来。打开信号发生器电源开关,将信号发生器的频率依次改变为 0.1kHz、1kHz、10kHz、100kHz,相应调节示波器扫描速度开关"TIME/DIV"及触发电平旋钮"LEVEL",使示波屏上显示稳定波形。读出波形上相邻两波峰或波谷之间的水平距离 L,即可算出信号周期 T 及频率 f,记录数据于表 3-8-2 中。

2. 李萨如图形的观察

要观察李萨如图形首先要把扫描速度开关"TIME/DIV"逆时针方向旋转到"X-Y"状态,然后将信号发生器其中一个输出端的交流电压信号(频率调整为 50Hz)接到示波器 CH1 输入插座作为 X 轴输入信号,再将信号发生器另一输出端的正弦交流信号连接到 CH2 输入插座作为 Y 轴输入信号,且将输出电压调到合适的大小。分别改变接通示波器 Y 轴信号发生器的输出频率为 50Hz、100Hz、150Hz、75Hz,可以在示波屏上观察到 X、Y 轴信号合成后的李萨如图形。记录各种合成的李萨如图形的波形。

3. 利用李萨如图形测定两同频率信号的相位差

从信号发生器输出正弦交流信号(信号的频率不要超过 50Hz),分别从示波器的 X 轴和 Y 轴输入。调解信号发生器,改变其中一输出端的信号相位,观察示波器并记录李萨如图形的波形,并通过示波器测量 b 和 B 值,计算相位差 φ,最后进行比较。

4. 观测半波、全波整流图形

利用整流波形仪输出整流信号,分别对如下信号进行观察并记录相关数据:

(1) 半波整流无滤波;

(2) 半波整流有一次滤波;

(3) 全波整流无滤波;

(4) 全波整流有一次滤波。

实验中,适当地调节"衰减"和"时间/分度(扫描速度)"两个旋钮,使屏上出现 2~3 个稳定的波形,读出波峰的高度,将波形和各旋钮所在的挡位值填入表格 3-8-5 中。滤波后,调节"衰减",大致地测出纹波的高度和电压值。

【注意事项】

(1) 为了保护荧光屏不被灼伤,使用示波器时,光亮度不能太强,而且不能让光点长时间停留在荧光屏的一点上。

(2) 在实验过程中如果某段时间不用示波器,可将"辉度"旋钮逆时针方向旋至尽头,光亮点消失,不要经常通断电源,以免缩短示波器的使用寿命。

【数据记录与处理】

1. 测量频率(表 3-8-2)

表 3-8-2　测量信号频率数据表格

X 轴示值	"TIME/DIV"位置	长度 L/cm	周期 T/s	频率 f/kHz
信号频率 /kHz	0.1			
	1			
	10			
	100			

2. 李萨如图形的观察(表 3-8-3)

表 3-8-3　李萨如图形观察记录表格

X 轴频率 f_x/Hz	50			
Y 轴频率 f_y/Hz	50	100	150	75
李萨如图形				

3. 利用李萨如图形测定两同频率信号的相位差(表 3-8-4)

表 3-8-4　李萨如图形测定两个同频率信号的相位差数据表格

b/cm			
B/cm			
李萨如图形			
信号发生器相位差			
示波器相位差			

4. 观察半波、全波整流图形（表 3-8-5）

表 3-8-5　观察半波、全波整流图形数据表格

内　　容		波形图	时 间/分 度（扫描速度）开关(s/DIV)	周期宽度/cm	周期/s	衰减开关（V/DIV）	波形峰-峰值/cm	电压峰值/V
半波整流	无滤波							
	有滤波						纹波高度/cm	纹波电压/V
全波整流	无滤波							
	有滤波						纹波高度/cm	纹波电压/V

思考题

1. 采用李萨如图形测量信号频率时，屏幕上图形不稳定，可能是何原因所致？

2. 观察李萨如图形时，如果图形不稳定，而且是一个形状不断变化的椭圆，那么图形变化的快慢与两个信号频率之差有什么关系？

实验 3.9　铁磁材料的磁化曲线和磁滞回线

在交通、通信、航天、自动化仪表等领域中，大量应用各种特性的铁磁材料。常用的铁磁材料多数是铁和其他金属元素或非金属元素组成的合金以及某些包含铁的氧化物（铁氧体）。铁磁材料的主要特性是磁导率 μ 非常高，在同样的磁场强度下铁磁材料中磁感应强度要比真空或弱磁材料中的大几百至上万倍。

磁滞回线和基本磁化曲线是铁磁材料分类和选用的主要依据。铁磁材料分为硬磁和软磁两类。硬磁材料（如铸钢）的磁滞回线宽，剩磁和矫顽力较大（120～20000A/m，甚至更高），因而磁化后它的磁感应强度能保持，适宜于制造永久磁铁。软磁材料（如硅钢片）的磁滞回线窄，矫顽力小（一般小于 120A/m），但它的磁导率和饱和磁感应强度大，容易磁化和去磁，故常用于制造电机、变压器和电磁铁。由于铁磁材料在生产和科学研究中有着广泛的应用，因此研究铁磁质的特性具有重要的意义。本实验用示波器直接观察铁磁材料的磁滞回线。

【实验目的】

(1) 了解示波器显示磁滞回线的基本原理。

(2) 学习用示波器法测绘磁化曲线和磁滞回线。

【实验仪器】

磁滞回线实验仪、示波器。

【实验原理】

1. 铁磁材料的磁滞现象

铁磁物质是一种性能特异、用途广泛的材料，铁、钴、镍及其众多合金以及含铁的氧化物

112

（铁氧体）均属铁磁物质。铁磁物质的特征是在外磁场作用下能被强烈磁化,故磁导率 μ 很高。另一特征是磁滞,即磁化场作用停止后,铁磁质仍保留磁化状态,图 3-9-1 所示为铁磁物质磁感应强度 B 与磁化场强度 H 之间的关系曲线。

图中的原点 O 表示磁化之前铁磁物质处于磁中性状态,即 $B = H = 0$;当磁场 H 从零开始增加时,磁感应强度 B 随之缓慢上升,如线段 Oa 所示;继之 B 随 H 迅速增长,如 ab 所示;其后 B 的增长又趋缓慢,并当 H 增至 H_m 时,B 到达饱和值,$OabS$ 称为起始磁化曲线。图 3-9-1 表明,当磁场从 H_m 逐渐减小至零,磁感应强度 B 并不沿起始磁化曲线恢复到 O点,而是沿另一条新曲线 SR 下降,比较线段 OS 和 SR 可知,H 减小 B 相应也减小,但 B 的变化滞后于 H 的变化,这种现象称为磁滞。磁滞的明显特征是:当 $H = 0$ 时,B 不为零,而保留剩磁 B_r。

当磁场反向从 O 逐渐变至 $-H_c$ 时,磁感应强度 B 消失,说明要消除剩磁,必须施加反向磁场,H_c 称为矫顽力,它的大小反映铁磁材料保持剩磁状态的能力,线段 RD 称为退磁曲线。

图 3-9-1 还表明,当磁场按 $H_m \rightarrow O \rightarrow -H_c \rightarrow$
$-H_m \rightarrow O \rightarrow H_c \rightarrow H_m$ 次序变化时,相应的磁感应
强度 B 则沿闭合曲线 $SRDS'R'D'S$ 变化,这条闭
合曲线称为磁滞回线。所以,当铁磁材料处于交
变磁场中(如变压器中的铁芯)时,将沿磁滞回线
反复被磁化→去磁→反向磁化→反向去磁。在此
过程中要消耗额外的能量,并以热的形式从铁磁
材料中释放,这种损耗称为磁滞损耗。可以证明,
磁滞损耗与磁滞回线所围面积成正比。

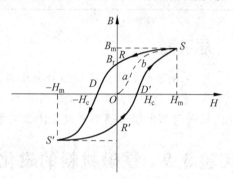

图 3-9-1　铁磁材料的起始磁化
曲线和磁滞回线

应该说明,当初始态为 $B = H = 0$ 的铁磁材
料,在交变磁场强度由弱到强依次进行磁化,可以
得到面积由小到大向外扩张的一簇磁滞回线,如图 3-9-2 所示。这些磁滞回线顶点的连线
称为铁磁材料的基本磁化曲线,由此可近似确定其磁导率 $\mu = B/H$,因 B 与 H 的关系成非
线性,故铁磁材料的 μ 不是常数,而是随 H 而变化,如图 3-9-3 所示。铁磁材料相对磁导率
可高达数千乃至数万,这一特点是它用途广泛的主要原因之一。

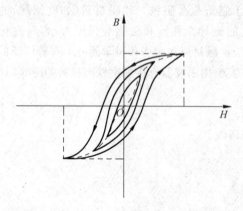

图 3-9-2　同一铁磁材料的一簇磁滞回线

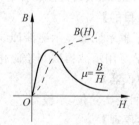

图 3-9-3　铁磁材料 B 与 H 的关系

在理论上,若要消除剩磁 B_r,只需加一反向磁化电流使外磁场正好等于该铁磁材料的矫顽力即可。实际上矫顽力并不知道,因此无法确定退磁电流的大小。但从磁滞回线可得到启示:如果使铁磁材料磁化达到饱和,然后不断改变磁化电流的方向,与此同时逐渐减小磁化电流至零,这样就可以达到退磁的目的。该材料的退磁过程是一串逐渐缩小而最终趋于原点的环状曲线如图 3-9-4 所示,即退磁过程为:由 B_r 到 a,然后经一系列不闭合的回线收缩至原点 O。当 H 减至零时 B 也同时减为零,达到完全退磁。退磁可以用直流电也可用交流电来实现。

可以说磁化曲线和磁滞回线是铁磁材料分类和选用的主要依据,图 3-9-5 所示为常见的两种典型的磁滞回线。其中软磁材料磁滞回线狭长,矫顽力、剩磁和磁滞损耗均较小,是制造变压器、电机和交流磁铁的主要材料。而硬磁材料磁滞回线较宽,矫顽力大,剩磁强,可用来制造永磁体。

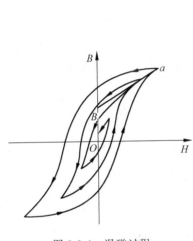

图 3-9-4 退磁过程

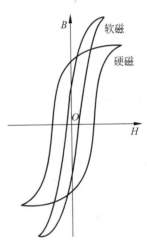

图 3-9-5 不同材料的磁滞回线

2. 示波器显示磁滞回线的原理

示波器法被广泛地用于观察交变磁场以及定量测绘铁磁质的磁滞回线。在示波器的 X 轴输入正比于待测样品的磁场 H 的电压,Y 轴输入正比于样品中磁感应强度 B 的电压,结果可在屏上观察到待测样品的磁滞回线(B-H 曲线)。

用示波器法观测磁滞回线的电路图如图 3-9-6 所示,待测样品为变压器铁芯,变压器的初级线圈接电阻 R_1 和调压变压器,次级线圈接 R_2 和电容 C。

当初级线圈回路中接通一交变励磁电流 I_1 时,在变压器铁芯中将产生励磁电场,其强度为

$$H = \frac{N_1}{L}I_1 \tag{3-9-1}$$

式中,N_1 为初级线圈匝数;L 为铁芯的磁路长。要在示波器上显示 H,只要在初级回路中串联取样电阻 R_1(要求 R_1 比线圈 N_1 的阻抗小得多,通常取 $0.5\sim10\Omega$)即可。这样 R_1 上的电压 U_1 正比于 H,其大小为

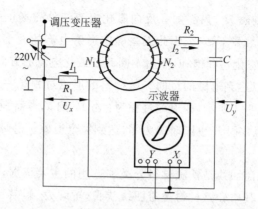

图 3-9-6 用示波器法观测磁滞回线的电路图

$$U_1 = I_1 R_1 = \frac{LR_1}{N_1} H \tag{3-9-2}$$

若把 R_1 两端电压接到示波器的 X 轴输入,即可显示 H 的大小。

使示波器 Y 轴所加电压 U_2 与样品中磁感应强度 B 的大小成正比。在次级回路中采用由电阻 R_2、电容 C 组成的积分电路。因交变磁场 H 在样品中产生交变的磁感应强度 B,变化的磁场在次级回路中将产生感应电动势 ε_2、感应电流 I_2,则

$$\varepsilon_2 = \frac{d\Phi}{dt} = \frac{d}{dt}(N_2 SB) = N_2 S \frac{dB}{dt} \tag{3-9-3}$$

式中,N_2 为次级线圈匝数;S 为样品(铁芯)的截面积。由上式得

$$B = \frac{1}{N_2 S}\int \varepsilon_2 \, dt \tag{3-9-4}$$

可见,B 是对 ε_2 的积分量。但 ε_2 的积分量并不对应于电量;而电流 I_2 对时间的积分是电量,即 $Q = \int I_2 \, dt$,故由 ε_2 转化为 I_2 可通过积分电路来实现。

次级回路中,忽略自感,感应电动势为

$$\varepsilon_2 = U_2 + I_2 R_2 \tag{3-9-5}$$

为了如实地给出磁滞回线,取 $R_2 C$ 的时间常数比 $1/(2\pi f)$ 大 100 倍以上。这样 U_2 与 $I_2 R_2$ 相比可忽略,于是有

$$\varepsilon_2 \approx I_2 R_2 \tag{3-9-6}$$

而电容两端的电压为

$$U_2 = \frac{Q}{C} = \frac{1}{C}\int I_2 \, dt = \frac{1}{R_2 C}\int \varepsilon_2 \, dt \tag{3-9-7}$$

上式说明 U_2 是输入电压对时间的积分,这也是"积分电路"的由来。将式(3-9-4)代入式(3-9-7)得

$$U_2 = \frac{N_2 S}{R_2 C} B \tag{3-9-8}$$

上式说明电容器上的电压与磁感应强度 B 的瞬时值成正比,即示波器 Y 轴上的电压与瞬时值 B 成正比。

将 U_1 和 U_2 分别输入示波器的 X 轴和 Y 轴,这样示波器上的 X、Y 偏转板上分别代表

H、B。磁化电流 I_1 变化一个周期内,电子束的径迹描出一条完整的 B-H 曲线,以后每个周期都重复此过程。因此在荧光屏上显示出一条连续的 B-H 曲线,即铁磁材料被磁化过程的磁滞回线。利用示波器可以观察各种不同铁磁材料的磁滞回线。

若选取的电流 I_1 较小,将得出一条较小的磁滞回线,但此回线的顶点必落在基本磁化曲线上。可逐渐增大调压变压器的输出电压来增大电流 I_1,使屏上的磁滞回线由小到大扩展,把每次得到的磁滞回线的顶点的位置记录在坐标纸上,这些顶点的连线就是待测铁磁体的基本磁化曲线。

在实验中因必须满足 $R_2C\gg\dfrac{1}{2\pi f}$,因此 U_2 的振幅很小,需经 Y 轴放大器增幅,输入 Y 偏转板。

3. 示波器的定标

为了定量研究磁化曲线和磁滞回线,必须对示波器进行定标。示波器具有比较信号,可根据示波器的使用方法,对示波器的 X 轴和 Y 轴分别进行定标。校正 X 轴和 Y 轴上每格标示的电压值后,即可进行测量。设 X 轴偏转系数为 S_x(V/DIV),Y 轴偏转系数为 S_y(V/DIV)(S_x 和 S_y 均可从示波器的面板上直接读出),则

$$U_1 = U_x = S_x X, \quad U_2 = U_y = S_y Y \tag{3-9-9}$$

式中,X、Y 分别为测量时记录的坐标值,DIV。则本实验定量计算公式为

$$H = \frac{N_1 U_1}{LR_1} \tag{3-9-10}$$

$$B = \frac{R_2 C U_2}{N_2 S_2} \tag{3-9-11}$$

式中各量的单位如下:R_1、R_2 为 Ω,L 为 m,S 为 m^2,C 为 F,S_x、S_y 为 V/DIV,X、Y 为 DIV;则 H 为 A/m,B 为 T。

【实验内容】

1. 测量铁磁质的基本磁化曲线

1) 电路的连接

选择样品 1(或样品 2),按实验仪盖板上给出的电路图连接电路。取 $R_1=2.5\Omega$,"U 选择"指 0 位,U_H 和 U_B(即 U_1 和 U_2)分别与示波器上"X 输入"和"Y 输入"相连,插孔"$\perp$"为接地公共端。

2) 样品退磁

开启实验仪电源,顺时针转动"U 选择"旋钮,使 U 从 0 逐渐增至 3V,然后逆时针转动旋钮,使 U 从 3V 降至 0,其目的是消除样品中的剩磁,从而达到样品退磁的目的。

3) 观察磁滞回线

开启示波器电源,将示波器的扫描方式开关拨在"X-Y"挡,垂直开关置于 CH2 方式,调节水平位移(↔)旋钮或垂直位移(↕)旋钮使荧光屏上的光点位于坐标网络中心。选择$U=2.0$V,并调整示波器 CH1 和 CH2 两个衰减开关,使示波器显示屏上出现图形大小合适的磁滞回线。

4) 测绘基本磁化曲线

从 $U=0$ 开始,分 6 次逐步增加输出电压,使示波器显示屏上的磁滞回线由小变大,分

别读出每条磁滞回线顶点的坐标 X_i、Y_i,填入表 3-9-2 中,并按比例描绘在坐标纸上,将所描各点连成光滑曲线,就得到了磁化样品的基本磁化曲线。

2. 测绘磁滞回线

(1)选择 $U=2.0\text{V}$,$R_1=2.5\Omega$,在坐标纸上按 $1:1$ 的比例描绘屏上显示的磁滞回线,记下有代表性的某些点的坐标 X_i、Y_i。

(2)从示波器面板上读取 X 轴偏转系数 S_x 和 Y 轴偏转系数 S_y,按式(3-9-10)和式(3-9-11)计算与 X_i、Y_i 对应的 H_i、B_i 值,填入表 3-9-3 中,并标在描绘磁滞回线的坐标上。

(3)计算磁导率。

【注意事项】

(1)仪器上的所有旋钮要轻轻旋转,切忌猛转乱旋。

(2)为了避免样品磁化后温度过高,初级线圈通电时间应尽量缩短,通电电流不可过大。

(3)调好磁滞回线大小位置后,必须进行退磁。测量过程中,不能再调节示波器 X、Y 轴的衰减旋钮。

【数据处理】

(1)实验已知参数(见表 3-9-1)。

表 3-9-1　实验已知参数

L/mm	S_1/mm^2	S_2/mm^2	$C/\mu\text{F}$	$N_1/$匝	$N_2/$匝	R_1/Ω	$R_2/\text{k}\Omega$
60	80	80	20	50	150	2.5	10

(2)测绘基本磁化曲线(见表 3-9-2)。

表 3-9-2　测绘基本磁化曲线数据表格

U/V	0.5	1.0	1.2	1.5	1.8	2.0
X_i/cm						
Y_i/cm						

(3)测绘磁滞回线(见表 3-9-3)。

表 3-9-3　测绘磁滞回线数据表格

	1	2	3	4	5	6
X/cm						
U_1/V						
$H=\dfrac{N_1 U_1}{LR_1}/(\text{A/m})$						
Y/cm						
U_2/V						

续表

	1	2	3	4	5	6
$B = \dfrac{R_2 C U_2}{N_2 S}$ /T						
$\mu = \dfrac{B}{H}$ /(H/m)						

思考题

1. 用示波器观察磁滞回线,应对其进行哪些调节?

2. 做实验前为什么要对样品退磁? 如何进行退磁?

3. 铁磁材料的基本磁化曲线和磁滞回线各有什么意义?

4. 什么是软磁材料? 什么是硬磁材料? 举例说明软磁材料和硬磁材料的应用。

实验 3.10　磁致旋光——法拉第效应

1845 年,法拉第(M. Faraday)在探索电磁现象和光学现象之间的联系时,发现了一种现象:当一束平面偏振光穿过介质时,如果在介质中沿光的传播方向上加上一个磁场,就会观察到光经过样品后偏振面转过一个角度,即磁场使介质具有了旋光性,这种现象后来就称为法拉第效应。

法拉第效应有许多重要的应用,尤其在激光技术发展后,其应用价值越来越受到重视。如用于光纤通信中的磁光隔离器,是应用法拉第效应中偏振面的旋转只取决于磁场的方向,这样使光沿规定的方向通过同时阻挡反方向传播的光,可以减少光纤中器件表面反射光对光源的干扰。在电流测量方面,利用光纤材料的法拉第效应,可以测量几千安培的大电流和几兆伏的高压电流。

磁光调制主要应用于光偏振微小旋转角的测量技术,它通过测量光束经过某种物质时偏振面的旋转角度来测量物质的活性,这种测量旋光的技术在科学研究、工业和医疗中有广泛的用途,在生物和化学领域以及新兴的生命科学领域中也是重要的测量手段。

【实验目的】

(1) 观察光的偏振性,理解法拉第磁光偏转现象。

(2) 研究偏振光偏转角度与磁感应强度、介质厚度以及材料本身特性之间的关系。

(3) 测定材料的费尔德常数。

(4) 通过磁光调制实验,理解倍频法精确测定消光位置。

【实验仪器】

FD-MOC-A 磁光效应综合实验仪。

【实验原理】

1. 法拉第磁致旋光效应

法拉第效应是磁场引起介质折射率变化而产生的旋光现象,实验结果表明,光在磁场的作用下通过介质时,光波偏振面转过的角度 θ(磁致旋光角)与光在介质中通过的长度 L 及

介质中磁感应强度在光传播方向上的分量 B 成正比(见图 3-10-1),即

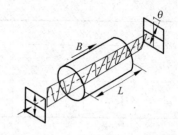

$$\theta = VBd \qquad (3\text{-}10\text{-}1)$$

式中,比例系数 V 由物质和工作波长决定,表征着物质的磁光特性,这个系数称为费尔德(Verdet)常数。

图 3-10-1 法拉第磁致旋光效应

费尔德常数 V 与磁光材料的性质有关,对于顺磁、弱磁和抗磁性材料(如重火石玻璃等),V 为常数,即 θ 与磁场强度 B 有线性关系;而对铁磁性或亚铁磁性材料(如 YIG 等立方晶体材料),θ 与 B 不是简单的线性关系。

由经典电子论对色散的解释可得出介质的折射率和入射光频率 ω 的关系为

$$n^2 = 1 + \frac{Ne^2}{m\varepsilon_0(\omega_0^2 - \omega^2)} \qquad (3\text{-}10\text{-}2)$$

式中,ω_0 是电子的固有频率,磁场作用使电子固有频率改变为 $\omega_0 \pm \omega_L$($\omega_2 = eB/2m$ 是电子轨道在外磁场中的进动频率)。

使折射率变为

$$n^2 = 1 + \frac{Ne^2}{m\varepsilon_0[(\omega_0 \pm \omega_L)^2 - \omega^2]} \qquad (3\text{-}10\text{-}3)$$

由菲涅耳的旋光理论可知,平面偏振光可看成由两个左、右旋圆偏振叠加而成,式(3-10-3)中的正负号反映了这两个圆偏振光折射率有差异,以 n_R 和 n_L 表示,它们通过长度为 L 的介质后产生的光程差为

$$\delta = \frac{2\pi}{\lambda}(n_R - n_L)L \qquad (3\text{-}10\text{-}4)$$

由它们合成的平面偏振光的磁致旋光角为

$$\theta = \frac{1}{2}\delta = \frac{\pi}{\lambda}(n_R - n_L)L \qquad (3\text{-}10\text{-}5)$$

通常,n_R、n_L 和 n 相差甚微,故 $n_R - n_L \approx \frac{n_R^2 - n_L^2}{2}$,将此式代入式(3-10-5),又因为 $\omega_L^2 \ll \omega^2$,可略去 ω_L^2 项,得

$$\theta = \frac{\pi}{\lambda} \cdot \frac{n_R^2 - n_L^2}{2n}L = -\frac{Ne^3\omega^2}{2cm^2\varepsilon_0 n} \cdot \frac{1}{(\omega_0^2 - \omega^2)^2}LB \qquad (3\text{-}10\text{-}6)$$

由式(3-10-2)可得

$$\frac{dn}{d\omega} = \frac{Ne^2}{m\varepsilon_0 n} \cdot \frac{\omega}{(\omega_0^2 - \omega^2)^2} \qquad (3\text{-}10\text{-}7)$$

代入式(3-10-6)得

$$\theta = -\frac{e\omega}{2cm} \cdot \frac{dn}{d\omega}LB = \left(\frac{1}{2c} \cdot \frac{e}{m} \cdot \lambda \cdot \frac{dn}{d\lambda}\right)LB \qquad (3\text{-}10\text{-}8)$$

上式与式(3-10-1)相比可见,括号项即费尔德常数,表示 V 值与介质在无磁场时的色散率、入射光波长等有关。

不同的物质,偏振面旋转的方向也可能不同。习惯上规定,以顺着磁场观察,偏振面旋转绕向与磁场方向满足右手螺旋关系的称为右旋介质,其费尔德常数 $V>0$;反向旋转的称为左旋介质,费尔德常数 $V<0$。

对于每一种给定的物质,法拉第旋转方向仅由磁场方向决定,而与光的传播方向无关(不管传播方向与磁场同向或者反向),这是法拉第磁光效应与某些物质的固有旋光效应的重要区别。固有旋光效应的旋光方向与光的传播方向有关,即随着顺光线和逆光线的方向观察,线偏振光的偏振面的旋转方向是相反的,因此当光线往返两次穿过固有旋光物质时,线偏振光的偏振面没有旋转。而法拉第效应则不然,在磁场方向不变的情况下,光线往返穿过磁致旋光物质时,法拉第旋转角将加倍。利用这一特性,可以使光线在介质中往返数次,从而使旋转角度加大。这一性质使得磁光晶体在激光技术、光纤通信技术中获得重要应用。

与固有旋光效应类似,法拉第效应也有旋光色散,即费尔德常数随波长而变,一束白色的线偏振光穿过磁致旋光介质,则紫光的偏振面要比红光的偏振面转过的角度大,这就是旋光色散。实验表明,磁致旋光物质的费尔德常数 V 随波长 λ 的增加而减小,如图 3-10-2 所示,旋光色散曲线又称为法拉第旋转谱。

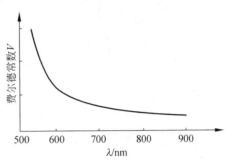

图 3-10-2 磁致旋光色散曲线

表 3-10-1 所示为几种物质的费尔德常数。几乎所有物质(包括气体、液体、固体)都存在法拉第效应,不过一般都不显著。

表 3-10-1 几种材料的费尔德常数

物 质	λ/nm	$V/(('\,)/(T \cdot cm))$
水	589.3	1.31×10^2
二硫化碳	589.3	4.17×10^2
轻火石玻璃	589.3	3.17×10^2
重火石玻璃	830.0	$8 \times 10^2 \sim 10 \times 10^2$
冕玻璃	632.8	$4.36 \times 10^2 \sim 7.27 \times 10^2$
石英	632.8	4.83×10^2
磷素	589.3	12.3×10^2

2. 磁光调制原理

根据马吕斯定律,如果不计光损耗,则通过起偏器,经检偏器输出的光强为

$$I = I_0 \cos^2 \alpha \qquad (3\text{-}10\text{-}9)$$

式中,I_0 为起偏器同检偏器的透光轴之间夹角 $\alpha = 0$ 或 $\alpha = \pi$ 时的输出光强。若在两个偏振器之间加一个由励磁线圈(调制线圈)、磁光调制晶体和低频信号源组成的低频调制器(见图 3-10-3),则调制励磁线圈所产生的正弦交变磁场 $B = B_0 \sin \omega t$,能够使磁光调制晶体产生交变的振动面转角 $\theta = \theta_0 \sin \omega t$,$\theta_0$ 称为调制角幅度。此时输出光强为

$$I = I_0 \cos^2(\alpha + \theta) = I_0 \cos^2(\alpha + \theta_0 \sin \omega t) \qquad (3\text{-}10\text{-}10)$$

由上式可知,当 α 一定时,输出光强 I 仅随 θ 变化,因为 θ 是受交变磁场 B 或信号电流 $i = i_0 \sin \omega t$ 控制的,从而使信号电流产生的光振动面旋转,转化为光的强度调制,这就是磁光调制的基本原理。

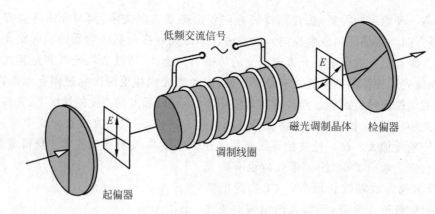

图 3-10-3　磁光调制装置

【实验内容】

（1）用特斯拉计测量电磁铁磁头中心的磁感应强度,分析线性范围。

① 将直流稳压电源的两输出端用 4 根带红黑手枪插头的连接线与电磁铁相连（见图 3-10-4）,注意：电磁铁两线圈并联。

② 调节两个磁头上端的固定螺钉,使两个磁头中心对准（中心孔完全通光）,并使磁头间隙为一定数值（10mm）。

③ 将特斯拉计探头与磁光效应综合实验仪主机对应插座相连,另外一端通过探头臂固定在电磁铁上,并使探头处于两个磁头正中心,旋转探头方向,使测量出的磁感应强度最大,此时对应的特斯拉计测量最准确。

④ 调节直流稳压电源的电流调节电位器,使电流逐渐增大（0～4A）,并记录不同电流情况下的磁感应强度。然后,列表画图分析电流-中心磁感应强度的线性变化区域,并分析磁感应强度饱和的原因。

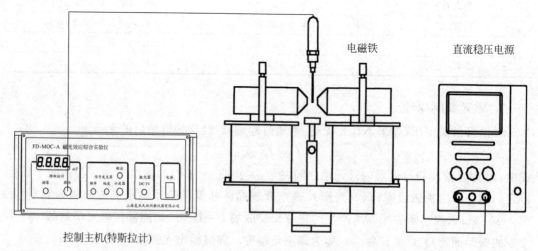

图 3-10-4　磁场测量装置连接示意

（2）法拉第效应实验：消光法检测磁光玻璃的费尔德常数。

① 将半导体激光器、起偏器、透镜、电磁铁、检偏器、光电接收器依次放置在光学导轨上（见图 3-10-5）。

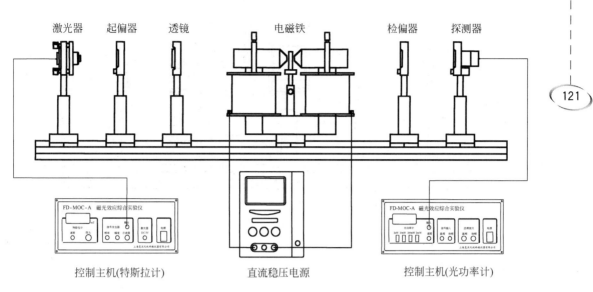

图 3-10-5 正交消光法测量法拉第效应装置连接示意

② 将半导体激光器与主机上"3V 输出"相连,将光电接收器与光功率计的"输入"端相连。

③ 将恒流电源与电磁铁相连(电磁铁两个线圈并联)。

④ 在磁头中间分别放入两种实验样品。

⑤ 调节激光器,使激光依次穿过起偏器、透镜、磁铁中心、样品、检偏器,并能够被光电接收器接收。

⑥ 调节检偏器,使其与起偏器偏振方向正交,这时检测到的光信号为最小,读取此时检偏器的角度 θ_1。

⑦ 再次转动检偏器,使光功率计读数为最小,读取此时检偏器的角度 θ_2,得到样品在该磁场下的偏转角 $\theta = \theta_2 - \theta_1$。

⑧ 关掉半导体激光器,取下样品,用高斯计测量磁隙中心的磁感应强度 B,用游标卡尺测量样品厚度,根据公式 $\theta = VBd$,可以求出该样品的费尔德常数。

(3) 磁光调制实验:用倍频法精确测定消光位置。

① 将激光器、起偏器、调制线圈、检偏器、光电接收器依次放置在光学导轨上(见图 3-10-6)。

② 将主机上调制信号发生器部分的"示波器"端与示波器的 CH1 端相连,观察调制信号,调节"幅度"旋钮可调节调制信号的大小,注意不要使调制信号变形,调节"频率"旋钮可微调调制信号的频率。

③ 将激光器与主机上"3V 输出"相连,调节激光器,使激光从调制线圈中心样品中穿过,并能够被光电接收器接收。

④ 将调制线圈与主机上调制信号发生器部分的"输出"端用音频线相连。

⑤ 将光电接收器与主机上信号输入部分的"基频"端相连,用 Q9 线连接选频放大部分的"基频"端与示波器的 CH2 端。

⑥ 用示波器观察基频信号,调节调制信号发生器部分的"频率"旋钮,使基频信号最强,

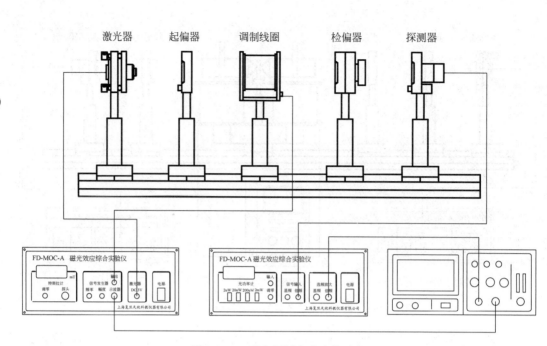

图 3-10-6　磁光调制实验连接示意

调节检偏器与起偏器的夹角,观察基频信号的变化。

⑦ 调节检偏器到消光位置附近,将光电接收器与主机上信号输入部分的"倍频"端相连,同时将示波器的 CH2 端与选频放大部分的"倍频"端相连,调节调制信号发生器部分的"频率"旋钮,使倍频信号最强,微调检偏器,观察信号变化,当检偏器与起偏器正交时,即消光位置,可以观察到稳定的倍频信号。

(4) 磁光调制倍频法研究法拉第效应,精确测量不同样品的费尔德常数。

① 将半导体激光器、起偏器、透镜、电磁铁、调制线圈、检偏器、光电接收器依次放置在光学导轨上(见图 3-10-7)。

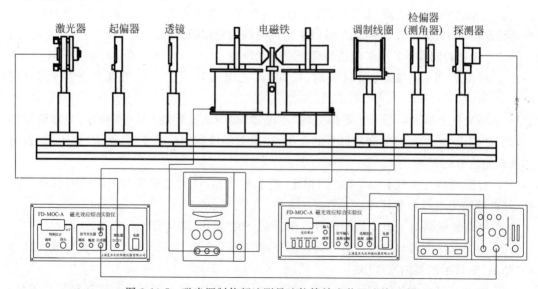

图 3-10-7　磁光调制倍频法测量法拉第效应装置连接示意

② 在电磁铁磁头中间放入实验样品,将恒流电源与电磁铁相连,将主机上调制信号发生器部分的"示波器"端与示波器的 CH1 端相连;将激光器与主机上"3V 输出"相连,调节激光器,使激光依次穿过各元件;将调制线圈与主机上调制信号发生器的"输出"端相连;将光电接收器与主机上信号输入的"基频"端相连;用 Q9 线连接选频的"基频"端与示波器的 CH2 端。

③ 用示波器观察基频信号,旋转检偏器到消光位置附近,将光电接收器与主机上信号输入部分的"倍频"端相连,同时将示波器的 CH2 端与选频放大部分的"倍频"端相连,微调检偏器的测角器到可以观察到稳定的倍频信号,读取此时检偏器的角度 θ_1。

④ 打开恒流电源,给样品加上恒定磁场,调节检偏器的测角器至再次看到稳定的倍频信号,读取此时检偏器的角度 θ_2,得到样品在该磁场下的偏转角 $\theta=\theta_2-\theta_1$。

⑤ 关掉半导体激光器,取下样品,用高斯计测量磁隙中心的磁感应强度 B,用游标卡尺测量样品厚度,根据公式 $\theta=VBd$,可以求出该样品的费尔德常数。

【注意事项】

(1) 实验时不要将直流的大光强信号直接输入选频放大器,以避免对放大器的损坏。

(2) 起偏器和检偏器都是两个装有偏振片的转盘,读数精度都为 1°,仪器还配有一个装有螺旋测微头的转盘,转盘中同样装有偏振片,其中外转盘的精度也为 1°,螺旋测微头的精度为 0.01mm,测量范围为 8mm,即将角位移转化为直线位移,实现角度的精确测量。

(3) 实验仪的电磁铁的两个磁头间距可以调节,这样不同宽度的样品均可以放置于磁场中间,并且实验中可以将手臂形特斯拉计探头固定后用来测量中心磁场的磁感应强度。

(4) 光电接收器前面有一个可调光阑,实验时可以调节合适的通光孔,这样可以减小外界杂散光的影响。

(5) 样品及调制线圈内的磁光玻璃为易损件,使用时应加倍小心。

(6) 实验时应注意直流稳压电源和电磁铁不要靠近示波器,因为电源里的变压器或者电磁铁产生的磁场会影响电子枪,引起示波器的不稳定。

(7) 用正交消光法测量样品费尔德常数时,必须注意加磁场后要求保证样品在磁场中的位置不发生变化,否则光路改变会影响测量结果。

【仪器介绍】

1. 仪器结构

FD-MOC-A 磁光效应综合实验仪主要由导轨滑块光学部件、两个控制主机、直流可调稳压电源以及手提零件箱组成。另外实验时需要一台双踪示波器(选配件,实验时根据需要另配)。

其中 1m 长的光学导轨上有 8 个滑块,分别有激光器、起偏器、检偏器、测角器(含偏振片)、调制线圈、会聚透镜、探测器、电磁铁。直流可调稳压电源通过 4 根连接线与电磁铁相连,电磁铁既可以串联,也可以并联,具体连接方式及磁场方向可以通过特斯拉计测量确定。

两个控制主机主要由 5 部分组成:特斯拉计、调制信号发生器、激光器电源、光功率计和选频放大器。

特斯拉计及信号发生器面板如图 3-10-8 所示。

光功率计和选频放大器面板如图 3-10-9 所示。

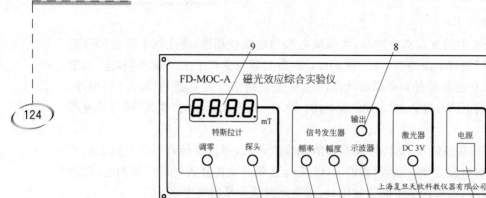

图 3-10-8　特斯拉计及信号发生器面板

1—调零旋钮；2—接特斯拉计探头；3—调节调制信号的频率；4—调节调制信号的幅度；5—接示波器，观察调制信号；6—半导体激光器电源；7—电源开关；8—调制信号输出，接调制线圈；9—特斯拉计测量数值显示

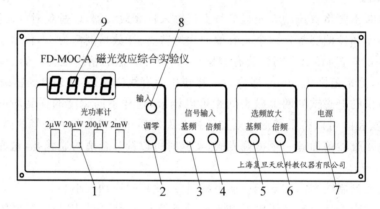

图 3-10-9　光功率计和选频放大器面板

1—琴键换挡开关；2—调零旋钮；3—基频信号输入端，接光电接收器；4—倍频信号输入端，接光电接收器；5—接示波器，观察基频信号；6—接示波器，观察倍频信号；7—电源开关；8—光功率计输入端，接光电接收器；9—光功率计表头显示

2. 部分仪器技术指标

1）半导体激光器技术指标

（1）工作电压：DC 3V。

（2）输出波长：650nm。

（3）偏振性：部分偏振光。

（4）输出功率稳定度：小于 5%。

（5）光斑直径：小于 2mm（可调焦）。

2）实验样品技术指标

（1）样品 A：法拉第旋光玻璃，长度为 8mm 左右，直径为 ϕ6mm 左右。

（2）样品 B：冕玻璃，长度为 20mm 左右，直径为 ϕ25mm 左右。

思考题

1. 什么是法拉第效应？法拉第效应有何重要应用？
2. 比较法拉第磁光效应与固有旋光效应的异同。
3. 说明磁光调制过程中调制信号与输入信号之间的函数关系。

实验 3.11　用霍尔元件测量磁场

置于磁场中的载流体,如果电流方向与磁场垂直,则在垂直于电流和磁场的方向会产生一附加的横向电场,这个现象是霍普金斯大学研究生霍尔于 1879 年发现的,后被称为霍尔效应。如今霍尔效应不但是测定半导体材料电学参数的主要手段,而且利用该效应制成的霍尔器件已广泛用于非电量的电测量、自动控制和信息处理等方面。在工业生产要求自动检测和控制的今天,作为敏感元件之一的霍尔器件将有更广泛的应用前景。熟悉并掌握这一具有实用性的实验,对日后的工作将是十分必要的。

【实验目的】

(1) 了解霍尔效应实验原理以及有关霍尔器件对材料要求的知识。

(2) 学习用对称测量法消除副效应的影响,测量试样的 V_H-I_S 和 V_H-I_M 曲线。

(3) 测量电磁铁空气隙中的磁场分布。

【实验仪器】

FB510 型霍尔效应实验仪一套(测试仪与测试架各一台)。

【实验原理】

1. 霍尔效应

运动的带电粒子在磁场中受洛仑兹力作用而产生偏转,当带电粒子(电子或空穴)被约束在固体材料中时,这种偏转就导致在垂直电流和磁场的方向上产生正负电荷的聚集,从而形成附加的横向电场,即霍尔电场 E_H。如图 3-11-1 所示的半导体试样,若在 X 方向通以电流 I_S,在 Z 方向加磁场 B,则在 Y 方向即试样的 A、A' 两极就开始聚集异号电荷而产生相应的附加电场。电场的指向取决于试样的导电类型。对于图 3-11-1(a)所示的 N 型试样,霍尔电场方向向下;对于图 3-11-1(b)所示的 P 型试样,则霍尔电场向上。即有

$$E_H(Y) < 0 \Rightarrow (\text{N 型}) \qquad E_H(Y) > 0 \Rightarrow (\text{P 型})$$

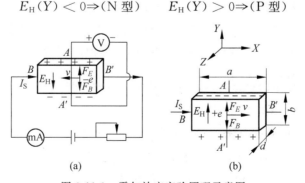

图 3-11-1　霍尔效应实验原理示意图

(a) 载流子为电子(N 型);(b) 载流子为空穴(P 型)

显然,霍尔电场 E_H 阻止载流子继续向侧面偏移,当载流子所受的横向电场力 eE_H 与洛仑兹力 evB 相等时,样品两侧电荷的积累就达到动态平衡,故有

$$eE_H = evB \tag{3-11-1}$$

式中,E_H 为霍尔电场;v 为载流子在电流方向上的平均漂移速度。

设试样的宽为 b,厚度为 d,载流子浓度为 n,则

$$I_s = nevbd \tag{3-11-2}$$

由式(3-11-1)、式(3-11-2)可得

$$V_H = E_H b = \frac{1}{ne} \cdot \frac{I_s B}{d} = R_H \frac{I_s B}{d} \tag{3-11-3}$$

即霍尔电压 V_H(A、A' 电极之间的电压)与 $I_s B$ 乘积成正比,与试样厚度 d 成反比。比例系数 $R_H = \frac{1}{ne}$ 称为霍尔系数,它是反映材料霍尔效应强弱的重要参数。只要测出 $V_H(V)$ 以及知道 $I_s(A)$、$B(T)$ 和 $d(\text{cm})$,即可按下式计算 $R_H(\text{cm}^3/\text{C})$:

$$R_H = \frac{V_H d}{I_s B} \times 10^4 \tag{3-11-4}$$

式中的 10^4 是由于公式中磁感应强度 B 的单位用的是 T。

2. 霍尔系数 R_H 与其他参数间的关系

根据 R_H 可进一步确定以下参数。

(1) 由 R_H 的符号(或霍尔电压的正负)判断样品的导电类型。判别的方法是按图 3-11-1 所示的 I_s 和 B 的方向,若测得的 $V_H = V_{A'A} < 0$,即点 A 的电位高于点 A' 的电位,则 R_H 为负,样品属 N 型;反之则为 P 型。

(2) 由 R_H 求载流子浓度 n。即 $n = \frac{1}{|R_H|e}$。应该指出,这个关系式是假定所有载流子都具有相同的漂移速度得到的,严格一点,如果考虑载流子的速度统计分布,需引入 $\frac{3\pi}{8}$ 的修正因子(可参阅黄昆、谢希德所著的《半导体物理学》)。

3. 霍尔效应与材料性能的关系

综上可知,要得到大的霍尔电压,关键是要选择霍尔系数大(即迁移率高、电阻率 ρ 也较高)的材料。因 $|R_H| = \mu\rho$,就金属导体而言,μ 和 ρ 均很低;而不良导体 ρ 虽高,但 μ 极小。因而上述两种材料的霍尔系数都很小,不能用来制造霍尔器件。半导体 μ 高,ρ 适中,是制造霍尔元件较理想的材料。由于电子的迁移率比空穴迁移率大,所以霍尔元件多采用 N 型材料;其次霍尔电压的大小与材料的厚度成反比,因此薄膜型的霍尔元件的输出电压较片状要高得多。就霍尔器件而言,其厚度是一定的,所以实际上采用 $K_H = \frac{1}{ned}$ 来表示器件的灵敏度,K_H 称为霍尔灵敏度,单位为 $\text{mV}/(\text{mA} \cdot \text{T})$。

4. 霍尔电压 V_H 的测量方法

在产生霍尔效应的同时,由于伴随着各种副效应,以致实验测得的 A、A' 两极间的电压并不等于真实的霍尔电压 V_H 值,而是包含着各种副效应所引起的附加电压,因此必须设法消除。根据副效应产生的机理可知,采用电流和磁场换向的对称测量法,基本上能把副效应

的影响从测量结果中消除。即在规定了电流和磁场正、反方向后,分别测量由下列 4 组不同方向的 I_S 和 B 组合的 $V_{A'A}$(A、A'两点的电压),即

$$
\begin{aligned}
&+B,+I_S \qquad V_{A'A}=V_1 \\
&-B,+I_S \qquad V_{A'A}=V_2 \\
&-B,-I_S \qquad V_{A'A}=V_3 \\
&+B,-I_S \qquad V_{A'A}=V_4
\end{aligned}
$$

然后求 V_1、V_2、V_3 和 V_4 的绝对值的平均值:

$$
V_H = \frac{|V_1|+|V_2|+|V_3|+|V_4|}{4} \tag{3-11-5}
$$

通过上述的测量方法虽然还不能完全消除所有的副效应,但其引入的误差不大,可以忽略不计。

【实验内容】

1. 掌握仪器性能,连接测试仪与实验仪

(1) 开机或关机前,应该将测试仪的"I_S 调节"和"I_M 调节"旋钮逆时针旋到底。

(2) 按图 3-11-2 连接测试仪与实验仪之间各组对应连接线。本实验仪器采用按钮开关控制的继电器的连线已由制造厂家连接好,实验时不必自己连接。

(3) 接通电源,预热数分钟,这时候电流表显示".000",电压表显示为"0.00"。按钮开关释放时,继电器常闭触点接通,相当于双刀双掷开关向上合,发光二极管指示出导通线路。

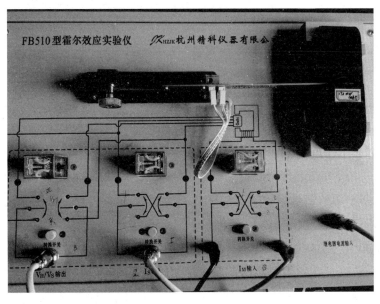

图 3-11-2 FB510 型霍尔效应实验仪面板图

(4) 先调节 I_S,从 0 逐步增大到 5mA,电流表所示的值即随"I_S 调节"旋钮顺时针转动而增大。此时电压表所示读数为"不等势"电压值,它随 I_S 增大而增大,I_S 换向,V_{H0} 极性改号(此乃"不等势"电压值,可通过对称测量法予以消除)。FB510 型霍尔效应实验仪 V_H 测试毫伏表设计有调零旋钮,通过它可把 V_{H0} 值消除。

2. 测量电磁铁间隙内磁场 B

（1）测量电磁铁间隙内任意一点的磁感应强度 B（实验接线见图 3-11-3）。闭合电源开关。调节 I_S、I_M，使 $I_S=1.00\text{mA}$，$I_M=600\text{mA}$，并保持不变，按顺序 $+I$、$+B$，$+I$、$-B$，$-I$、$-B$，$-I$、$+B$，将按钮换向，励磁电流方向、霍尔原件工作电流方向、霍尔电压与半导体电阻压降分别用 3 个续电器进行切换，记录 V_H 值。

（2）改变霍尔元件的位置，注意始终保持霍尔元件在电磁铁间隙内，重复步骤（1）。

（3）将测量数据记入表 3-11-1 中，并计算电磁铁间隙内磁场 B 的平均值，同时计算 $\Delta_B=\sqrt{\dfrac{\sum(B_i-\bar{B})^2}{6-1}}$，并将结果表示为 $B=\bar{B}\pm\Delta_B$。

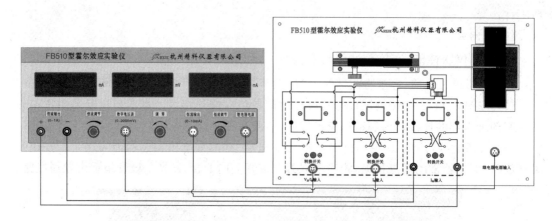

图 3-11-3　霍尔效应实验线路图

3. 测绘 V_H-I_M 曲线

（1）测量励磁电流 I_M 与 V_H 的关系。把各相应连接线接好，把霍尔传感器位置调节到电磁铁空气隙中心，闭合电源开关。$I_M=0\sim1000\text{mA}$，$K_H=195\text{mV}/(\text{mA}\cdot\text{T})$（参考值）。

（2）调节霍尔工作电流 $I_S=2.00\text{mA}$ 固定不变，然后调励磁电流分别为 $I_M=0,100,200,300,400,\cdots,1000\text{mA}$。将测量对应数据 V_H 记入表 3-11-2 中，并绘制 V_H-I_M 关系曲线（注意：测量每一组数据时，都要将 I_M 和 I_S 改变极性，从而每组都有 4 个 V_H 值）。

4. 测绘 V_H-I_S 曲线

顺时针转动"I_M 调节"旋钮，使 $I_M=500\text{mA}$ 固定不变，再调节 I_S，从 0.5mA 到 4mA，每次改变 0.5mA，将对应的实验数据 V_H 值记录到表 3-11-3 中，并绘制 V_H-I_S 关系曲线（注意：极性改变同上）。

【注意事项】

（1）霍尔元件通过的工作电流不得超过实验室规定的值，即 3.50mA，否则会因电流过大而使霍尔片损坏。

（2）霍尔片性脆易碎、电极基细易断，请勿用手触摸，否则容易损坏！

（3）加电前必须保证测试仪的"I_S 调节"和"I_M 调节"旋钮均置零位（即逆时针旋到底），严防霍尔片工作电流 I_S 未调到零就开机。

【数据处理】

（1）电磁铁间隙内匀强磁场 B 的测量数据及处理（见表 3-11-1）

表 3-11-1　电磁铁间隙内匀强磁场 B 的实验数据

$I_M =$ _____ mA，$I_S =$ _____ mA，$K_H =$ _____ mV/(mA·T)

探头位置	1	2	3	4	5	6
V_H/mV$(+B,+I_S)$						
V_H/mV$(-B,+I_S)$						
V_H/mV$(-B,-I_S)$						
V_H/mV$(+B,-I_S)$						
$\overline{V_H}$/mV						
$B=\dfrac{\overline{V_H}}{K_H I_S}$/T						

（2）V_H-I_M 曲线测量数据及处理（见表 3-11-2）。

表 3-11-2　测绘 V_H-I_M 曲线实验数据　　　　　$I_S =$ _____ mA

I_M/mA	V_1/mV $+B,+I_S$	V_2/mV $-B,+I_S$	V_3/mV $-B,-I_S$	V_4/mV $+B,-I_S$	$V_H=\dfrac{\|V_1\|+\|V_2\|+\|V_3\|+\|V_4\|}{4}$/mV
100					
200					
300					
400					
500					
600					
700					
800					

（3）V_H-I_S 曲线测量数据及处理（见表 3-11-3）。

表 3-11-3　测绘 V_H-I_S 曲线实验数据　　　　　$I_M =$ _____ mA

I_S/mA	V_1/mV $+B,+I_S$	V_2/mV $-B,+I_S$	V_3/mV $-B,-I_S$	V_4/mV $+B,-I_S$	$V_H=\dfrac{\|V_1\|+\|V_2\|+\|V_3\|+\|V_4\|}{4}$/mV
0.50					
0.75					
1.00					
1.25					
1.50					
1.75					
2.00					
2.25					
2.50					
2.75					
3.00					

思考题

1. 霍尔电压是怎样形成的？它的极性与磁场和电流方向（或载子浓度）有什么关系？
2. 当磁感应强度 B 与霍尔元件平面不完全正交时，测量值比实际值大还是小？为什么？
3. 测量过程中哪些量要保持不变？为什么？
4. 换向开关的作用原理是什么？测量霍尔电压时为什么要接换向开关？
5. I_S 可否用交流电源（不考虑表头情悦）？为什么？

实验 3.12 空气热机实验

热机是将热能转换为机械能的机器。历史上对热机循环过程及热机效率的研究，曾为热力学第二定律的确立起了奠基性的作用。斯特林 1816 年发明的空气热机以空气作为工作介质，是最古老的热机之一。虽然现在已发展了内燃机、燃气轮机等新型热机，但空气热机结构简单，便于帮助理解热机原理与卡诺循环等热力学知识。

【实验目的】

（1）理解热机原理及循环过程。
（2）测量不同冷热端温度时的热功转换值，验证卡诺定理。
（3）测量热机输出功率随负载及转速的变化关系，计算热机实际效率。

【实验仪器】

空气热机实验仪、空气热机测试仪、电加热器及电源、计算机（或双踪示波器）。

【实验原理】

空气热机的结构及工作原理可用图 3-12-1 说明。热机主机由高温区、低温区、工作活塞及汽缸、位移活塞及汽缸、飞轮、连杆、热源等部分组成。

热机中部为飞轮与连杆机构，工作活塞与位移活塞通过连杆与飞轮连接。飞轮的下方为工作活塞与工作汽缸，飞轮的右方为位移活塞与位移汽缸，工作汽缸与位移汽缸之间用通气管连接。位移汽缸的右边是高温区，可用电热方式或酒精灯加热。位移汽缸左边有散热片，构成低温区。

工作活塞使汽缸内气体封闭，并在气体的推动下对外做功。位移活塞是非封闭的占位活塞，其作用是在循环过程中使气体在高温区与低温区间不断交换，气体可通过位移活塞与位移汽缸间的间隙流动。工作活塞与位移活塞的运动是不同步的，当某一活塞处于位置极值时，它本身的速度最小，而另一个活塞的速度最大。

当工作活塞处于最底端时，位移活塞迅速左移，使汽缸内气体向高温区流动，如图 3-12-1(a)所示；进入高温区的气体温度升高，使汽缸内压强增大并推动工作活塞向上运动，如图 3-12-1(b)所示，在此过程中热能转换为飞轮转动的机械能；工作活塞在最顶端时，位移活塞迅速右移，使汽缸内气体向低温区流动，如图 3-12-1(c)所示；进入低温区的气体温度降低，使汽缸内压强减小，同时工作活塞在飞轮惯性力的作用下向下运动，完成循环，如图 3-12-1(d)所示。在一次循环过程中气体对外所做净功等于 P-V 图所围的面积。

根据卡诺对热机效率的研究而得出的卡诺定理，对于循环过程可逆的理想热机，热功转换效率为

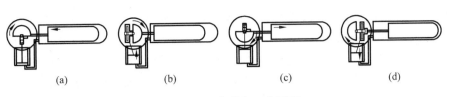

图 3-12-1 空气热机工作原理

$$\eta = A/Q_1 = (Q_1 - Q_2)/Q_1 = (T_1 - T_2)/T_1 = \Delta T/ T_1$$

式中，A 为每一循环中热机做的功；Q_1 为热机每一循环从热源吸收的热量；Q_2 为热机每一循环向冷源放出的热量；T_1 为热源的热力学温度；T_2 为冷源的热力学温度。

实际的热机都不可能是理想热机，由热力学第二定律可以证明，循环过程不可逆的实际热机，其效率不可能高于理想热机，此时热机效率为

$$\eta \leqslant \Delta T/T_1$$

卡诺定理指出了提高热机效率的途径：就过程而言，应当使实际的不可逆机尽量接近可逆机；就温度而言，应尽量地提高冷热源的温度差。

热机每一循环从热源吸收的热量 Q_1 正比于 $\Delta T/n$，n 为热机转速，所以 $\eta = A/Q_1$ 正比于 $nA/\Delta T$。n、A、T_1 及 ΔT 均可测量，测量不同冷热端温度时的 $nA/\Delta T$，观察它与 $\Delta T/T_1$ 的关系，可验证卡诺定理。

当热机带负载时，热机向负载输出的功率可由力矩计测量计算而得，且热机实际输出功率的大小随负载的变化而变化。在这种情况下，可测量计算出不同负载大小时的热机实际效率。

【仪器介绍】

仪器主要包括空气热机实验仪（实验装置部分）和空气热机测试仪两部分。

1. 空气热机实验仪

1）电加热型热机实验仪（见图 3-12-2）

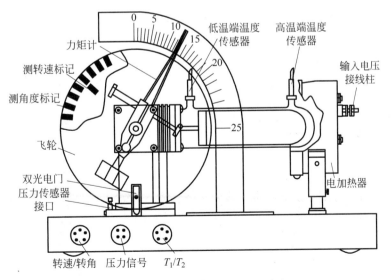

图 3-12-2 电加热型空气热机实验仪

飞轮下部装有双光电门,上边的一个用以定位工作活塞的最低位置,下边一个用以测量飞轮转动角度。热机测试仪以光电门信号为采样触发信号。

汽缸的体积随工作活塞的位移而变化,而工作活塞的位移与飞轮的位置有对应关系,在飞轮边缘均匀排列 45 个挡光片,采用光电门信号上下沿均触发方式,飞轮每转 4° 给出一个触发信号,由光电门信号可确定飞轮位置,进而计算汽缸体积。

压力传感器通过管道在工作汽缸底部与汽缸连通,测量汽缸内的压力。在高温区和低温区都装有温度传感器,测量高低温区的温度。底座上的 3 个插座分别输出转速/转角信号、压力信号和高低端温度信号,使用专门的线和实验测试仪相连,传送实时的测量信号。电加热器上的输入电压接线柱分别使用黄、黑两种线连接到电加热器电源的电压输出正负极上。

热机实验仪采集光电门信号、压力信号和温度信号,经微处理器处理后,在仪器显示窗口显示热机转速和高低温区的温度。在仪器前面板上提供压力和体积的模拟信号,供连接示波器显示 P-V 图。所有信号均可经仪器前面板上的串行接口连接到计算机。

加热器电源为加热电阻提供能量,输出电压为 24～36V 连续可调,可以根据实验的实际需要调节加热电压。

力矩计悬挂在飞轮轴上,调节螺钉可调节力矩计与轮轴之间的摩擦力,由力矩计可读出摩擦力矩 M,并进而算出摩擦力和热机克服摩擦力所做的功。经简单推导可得热机输出功率 $P=2\pi nM$,式中 n 为热机每秒的转速,即输出功率为单位时间内的角位移与力矩的乘积。

2) 电加热器电源

(1) 加热器电源前面板简介(见图 3-12-3)

1—电流输出指示灯:当显示表显示电流输出时,该指示灯亮。

2—电压输出指示灯:当显示表显示电压输出时,该指示灯亮。

3—电流电压输出显示表:可以按切换方式显示加热器的电流或电压。

4—电压输出旋钮:可以根据加热需要调节电源的输出电压,调节范围为 24～36V,共分为 11 挡。

5—电压输出"—"接线柱:加热器的加热电压的负端接口。

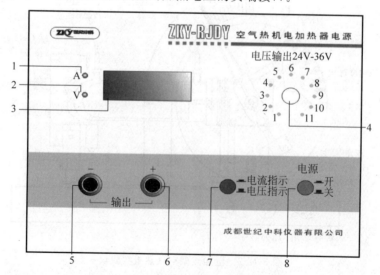

图 3-12-3 加热器电源前面板示意图

6—电压输出"＋"接线柱：加热器的加热电压的正端接口。

7—电流电压切换按键：按下显示表显示电流,弹出显示表显示电压。

8—电源开关按键：打开和关闭仪器。

（2）加热器电源后面板简介（见图3-12-4）

9—电源输入插座：输入 AC 220V 电源,配 3.15A 保险丝。

10—转速限制接口：当热机转速超过 15n/s（转/秒）后,主机会输出信号将电加热器电源输出电压断开,停止加热。

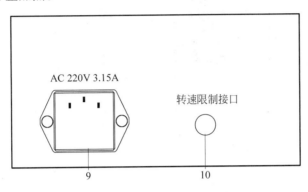

AC 220V 3.15A　　　转速限制接口

图 3-12-4　加热器后面板示意

2. 空气热机测试仪

空气热机测试仪分为微机型和智能型两种型号。微机型测试仪可以通过串口和计算机通信,并配有热机软件,可以通过该软件在计算机上显示并读取 $P\text{-}V$ 图面积等参数和观测热机波形；智能型测试仪不能和计算机通信,只能用示波器观测热机波形。

（1）测试仪前面板简介（见图3-12-5）

1—T_1 指示灯：该灯亮表示当前的显示数值为热源端热力学温度。

2—ΔT 指示灯：该灯亮表示当前显示数值为热源端和冷源端热力学温度差。

3—转速显示：显示热机的实时转速,单位为 n/s。

4—$T_1/\Delta T$ 显示：可以根据需要显示热源端热力学温度或冷热两端热力学温度差,单位为 K。

5—T_2 显示：显示冷源端的热力学温度值,单位为 K。

6—$T_1/\Delta T$ 显示切换按键：按键通常为弹出状态,表示 4 中显示的数值为热源端热力学温度 T_1,同时 T_1 指示灯亮。当按键按下后显示为冷热端热力学温度差 ΔT,同时 ΔT 指示灯亮。

7—通信接口：使用 1394 线将主机测试仪的通信接口与热机通信器相连,再用 USB 线将通信器和计算机 USB 接口相连。如此可以通过热机软件观测热机运转参数和热机波形（仅适用于微机型）。

8—示波器压力接口：通过 Q9 线和示波器 Y 通道连接,可以观测压力信号波形。

9—示波器体积接口：通过 Q9 线和示波器 X 通道连接,可以观测体积信号波形。

10—压力信号输入口（四芯）：用四芯连接线和热机相应的接口相连,输入压力信号。

11—T_1/T_2 输入口（六芯）：用六芯连接线和热机相应的接口相连,输入 T_1/T_2 温度信号。

12—转速/转角信号输入口(五芯):用五芯连接线和热机相应的接口相连,输入转速/转角信号。

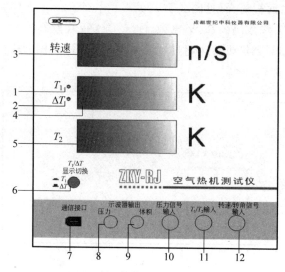

图 3-12-5　主机前面板示意

(2) 测试仪后面板简介(见图 3-12-6)

13—转速限制接口:加热源为电加热器时使用的限制热机最高转速的接口,当热机转速超过 15n/s(会伴随发出间断蜂鸣声)后,热机测试仪会自动将电加热器电源输出断开,停止加热。

14—电源输入插座:输入 AC 220V 电源,配 1.25A 保险丝。

15—电源开关:打开和关闭仪器。

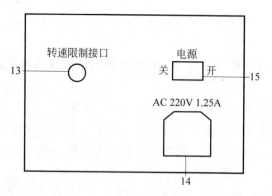

图 3-12-6　主机后面板示意图

3. 各部分仪器的连接方法

将各部分仪器安装摆放好后,根据实验仪上的标识使用配套的连接线将各部分仪器装置连接起来,具体连接方法如下。

用适当的连接线将测试仪的"压力信号输入""T_1/T_2 输入"和"转速/转角信号输入"3 个接口与热机底座上对应的 3 个接口连接起来。

用一根 Q9 线将主机测试仪的压力信号和双踪示波器的 Y 通道连接,再用另一根 Q9 线将主机测试仪的体积信号和双踪示波器的 X 通道连接(智能型热机测试仪)。

用 1394 线将主机测试仪的通信接口和热机通信器相连,再用 USB 线和计算机 USB 接口连接;热机测试仪配有计算机软件,将热机与计算机相连,可在计算机上显示压力与体积的实时波形,显示 P-V 图,并显示温度、转速、P-V 图面积等参数(微机型热机测试仪)。

用两芯的连接线将主机测试仪后面板上的"转速限制接口"和电加热器电源后面板上的"转速限制接口"连接起来。

用鱼叉线将电加热器电源的输出接线柱和电加热器的"输入电压接线柱"连接起来,黑色线对黑色接线柱,黄色线对红色接线柱;而在电加热器上的两个接线柱不需要区分颜色,可以任意连接。

【实验内容】

1. 测量数值,验证卡诺循环定理

(1) 打开各部分设备的电源,将加热器电源先置于"1"挡,此时电源显示 24V。

(2) 观察测试仪的面板 ΔT 值达到 90～100 左右,用手顺时针拨动飞轮,结合图 3-12-1 仔细观察热机循环过程中工作活塞与位移活塞的运动情况,切实理解空气热机的工作原理。

(3) 根据测试仪面板上的标识和仪器介绍中的说明,将各部分仪器连接起来,开始实验。取下力矩计,将加热电压加到第 11 挡(36V 左右)。等待 6～10min,加热电阻丝已发红后,用手顺时针拨动飞轮,热机即可运转(若运转不起来,可看看热机测试仪显示的温度,冷热端温度差在 100K 以上时易于启动)。

(4) 减小加热电压至第 1 挡(24V 左右),调节示波器,观察压力和容积信号,以及压力和容积信号之间的相位关系等,并把 P-V 图调节到最适合观察的位置。等待约 10min,温度和转速平衡后,记录当前加热电压,并从热机测试仪(或计算机)上读取温度和转速,从双踪示波器显示的 P-V 图估算(或计算机上读取)P-V 图面积,记入表 3-12-1 中。

(5) 逐步加大加热功率,等待约 10min,温度和转速平衡后,重复上述测量 4 次以上,将数据记入表 3-12-1。

(6) 以 $\Delta T/T_1$ 为横坐标、以 $nA/\Delta T$ 为纵坐标,在坐标纸上作 $nA/\Delta T$ 与 $\Delta T/T_1$ 的关系图,验证卡诺定理。

表 3-12-1 测量不同冷热端温度时的热功转换值

加热电压 V/V	热端温度 T_1/K	温度差 ΔT/K	$\Delta T/T_1$	A(P-V 图面积)/J	热机转速 n/(n/s)	$nA/\Delta T$

2. (选做)测量热机输出功率随负载及转速的变化关系

(1) 在最大加热功率下,用手轻触飞轮让热机停止运转,然后将力矩计装在飞轮轴上,拨动飞轮,让热机继续运转。调节力矩计的摩擦力(不要停机),待输出力矩、转速、温度稳定后,读取并记录各项参数于表 3-12-2 中。

（2）保持输入功率不变，逐步增大输出力矩，重复上述测量 5 次以上。

（3）以 n 为横坐标、P_o 为纵坐标，在坐标纸上作 P_o 与 n 的关系图，表示同一输入功率下，输出耦合不同时输出功率或效率随耦合的变化关系。

表 3-12-2　测量热机输出功率随负载及转速的变化关系

输入功率 $P_i = VI = $ ＿＿＿＿＿＿

热端温度 T_1/K	温度差 $\Delta T/\mathrm{K}$	输出力矩 $M/(\mathrm{N \cdot m})$	热机转速 $n/(\mathrm{n/s})$	输出功率 $P_o(=2\pi nM)/\mathrm{W}$	输出效率 $\eta_{o/i}(=P_o/P_i)/\%$

表 3-12-1、表 3-12-2 中的热端温度 T_1、温差 ΔT、转速 n、加热电压 V、加热电流 I、输出力矩 M 可以直接从仪器上读出来；P-V 图面积 A 可以根据示波器上的图形估算得到，也可以从计算机软件直接读出（仅适用于微机型热机测试仪），其单位为 J；其他的数值可以根据前面的读数计算得到。

示波器 P-V 图面积的估算方法如下。根据仪器介绍和说明，用 Q9 线将仪器上的示波器输出信号和双踪示波器的 X、Y 通道相连。将 X 通道的调幅旋钮旋到"0.1V"挡，将 Y 通道的调幅旋钮旋到"0.2V"挡，然后将两个通道都打到交流挡位，并在"X-Y"挡观测 P-V 图，再调节左右和上下移动旋钮，可以观测到比较理想的 P-V 图。再根据示波器上的刻度，在坐标纸上描绘出 P-V 图，如图 3-12-7 所示。以图中椭圆所围部分每个小格为单位，采用割补法、近似法（如近似三角形、近似梯形、近似平行四边形等）等方法估算出每小格

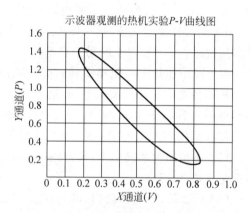

示波器观测的热机实验 P-V 曲线图

图 3-12-7　示波器观测的热机实验 P-V 曲线

的面积，再将所有小格的面积加起来，得到 P-V 图的近似面积，单位为 $\mathrm{V^2}$。根据容积 V、压强 P 与输出电压的关系，可以换算为 J。

容积（X 通道）：$1\mathrm{V} = 1.333 \times 10^{-5}\,\mathrm{m^3}$

压力（Y 通道）：$1\mathrm{V} = 2.164 \times 10^4\,\mathrm{Pa}$

则：$1\mathrm{V^2} = 0.288\mathrm{J}$

【注意事项】

（1）加热端在工作时温度很高，而且在停止加热后 1h 内仍然会有很高温度，请小心操作，否则会被烫伤。

（2）热机在没有运转状态下，严禁长时间大功率加热，若热机运转过程中因各种原因停止转动，必须用手拨动飞轮帮助其重新运转或立即关闭电源，否则会损坏仪器。

（3）热机汽缸等部位为玻璃制造，容易损坏，请谨慎操作。

（4）记录测量数据前须保证已基本达到热平衡，避免出现较大误差。等待热机稳定读数的时间一般在 10min 左右。

（5）在读力矩的时候，力矩计可能会摇摆，这时可以用手轻托力矩计底部，缓慢放手后可以稳定力矩计。如还有轻微摇摆，读取中间值。

（6）飞轮在运转时，应谨慎操作，避免被飞轮边沿割伤。

思考题

1. 为什么 P-V 图的面积等于热机在一次循环过程中将热能转换为机械能的数值？

2. 空气热机和内燃机、燃气轮机在工作原理上有何不同？

实验 3.13 硅光电池特性的研究

随着世界经济的高速发展，能源的需求日益增加，一次性能源面临着枯竭的危险。因此，开发利用新的能源就成了当务之急。对硅光（太阳能）电池特性的研究和开发硅光电池的用途是 21 世纪新兴能源开发的重大课题之一，且已取得重要进展。目前，硅光电池除应用于人造卫星和宇宙飞船领域外，还应用于许多民用领域，如太阳能汽车、太阳能快艇、太阳能计算机、太阳能乡村电站、太阳能收音机等。太阳能是一种清洁的"绿色"能源，因此世界各国十分重视对其的研究和利用。

【实验目的】

研究、探讨硅光电池的基本特性。硅光电池能够吸收光的能量，并将所吸收的光量子转换为电能。本实验将测量硅光电池的下述特性。

1. 伏安特性

在没有光照时，硅光电池作为一个两极器件，测量在正向偏压时该两极器件的伏安特性曲线，并求出在正向偏压时电压与电流关系的经验公式。

2. 输出特性

测量硅光电池在光照时的输出特性，并求得它的短路电流 I_{sc}、开路电压 U_{oc}、最大输出功率 P_m 及填充因子 FF（FF$=P_m/(I_{sc}U_{oc})$）。

3. 光照效应

（1）测量短路电流 I_{sc} 和相对光强 J/J_0 之间的关系，画出 I_{sc} 与相对光强 J/J_0 之间的关系图。

（2）测量开路电压 U_{oc} 和相对光强 J/J_0 之间的关系，画出 U_{oc} 与相对光强 J/J_0 之间的关系图。

【实验仪器】

MD-GD-1 型硅光（太阳能）电池特性测试仪、待测硅光电池、光功率计。

【实验原理】

实验装置简图如图 3-13-1 所示。

硅光电池在没有光照时可视为一个半导体 PN 结二极管，其正向偏压 U 与通过电流 I 的关系式为

$$I = I_0 (e^{\beta U} - 1) \tag{3-13-1}$$

式中，I_0 和 β 为常数。

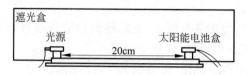

图 3-13-1　实验装置图

由半导体理论可知，二极管主要是由能隙为 $E_c - E_v$ 的半导体构成，如图 3-13-2 所示，E_c 为导带，E_v 为价带。当入射光子能量大于能隙 $E_c - E_v$ 时，光子会被半导体吸收产生电子和空穴对。电子和空穴对分别受到二极管内电场的影响而产生光电流。

假设硅光电池的理论模型是由一个理想的电流源（光照产生光电流的电流源）、一个理想的二极管、一个并联电阻 R_{sh} 与一个串联电阻 R_s 所组成，如图 3-13-3 所示。

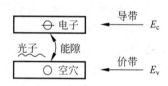

图 3-13-2　二极管的构成

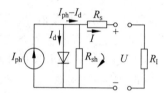

图 3-13-3　硅光电池的理论模型

图 3-13-3 中，I_{ph} 为硅光电池在光照时该等效电源输出的电流，I_d 为光照时通过硅光电池内部二极管的电流。由基尔霍夫定律，得

$$IR_s + U - (I_{ph} - I_d - I)R_{sh} = 0 \tag{3-13-2}$$

式中，I 为硅光电池的输出电流；U 为输出电压。由式(3-13-2)可得

$$I\left(1 + \frac{R_s}{R_{sh}}\right) = I_{ph} - \frac{U}{R_{sh}} - I_d \tag{3-13-3}$$

假定 $R_{sh} = \infty$ 和 $R_s = 0$，硅光电池可简化为图 3-13-4 所示的电路。

这里有

$$I = I_{ph} - I_d = I_{ph} - I_0(e^{\beta U} - 1)$$

在短路时，有

$$U = 0, \quad I_{ph} = I_{sc}$$

而在开路时，有

$$I = 0, \quad I_{sc} - I_0(e^{\beta U_{oc}} - 1) = 0$$

因此，有

$$U_{oc} = \frac{1}{\beta} \ln \frac{I_{sc} + I_0}{I_0} \tag{3-13-4}$$

图 3-13-4　硅光电池
简化电路

式中，U_{oc} 为开路电压；I_{sc} 为短路电流；I_0、β 为常数。式(3-13-4)即在 $R_{sh} = \infty$ 和 $R_s = 0$ 的情况下，硅光电池的开路电压 U_{oc} 和短路电流 I_{sc} 的关系式。

【实验提示】

(1) 在没有光照（全黑）的条件下，测量硅光电池正向偏压时的伏安特性（直流偏压为

$0\sim3.0\text{V}$)。

① 画出测量电路图。

② 利用测得的正向偏压时的 $I\text{-}U$ 关系数据(见表 3-13-1),画出 $I\text{-}U$ 曲线,并求得常数 β 和 I_0 的值。

表 3-13-1　正向偏压时的 $I\text{-}U$ 数据

U_R/mV													
U/V													
I/mA													

注:U_R 为电阻箱两端电压。

(2) 在不加偏压时,用白色光源照射,测量硅光电池的一些输出特性。注意:此时光源到硅光电池的距离保持在 20cm。

① 画出测量电路。

② 测量硅光电池在不同负载电阻下 I 随 U 的变化关系,将数据填入表 3-13-2 中,并画出 $I\text{-}U$ 曲线图。

③ 求短路电流 I_{sc} 和开路电压 U_{oc}。

④ 求硅光电池的最大输出功率及最大输出功率时的负载电阻大小。

⑤ 计算填充因子 $\text{FF}=P_{\text{m}}/(I_{\text{sc}}U_{\text{oc}})$。

表 3-13-2　硅光电池在不同负载时 U、I、P 及 FF 数据

R/Ω													
U/V													
I/A													
P/W													
FF													

(3) 测量硅光电池的光照效应与光电性质。在暗盒内,取距离白光源 20cm 水平距离的光照强度作为标准光照强度,用光功率计测量该处的光照强度 J_0。改变硅光电池到光源的距离 x,用光功率计测量 x 处的光照强度 J,把数据填入表 3-13-3 中并求光强 J 与位置 x 的关系。测量硅光电池接收到相对光强 J/J_0 的不同值时,相应的 I_{sc} 和 U_{oc} 的值。

① 描绘出 I_{sc} 和相对光强 J/J_0 之间的关系曲线,求 I_{sc} 与相对光强 J/J_0 之间的近似函数关系。

② 描绘出 U_{oc} 和相对光强 J/J_0 之间的关系曲线,求 U_{oc} 与相对光强 J/J_0 之间的近似函数关系。

表 3-13-3　硅光电池在不同光强时的 J/J_0、I_{sc} 及 U_{oc} 数据

距离/cm											
光强 J/mW											
J/J_0											
I_{sc}/mA											
U_{oc}/V											

实验 3.14 密立根油滴法测定电子电荷

在各种带电微粒中电子所带电荷量是最小的,称为基本电荷,又叫元电荷,是物理学的基本常数之一,常用符号 e 表示,它是一个电子(或质子)所带的电荷量。美国物理学家密立根首先设计并完成的密立根油滴实验,证明了任何带电体(夸克除外)所带的电荷都是基本电荷的整数倍,明确了电荷的量子性,并精确地测定了这一基本电荷的数值,为从实验上测定其他一些物理量提供了可能性。

【实验目的】

(1) 通过对带电油滴在重力场中运动的测量,证明电荷的不连续性,并测定基本电荷的大小。

(2) 通过实验中对仪器的调整,油滴的选择、跟踪、测量以及数据的处理等,培养学生科学实验的方法和态度。

【实验仪器】

MOD-5 型密立根油滴仪(见图 3-14-1)、秒表、喷雾器等。

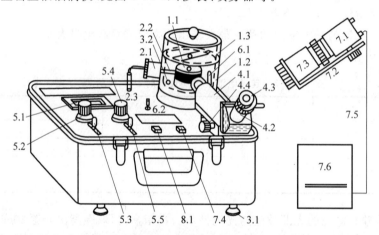

图 3-14-1 MOD-5 型密立根油滴仪外形图

1.1—油滴盒;1.2—有机玻璃防风罩;1.3—有机玻璃油雾室;2.1—油滴照明灯;2.2—导光棒;2.3—照明灯电源插座;3.1—调平螺钉;3.2—水准泡(在防风罩内);4.1—测量显微镜;4.2—目镜头;4.3—接目镜;4.4—调焦手轮;5.1—数字电压表;5.2—工作电压调节旋钮;5.3—工作电压反向开关;5.4—升降电压调节旋钮;5.5—升降电压反向开关;6.1—低压汞灯;6.2—汞灯按钮;7.1—CCD;7.2—CCD 托板;7.3—CCD 接筒;7.4—CCD 电源插座;7.5—视频电缆(75 Ω);7.6—监视器;8.1—计时器插座

【仪器介绍】

CCD 是英文 charge coupled device 的缩写,意为电荷耦合器件。它是一种以电荷量反映光量大小,用耦合方式传输电荷量的新型器件。这种半导体光电器件用做摄像器件具有体积小、质量小、工作电压低、功耗小、可自动扫描、可实时转移、光谱范围宽和寿命长等一系列优点,因此自 1970 年问世以来,CCD 发展迅速,应用广泛。

CCD 的结构与 MOS(金属-氧化物-半导体)器件基本类似。半导体硅片作为衬底,在硅表面上氧化一层二氧化硅(SiO_2)薄膜,再上面是一层金属膜,作为电极。用于图像显示的

CCD 的工作过程大致如下：用光学成像系统(如相机镜头)将景物成像在 CCD 的像敏面上，像敏面再将照在每一像敏单元上的照度信号转变为少数载流子密度信号，在驱动脉冲的作用下顺序地移动器件，成为视频信号输入监视器，在荧光屏上把原来景物的图像显示出来。可见，这种 CCD 的作用是将二维平面的光学图像信号转变为有规律的连续一维输出视频信号。

CCD 电子显示系统的使用方法如下。

(1) 光学镜头将景物成像在 CCD 的像敏面上，光学镜头可以旋转，以改变镜头与像敏面的距离，使成像清晰。

(2) CCD 专用电源线将 CCD 上的电源插孔与油滴仪上的 CCD 电源插座相连接。CCD 工作电源为直流 12 V，中心电极为正极。

(3) 用 75 Ω 视频电缆将 CCD 上的 VIDEO OUT 插座与监视器的 VIDEO IN 插座相连接，此时监视器的阻抗开关置于 75Ω 挡。

(4) 把油滴仪的测量显微镜调节好，以便用眼睛能清晰地看到分划板刻度和油滴。将 CCD 镜头靠近测量显微镜的目镜，适当旋转和移动 CCD 镜头，就能在监视器上观察到分划板刻度和油滴。

【实验原理】

测定油滴所带的电量，从而确定电子的电量。可以用平衡测定法，也可以用动态测定法，本实验采用平衡测定法。

用喷雾器将油滴喷入两块相距为 d 的水平旋转的平行极板之间。在喷射时，由于喷射分散，油滴一般都是带电的。如果油滴的质量为 m，所带的电量为 q，两极板间的电压为 U。油滴在平行极板间将同时受到两个力的作用：一个是重力 mg，一个是静电力 qE。调节两极板间的电压 U，可使这两个力达到平衡，此时

$$mg = qE = \frac{qU}{d} \tag{3-14-1}$$

由式(3-14-1)可见，为了测出油滴所带电量 q，除了测定电压 U 和极间距 d 外，还需要测量油滴的质量 m，由于 m 很小，需用如下特殊的方法测定：平行极板不加电压时，油滴因受重力作用而加速下降。由于空气阻力的作用，下降一段距离达到某一速度 v 后，阻力 f_r 与重力 mg 平衡(空气浮力忽略不计)，油滴将匀速下降。根据斯托克斯定律，油滴匀速下降时，有

$$f_r = 6\pi a\eta v = mg \tag{3-14-2}$$

式中，η 是空气的黏滞系数；a 是油滴的半径(由于表面张力的原因，油滴总是呈小球状)。假设油的密度为 ρ，油滴的质量 m 可以用下式表示：

$$m = \frac{4}{3}\pi a^3 \rho \tag{3-14-3}$$

由式(3-14-2)和式(3-14-3)，得到油滴的半径 a 为

$$a = \sqrt{\frac{9\eta v}{2\rho g}} \tag{3-14-4}$$

对于半径小到 10^{-6}m 的小球，空气的黏滞系数 η 应作如下修正：

$$\eta = \frac{\eta}{1 + \frac{b}{p_a}} \tag{3-14-5}$$

式中，$b=6.17\times10^{-6}$ m·cmHg，为修正常数；p_a 为大气压强，单位为 cmHg（1cmHg$=$1333.224Pa）。此时油滴的半径 a 为

$$a=\sqrt{\frac{9\eta v}{2\rho g}\cdot\frac{1}{1+\dfrac{b}{p_a}}} \qquad (3\text{-}14\text{-}6)$$

至于油滴匀速下降的速度 v，可用以下方法测出：当两极板间的电压 $U=0$ 时，设油滴匀速下降的距离为 L，时间为 t，则

$$v=\frac{L}{t} \qquad (3\text{-}14\text{-}7)$$

联立上述各式，可得

$$q=\frac{18\pi}{\sqrt{2\rho g}}\left[\frac{\eta L}{t\left(1+\dfrac{b}{p_a}\right)}\right]^{3/2}\frac{d}{U} \qquad (3\text{-}14\text{-}8)$$

实验发现，对于某一颗油滴，如果改变它所带的电量 q，则能够使油滴达到平衡的电压必须是某些特定值 U_n。研究这些电压变化的规律发现，它们都满足方程

$$q=mg\frac{d}{U_n}=ne \qquad (3\text{-}14\text{-}9)$$

式中，$n=\pm1,\pm2,\cdots$；而 e 则是一个不变的值。

对于任一颗油滴，可以发现同样满足式（3-14-9），而且 e 值是一个相同的常数。由此可见，所有带电油滴所带的电量 q 都是最小电量 e 的整数倍。这个事实说明，物体所带的电荷不是以连续的方式出现的，而是以一个个不连续的量出现的，这个最小电量 e，就是电子的电荷值，即

$$e=\frac{q}{n} \qquad (3\text{-}14\text{-}10)$$

式（3-14-8）、式（3-14-10）就是用平衡测量法测量电子电荷的理论公式。

【实验内容】

1. 调整仪器

将仪器放平稳，调节左右两只调平螺钉，使水准泡指示水平，这时平行极板处于水平位置。先预热仪器 10 min，利用预热时间从测量显微镜中观察，如果分划板位置不正，则转动目镜，将分划板位置放正，同时要将目镜插到底，调节接目镜，使分划板刻线清晰。

从油雾室旁的喷雾口喷入油雾，一次即可，微调测量显微镜的调焦手轮，这时视场中将出现大量清晰的油滴，犹如夜空繁星。如果视场太暗（油滴不够明亮），或视场上下亮度不均匀，可略微转动油滴照明的灯珠座，使小灯珠面的聚光珠正对前方。

2. 测量练习

练习控制油滴，在平行板上加约 300 V 左右的平衡电压，换向开关放在"＋"或"－"侧均可，驱走不需要的油滴，直到剩下几颗缓慢运动的为止。注视其中的某一颗，仔细调节平衡电压，使油滴静止不动，然后去掉平衡电压，让它匀速下降，下降一段距离后再加上平衡电压和升降电压使油滴上升。如此反复多次地进行练习，以掌握控制油滴的方法。

注意：练习测量油滴运动的时间，任意选择几颗运动速度快慢不同的油滴。油滴的体积不能太大，太大的油滴虽然比较亮，但一般带的电荷比较多，下降速度也比较快，时间不容

易测准确；油滴也不能选得太小，太小则布朗运动明显，结果同样不能测准确。通常可以选择平衡电压在 200V 以上，在 20～30s 内匀速下降 2mm 的油滴，其大小和带电量都比较合适。

3. 正式测量

由式(3-14-8)可知，实验时用平衡测量法要测量的两个量，一个是平衡电压 U，另一个是油滴匀速下降一段距离 L 所需要的时间 t。测量平衡电压必须要经过仔细的调节，并将油滴置于分划板上某条横线附近，以便准确判断出这颗油滴是否平衡。

测量油滴匀速下降一段距离 L 所需要的时间 t 时，为保证油滴下降时速度均匀，应先让它下降一段距离后再测量。选定测量的一段距离 L 应该在平行极板之间的中央部分，即视场中分划板的中央部分。若太靠近上电极板，小孔附近有气流，电场也不均匀，会影响测量结果；若太靠近下电极板，时间 t 测量结束后，油滴容易丢失，影响重复测量。一般取 $L=0.20$cm 比较合适。

对同一颗油滴应进行 3～6 次测量，而且每次都要重新调整平衡电压。如果油滴逐渐变得模糊，要微调测量显微镜跟踪油滴，以防止其丢失。

用同样方法分别对 3 颗油滴进行测量，求得电子电荷 e。

【数据处理】

实验给定参数如下：油的密度 $\rho=981$kg/m^3，重力加速度 $g=9.80$m/s^2，空气的黏滞系数 $\eta=1.83\times10^{-5}$kg/(m·s)；油滴匀速下降的距离 $L=2.00\times10^{-3}$m，修正常数 $b=6.17\times10^{-6}$m·cmHg，大气压强 $p_a=76.0$cmHg，平行极板距离 $d=5.00\times10^{-3}$m。将以上数据代入式(3-14-8)中可得

$$q = \frac{1.43\times10^{-14}}{\left[t\left(1+0.02\sqrt{t}\right)\right]^{3/2}}\cdot\frac{1}{U} \qquad (3\text{-}14\text{-}11)$$

显然，由于油的密度 ρ 和空气的黏滞系数 η 都是温度的函数，重力加速度 g 和大气压强 p_a 又随实验地点和条件的变化而变化，因此上式的计算是近似的。在一般条件下，这样的计算引起的误差约为 1%，但它带来的好处是使运算方便得多，因此是可取的。

为了证明电荷的不连续性和所有电荷都是基本电荷的整数倍，并得到基本电荷值，应对实验测得的各个电量求最大公约数。这个最大公约数就是基本电荷值，也就是电子的电荷值。但由于学生实验技术不熟练，测量误差可能要大些，要求出电荷的最大公约数有时比较困难，通常用倒过来验证的办法来进行数据处理。即用公认的电子电荷值 $e=1.60\times10^{-19}$C 去除实验测量的电量 q，得到一个接近于某一个整数的数值，这个整数就是油滴所带的基本电荷数目 n，再用这个 n 去除实验测得的电量，即是电子的电荷值。

密立根油滴法测定电子电荷数据见表 3-14-1。

表 3-14-1　油滴法测量电子电荷数据及处理

油滴序号	测量序号	电压/V	时间/s	油滴电量/(10^{-19}C)	电子个数/个	电子电量/(10^{-19}C)	电子电量平均值/(10^{-19}C)
1	1						
	2						
	3						

油滴序号	测量序号	电压/V	时间/s	油滴电量/(10^{-19}C)	电子个数/个	电子电量/(10^{-19}C)	电子电量平均值/(10^{-19}C)
2	1						
	2						
	3						
3	1						
	2						
	3						

电子电量的平均值 $e=$ _____。

【注意事项】

(1) CCD 工作电源为直流 12V,正负极性不要搞错。

(2) 切勿使 CCD 视频输出(VIDEO OUT)短路。

(3) 禁止 CCD 直对太阳光、激光等强光源,防止 CCD 受潮和受撞击。

(4) 不要用手去触摸 CCD 前面的镜面玻璃。如有玷污,可用透镜纸蘸混合洗液清除。

思考题

1. 什么是平衡测定法? 怎样使油滴匀速下落?

2. 在测量油滴匀速下降一段距离 L 所需时间 t 时,应选取哪段 L 最合适? 为什么? 如何选择和控制待测油滴?

实验 3.15 钠(汞)光光谱的研究

光谱学是研究各种物质的光谱的产生及其同物质之间相互作用的科学。光谱是电磁波辐射按照波长的有序排列,通过光谱的研究,人们可以得到原子和分子等的能级结构、电子组态、化学键的性质、反应动力学等多方面物质结构的知识。在化学分析中也提供了重要的定性与定量的分析方法。发射光谱可以分为三种类别:线状光谱、带状光谱、连续光谱。线状光谱主要产生于原子,带状光谱主要产生于分子,连续光谱则主要产生于白炽的固体或气体放电。

【实验目的】

(1) 学习测量谱线波长的方法。

(2) 学习摄谱仪的定标方法及物理量的比较测量方法(线性插值法)。

(3) 测量钠(汞)光谱可见谱线的波长。

【实验原理】

1. 原理介绍(光谱和物质结构的关系)

每种物质的原子都有自己的能级结构,原子通常处于基态,当受到外部激励后,可由基态跃迁到能量较高的激发态。由于激发态的不稳定,处于高能级的原子很快就返回基态,此时发射出一定能量的光子,光子的波长(或频率)由对应两能级之间的能量差 ΔE_i 决定。E_i 和 E_0 分别表示原子处于对应的激发态和基态的能量。

$$\Delta E_i = E_i - E_0 \qquad\qquad (3\text{-}15\text{-}1)$$

即

$$\Delta E_i = h\nu_i = h\frac{c}{\lambda_i} \text{ 或 } \lambda_i = \frac{hc}{\Delta E_i} \qquad\qquad (3\text{-}15\text{-}2)$$

式中，$i = 1, 2, \cdots$；h 为普朗克常数；c 为光速。

　　每一种元素的原子经激发后再向低能级跃迁时，可发出包含不同频率（波长）的光，这些光经色散元件即可得到一对应光谱。此光谱反映了该物质元素的原子结构特征，故称为该元素的特征光谱。通过识别特征光谱，就可对物质的组成和结构进行分析。

2. 棱镜摄谱仪的工作原理

　　仪器分辨本领是指在用摄谱仪摄取波长为 λ 附近的光谱时，刚刚能分辨出两谱线的波长差。用 R 表示仪器分辨本领，则有

$$R = \frac{\lambda}{\mathrm{d}\lambda} \qquad\qquad (3\text{-}15\text{-}3)$$

式中，$\mathrm{d}\lambda$ 为能够分辨的两谱线波长差。显然 $\mathrm{d}\lambda$ 值越小，摄谱仪分辨光谱的能力越高。

　　棱镜的分辨本领 $R = b\dfrac{\mathrm{d}n}{\mathrm{d}\lambda}$，式中的 b 是棱镜的底边长，$\dfrac{\mathrm{d}n}{\mathrm{d}\lambda}$ 是棱镜材料的折射率随波长的变化率。可见要提高棱镜摄谱仪的光谱分辨本领，必须选用高色散率的材料制作色散棱镜，且底边 b 要宽。棱镜的 R 大约可以达到 10^4 数量级。

　　复色光经色散系统（棱镜）分光后，按波长的大小依次排列的图案，称为光谱。

　　棱镜摄谱仪由准直系统、偏转棱镜、成像系统、光谱接收 4 部分组成；按所用的波长的不同，摄谱仪可分为紫外、可见、红外三大类，它们所用的棱镜材料也不同，对紫外线用水晶或萤石、对可见光用玻璃、对红外线用岩盐等材料。

　　棱镜把平行混合光束分解成不同波长的单色光是根据折射光的色散原理。各向同性的透明物质的折射率与光的波长有关，其经验公式为

$$n = A + \frac{B}{\lambda^2} + \frac{C}{\lambda^4} + \cdots \qquad\qquad (3\text{-}15\text{-}4)$$

式中，A、B、C 是与物质性质有关的常数。由上式可知，短波长光的折射率要大些，例如一束平行入射光由 λ_1、λ_2、λ_3 三色光组成，并且 $\lambda_1 < \lambda_2 < \lambda_3$，通过棱镜后分解成 3 束不同方向的光，具有不同的偏向角 δ，如图 3-15-1 所示。

　　小型摄谱仪常用阿贝（Abbe）复合棱镜，它由两个 $30°$ 角折射棱镜和一个 $45°$ 角全反射棱镜组成，如图 3-15-2 所示。

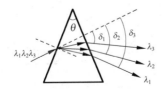

图 3-15-1　棱镜色散波长 λ 与偏向角的关系图

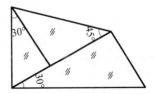

图 3-15-2　阿贝复合棱镜

　　本实验系统就是利用棱镜的色散功能进行工作的摄谱仪。在摄谱仪中棱镜的主要作用是用来分光，即利用棱镜对不同波长的光有不同折射率的性质来分析光谱。折射率 n 与光

的波长λ有关,这一现象叫做色散。当一束白光或其他非单色光入射棱镜时,由于折射率不同,不同波长(颜色)的光具有不同的偏向角σ,从而出射线方向不同。通常棱镜的折射率 n 是随波长λ的减小而增加的(正常色散),所以可见光中紫光偏折最大,红光偏折最小。一般的棱镜摄谱仪都是利用这种分光作用制成的。

摄谱仪的光学系统如图 3-15-3 所示,自光源 S 发出的光,调节狭缝以获得一束宽度、光强适当的光,此光经准直透镜后成平行光射到棱镜上,再经棱镜折射色散,由成像系统成像于接收系统上。

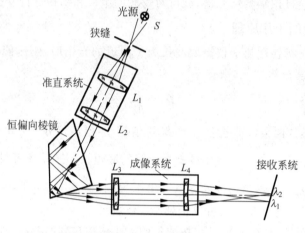

图 3-15-3 摄谱仪系

下面分别介绍摄谱仪的几个主要元部件。

(1)可调狭缝:可调狭缝是光谱仪中最精密、最重要的机械部分,它用来限制入射光束,构成光谱的实际光源,直接决定谱线的质量。狭缝是由一对能对称分合的刀口片组成,其分合动作由手轮控制。手轮是保持狭缝精密的重要部分,因此转动手轮时一定要用力均匀、轻柔,狭缝盖内装有能左右拉动的哈特曼栏板。

(2)准直系统:光源 S 发出的光经可调狭缝后,经过透镜 L_1、L_2 后成一束平行光入射到恒偏转棱镜上。实验过程中需微调可调狭缝的位置,当狭缝的位置处于 L_1、L_2 组合透镜的焦距上时,从透镜 L_2 出射的光线为平行光。

(3)色散系统:色散系统是一个恒偏转棱镜,它使光线在色散的同时又偏转 64.1°。棱镜本身也可绕铅直轴转动,如图 3-15-4 所示。

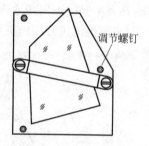

图 3-15-4 棱镜旋转平台

(4)成像系统:成像系统是平行光线经棱镜色散后的聚焦部分。可以通过调焦手轮作前后移动进行调焦,调焦幅度约为40mm。成像效果可以旋转反光镜,将光谱线反射至毛玻璃上,利用观察目镜观察。

(5)接收系统:PSP05 型 CCD 微机棱镜摄谱仪采用的是线阵 CCD 来接收光谱的光强分布,代替了传统的胶片曝光法,操作方便,提高了实验精度及实验数据处理能力。

CCD 光强分布测量仪的核心是线阵 CCD 器件。CCD 器件是一种可以电扫描的光电二极管列阵,有面阵(二维)和线阵(一维)之分。SP801D型CCD光强仪所用的是线阵CCD器件,性能参数如表3-15-1所示。

表3-15-1 线阵CCD器件性能参数

光敏元素	光敏元尺寸/(μm$\times\mu$m)	光敏元中心距/μm	光谱响应范围/μm	光谱响应峰值/μm
2160个	14$\times$14	14	0.3$\sim$0.9	0.56

CCD电路盒上有一个DIP开关,改变这个时钟频率,DIP开关的设置就改变了CCD器件对光信号的积分时间。积分时间越长,光电灵敏度越高。时钟频率DIP开关有6挡,每挡间是二进制关系,积分时间按1、2、4、8、16、32倍增加。第1挡频率最高(10帧/s),一般放在1挡上。DB9插座用来将CCD光强分布测量仪与计算机数据采集盒相连。在电路盒上有一个调整扫描基线上下位置的小孔,扫描基线调整孔内有一只小电位器,用于调整"零光强"时扫描线在显示器上的位置,调整时用钟表起或小起子细心微微旋转,顺时针转动时,扫描基线将向上移动,反之基线将下降。

整套PSP05型CCD微机摄谱仪的实验装置如图3-15-5所示。

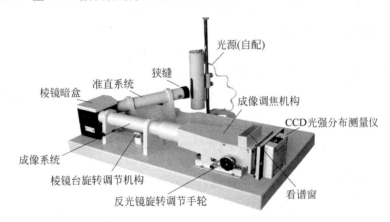

图3-15-5 CCD型棱镜摄谱仪整体装置图

3. 用线性内插值法求待测波长

线性内插值法是一种近似地测量波长的方法。一般情况下,棱镜是非线性色散元件,但是在一个较小的波长范围内,可以认为色散是均匀的,即认为CCD上接收的谱线的位置和波长有线性关系,如波长为λ_x的待测谱线位于已知波长λ_1和λ_2谱线之间。

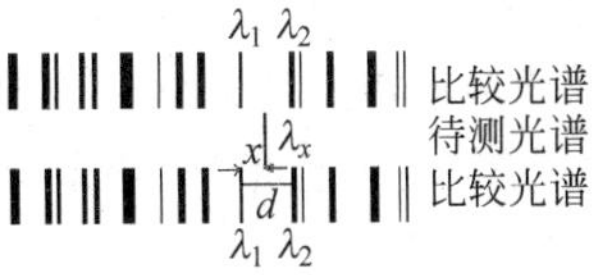

如图3-15-6所示,它们的相对位置可以由CCD采集软件上读出,如用d和x分别表示谱线λ_1和λ_2的间距及λ_1和λ_x的间距,那么待测线波长为

图3-15-6 比较光谱与待测
光谱关系图

$$\lambda_x = \lambda_1 + \frac{x}{d}(\lambda_2 - \lambda_1)$$
(3-15-5)

对比定标光谱曲线和待测光谱曲线,得出两光谱各谱线之间的相对位置关系,利用线性

内插值法计算待测光谱线波长(注意:相邻谱线间隔不能相差过大,否则会增大实验误差)。

【实验内容】

1. 调节光路(一般实验室已调好,先观察不调)

(1) 转动棱镜旋转台调节螺钉,将旋转指示指针移动至实验仪器面板的标度指示中心位置。

(2) 打开棱镜盒上盖,将棱镜放置在棱镜旋转台上面,放置位置可参照旋转台上面标示的放置位置(划线表示),这样可以节省调节时间。用压片稍微压紧棱镜。

(3) 先在平行光管前部放置光源,点亮光源,将其正对平行光管通光口径。将反光镜旋转调节手轮顺时针旋至底,微调棱镜,使得看谱窗的光斑最强,压紧棱镜,并保持光斑在看谱窗的中心位置,压紧棱镜时压力不要过大,以防棱镜变形或破碎。

(4) 取出可调狭缝,旋下其保护罩(切记),将其通光口径调节至 0.5mm 左右,安装在平行光管上。狭缝应安装在垂直位置,否则谱线将成倾斜状,此时可转动可调狭缝,直至底片上的谱线在铅垂方向为止,再调节可调狭缝调节手轮,使狭缝通光口径缓慢变小,同时用看谱目镜观察看谱窗上的谱线变化,直至所见谱线亮度、宽度适中,谱线成像清晰为止,停止调节手轮。若谱线不能完全充满看谱窗横向视场,则说明棱镜旋转平台不平整,应加以调节,此时可以微调棱镜旋转平台上的 3 个十字调节螺钉(见图 3-15-5),调节时注意观察变化规律,直至谱线充满看谱窗横向视场为止。若看谱窗上的谱线成像始终模糊,应改变可调狭缝刀口与准直物镜之间的距离,当狭缝刀口正好处于组合准直物镜的焦距上时成像效果最佳,此时在看谱窗所见的谱线宽度、亮度适中,成像清晰。旋紧狭缝和棱镜压片固定螺钉。

2. 定标

(1) 用谱线已知的光源(如钠灯)定标。将定标光源正对狭缝刀口,将反光镜旋转调节手轮顺时针旋至底(此时可以调节棱镜旋转台调节螺钉,但一般先不动),使两条黄色谱线($\lambda_1 = 589.6\text{nm}$,$\lambda_2 = 589.0\text{nm}$)在 CCD 可见视场内(看谱窗)处于中间位置附近。

(2) 将反光镜旋转手轮逆时针旋转至底。打开计算机已装入的 CCD 采集软件,单击开始采集按钮,若 CCD 接收的谱线水平幅度较宽,没有两个峰,可把光源离缝远些,把增益调小(可调为 0.25)(也可以微调成像系统的微调手轮和像面倾斜螺钉,但一般不再调)。采集点选 1500,采集点变化步长选 100,使软件界面上出现较为理想的两个波峰曲线。待谱线较稳定时,单击停止采集。

(3) 将长方形框(框起来的部分是右边放大区内放大的部分)拖至两条黄色谱线(两个波峰)上,鼠标移至放大区内,在两个波峰处分别单击鼠标,并在弹出的对话框中输入对应的波长(左边波长大、右边波长小),单击保存。

3. 测量待测光谱波长

(1) 在不改变任何光学系统的前提下,即不改变狭缝位置、宽度,不旋转棱镜旋转台,不调节成像微调手轮。移去定标光谱灯,将待测光谱灯(如汞灯)移近狭缝,并正对好狭缝刀口,把增益调大(可调为 2),利用计算机开始采集待测光谱,使软件界面上出现较为理想的两个波峰曲线,停止采集。

(2) 在放大区内显示待测谱线,并分别在放大区内的两个波峰处右击鼠标,在弹出的对话框中选择定标谱线,单击计算待测波长即可得出待测光谱的波长,保存并记录。

(3) 把计算出的待测光谱线波长与给出的标准谱线波长相比较,得出实验误差。

4. 汞灯定标测钠光波长

用汞灯定标,测量钠光波长,重复步骤 2、3。

【注意事项】

(1) 因光谱线相对于环境光显得有点暗弱,本实验应尽量安排在暗室中进行,这样比较利于光谱的观察和辨别。

(2) 通常基线位置应调节在满幅度的 10% 左右。

(3) 如果采集到的光谱线出现大面积"削顶",则有两种可能:一是 CCD 器件饱和,说明光信号过强,这时可以将光源稍微离开狭缝一点距离;二是软件中选项里的增益参数调得过大,应使之减小(一般置增益为 1)。

(4) 如发现采集的光谱曲线上毛刺较多,检查狭缝刀口是否有尘埃。若有,用蚕丝棉沾取酒精小心擦拭。

(5) 在安装调节棱镜时,手指只能接触棱镜的棱边,勿接触光学面,避免污染光学面,从而影响实验效果;在压紧棱镜时,切勿用力过大,谨防压坏棱镜。

(6) 可调狭缝是光谱仪中非常重要的机械部件,它用来限制入射光束并构成光谱的实际光源,其直接决定谱线的质量,因此要特别爱护好可调狭缝。不要使刀口处于紧闭的状态,因为刀口比较锐利,相互紧闭容易产生卷边而使刀口受到损伤与破坏。因此操作手轮调整狭缝宽度时要细心,旋转时用力要小而均匀而且慢慢地旋转,千万不要急促地快转,因为狭缝部件上的零件都比较精密,弹簧力量比较小,如果猛然或快速旋转会使之受冲击力而影响狭缝的精度和寿命,这一点必须注意。

(7) 在调节狭缝宽度时,最好在开启方向进行,因为狭缝是在弹簧力量作用下关闭的,由于要克服机构中的摩擦,因此狭缝刀片的运动可能滞后,从开启方向开始调可消除上述误差。

(8) 为了保护刀刃免遭机械损坏,以及避免灰尘和脏物的入侵,在使用完毕后必须马上将狭缝罩上,不要长时间直接暴露在空气中。

(9) 在进行数据采集时,应先接 DB15 串口线,再接 USB 线,否则容易死机。

【附】

1. 光谱采集定标

(1) 钠灯光谱

钠灯光谱线波长见表 3-15-2。

表 3-15-2　钠灯光谱线波长

灯源	谱线波长/nm	颜色
钠灯(Na)	589.0	黄(D 双线)
	589.6	

采用线阵 CCD 采集的钠双线,其中 CCD 的规格为 $14\mu m \times 14\mu m$、2160 像元。采集图如图 3-15-7 所示,其中双黄线峰值分开的距离为:10 个像元=$10\mu m \times 14\mu m$。

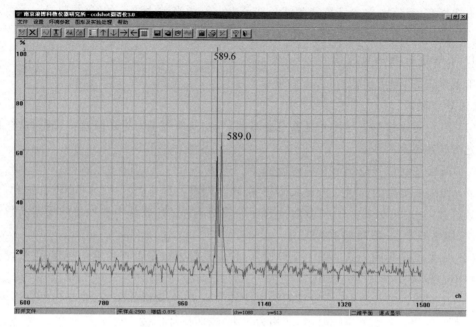

图 3-15-7　钠灯光谱线采集（定标）图

（2）氦灯光谱

氦灯光谱线波长见表 3-15-3。

表 3-15-3　氦灯光谱线波长

灯源	谱线波长/nm	颜色
氦灯（He）	706.6	红
	667.8	红
	587.6	黄
	501.6	蓝绿
	492.2	蓝绿
	471.3	蓝绿
	447.1	蓝
	408.6	紫（未见）

采用线阵 CCD 采集的氦灯光谱，其中 CCD 的规格为 $14\mu m \times 14\mu m$、2160 像元，采集图如图 3-15-8 所示。

2. 氢灯光谱的测量（举例说明）

氢灯光谱线波长见表 3-15-4。

表 3-15-4　氢灯光谱线波长

灯源	谱线波长/nm	颜色
氢灯（H）	656.3	橙红
	486.1	青绿
	434.0	蓝

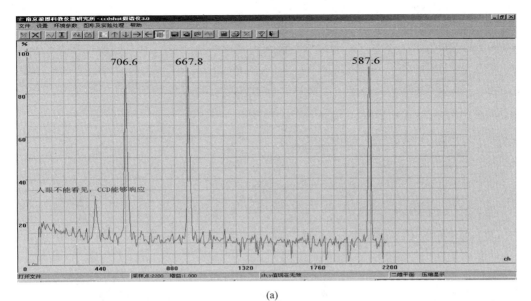

(a)

(b)

图 3-15-8 氦灯光谱线采集(定标)图

采用线阵 CCD 采集的氦灯光谱,其中 CCD 的规格为 $14\mu m \times 14\mu m$、2160 像元。采集的实验曲线如下。

(1) 橙红线的测量

橙红线的测量如图 3-15-9 所示。

橙红线测量值如图 3-15-10 所示。

实验相对误差为

$$\eta = \frac{656.3 - 655.3}{656.3} \times 100\% \approx 0.152\%$$

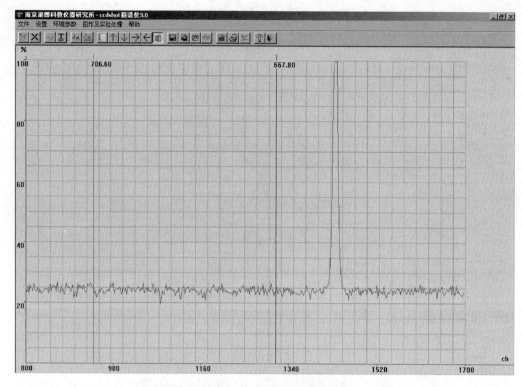

图 3-15-9　橙红线的测量光谱

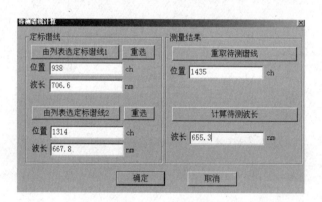

图 3-15-10　橙红线测量值

（2）青绿线的测量

青绿线的测量如图 3-15-11 所示。

青绿线测量值如图 3-15-12 所示。

实验相对误差为

$$\eta = \frac{486.2 - 486.1}{486.1} \times 100\% \approx 0.021\%$$

（3）蓝线的测量

蓝线的测量方法同上，这里不再赘述。

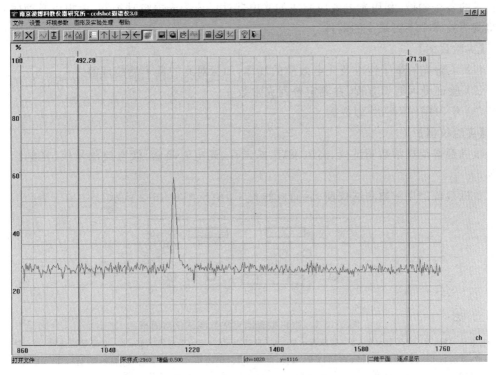

图 3-15-11 青绿线的测量光谱

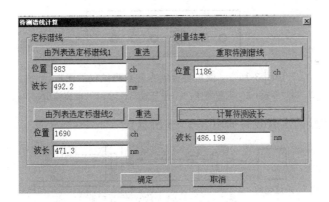

图 3-15-12 青绿线测量值

实验 3.16 普朗克常数实验

当光照在物体上时,光的能量仅有部分以热的形式被物体吸收,而另一部分则转化为物体中某些电子的能量,使电子逸出物体表面,这种现象称为光电效应,逸出的电子称为光电子。在光电效应中,光显示出它的粒子性质,因此这种现象对认识光的本性具有极其重要的意义。1905 年爱因斯坦发展了辐射能量 E 以 $h\nu$(ν 为光的频率)为不连续的最小单位的量子化思想,成功地解释了光电效应实验中遇到的问题。1916 年密立根用光电效应法测量了普朗克常数 h,确定了光量子能量方程式的成立。今天,光电效应已经广泛地运用于现代科学技术的各个领域,利用光电效应制成的光电器件已成为光电自动控制、电报以及微弱光信号检测等技术中不可缺少的器件。

【实验目的】

(1) 了解光的量子性以及光电效应的规律,加深对光的量子性的理解。

(2) 验证爱因斯坦方程,并测定普朗克常数 h。

(3) 学习用作图法处理数据。

【实验仪器】

微机型普朗克常数测试仪、高压汞灯、滤光片、光电管暗盒、微电流测量仪、光电管工作电源。

微机型普朗克常数测试仪前、后面板如图 3-16-1、图 3-16-2 所示。

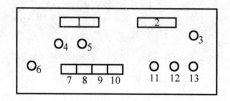

图 3-16-1　微机型普朗克常数测试仪前面板

1—电流显示窗;2—电压显示窗;3—故障指示灯;4—自动指示灯;5—手动指示灯;6—电流量程选择;7—截止电压测试(自动);8—伏安特性测试(自动);9—截止电压测试(手动);10—伏安特性测试(手动);11—电流调零;12—电压粗调;13—电压细调

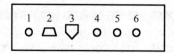

图 3-16-2　微机型普朗克常数测试仪后面板

1—复位按钮;2—串口插座;3—电源插座;4—电压输出(一);5—电压输出(+);6—微电流输入

普朗克常数实验的实验装置如图 3-16-3 所示。

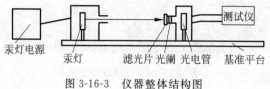

图 3-16-3　仪器整体结构图

1. 光源

用高压汞灯作光源,配以专用镇流器,光谱范围为 320.3～872.0nm,可用谱线为 365.0、404.7、435.8、546.1、578.0nm,共 5 条强谱线。

2. 滤光片

滤光片的主要指标是半宽度和透过率。透过某种谱线的滤光片不允许其附近的谱线透过(为此精心设计制作了一组高性能的滤光片,保证了在测量某一谱线时无其他谱线干扰,避免了谱线相互干扰带来的测量误差)。高压汞灯发出的可见光中,强度较大的谱线有 5 条,仪器配以相应的 5 种滤光片。

3. 光电管暗盒

采用测 h 专用光电管。由于采用了特殊结构,使光不能直接照射到阳极,由阴极反射照到阳极的光也很少,加上采用新型的阴、阳极材料及制造工艺,使得阳极反向电流大大降低,暗电流也很低($\leqslant 2 \times 10^{-12}$ A)。

4. 微电流测量仪

在微电流测量中采用了高精度集成电路构成电流放大器,对测量回路而言,放大器近似于理想电流表,对测量回路无影响,使测量仪具有高灵敏度(电流测量范围为 $10^{-8} \sim 10^{-13}$ A)、高稳定性(零漂小于满刻度的 0.2%),从而使测量精度、准确度大大提高。测量结果由 3 位半 LED 显示。

5. 光电管

工作电源普朗克常数测试仪提供了两组光电管工作电源($-2 \sim +2$V,$-2 \sim +30$V),连续可调,精度为 0.1%,最小分辨率 0.01V,电压值由 3 位半 LED 数显。

【实验原理】

光电效应实验原理如图 3-16-4 所示,其中 S 为真空光电管,K 为阴极,A 为阳极,当无光照射阴极时,由于阳极与阴极是断路,因此检流计 G 中无电流流过。当用一波长比较短的单色光照射到阴极 K 上时,形成光电流,光电流随加速电压 U 变化的伏安特性曲线如图 3-16-5 所示。

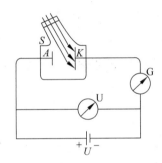

图 3-16-4　光电效应实验原理

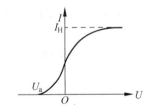

图 3-16-5　光电管的伏安特性曲线

1. 光电流与入射光强度的关系

光电流随加速电压 U 的增加而增加,加速电压增加到一定量值后,光电流达到饱和值 I_H,饱和电流与光强成正比,而与入射光的频率无关。当 $U = U_A - U_K$ 变成负值时,光电流迅速减小。实验指出,有一个截止电压 U_a 存在,当电压达到这个值时,光电流为零。

2. 光电子的初动能与入射光频率之间的关系

光电子从阴极逸出时具有初动能,在减速电压下,光电子逆着电场力方向由 K 极向 A 极运动,当 $U = U_a$ 时,光电子不再能达到 A 极,光电流为零,因此电子的初动能等于它克服电场力所做的功,即

$$\frac{1}{2}mv^2 = e \mid U_a \mid \qquad (3\text{-}16\text{-}1)$$

根据爱因斯坦关于光的本性的假设,光是一粒一粒运动着的粒子流,这些光粒子称为光

子,每一光子的能量为 $E = h\nu$,其中 h 为普朗克常量,ν 为光波的频率,因此不同频率的光波对应光子的能量不同。光电子吸收了光子的能量 $h\nu$ 之后,一部分消耗于克服电子的逸出功 A,另一部分转换为电子动能,由能量守恒定律可知

$$h\nu = \frac{1}{2}mv^2 + A \tag{3-16-2}$$

上式称为爱因斯坦光电效应方程。由此可见,光电子的初动能与入射光频率 ν 呈线性关系,而与入射光的强度无关。

3. 光电效应有光电阈存在

实验指出,当光的频率 $\nu < \nu_0$ 时,不论用多强的光照射到物质上都不会产生光电效应,根据式(3-16-2),$\nu_0 = \frac{A}{h}$ 称为红限。

爱因斯坦光电效应方程同时提供了测普朗克常数的一种方法。由式(3-16-1)和式(3-16-2)可得,$h\nu = e|U_a| + A$,当用不同频率($\nu_1, \nu_2, \nu_3, \cdots, \nu_n$)的单色光分别作光源时,就有

$$h\nu_1 = e|U_1| + A$$
$$h\nu_2 = e|U_2| + A$$
$$\vdots$$
$$h\nu_n = e|U_n| + A$$

任意联立其中两个方程就可得到

$$h = \frac{e(U_i - U_j)}{\nu_i - \nu_j} \tag{3-16-3}$$

由此若测定了两个不同频率的单色光所对应的截止电压即可算出普朗克常数 h,也可由 ν-U 直线的斜率求出 h。

因此,用光电效应方法测量普朗克常数的关键在于获得单色光、测量光电管的伏安特性曲线和确定截止电压值。

实验中,单色光可由汞灯光源经过滤光片选择谱线产生。汞灯是一种气体放电光源,点燃稳定后,在可见光区域内有几条波长相差较远的强谱线,如表 3-16-1 所示,与滤光片联合作用后可产生需要的单色光。

表 3-16-1 可见光区汞灯强谱线

波长/nm	频率/10^{14} Hz	颜色
579.0	5.179	黄
577.0	5.198	黄
546.1	5.492	绿
435.8	6.882	蓝
404.7	7.410	紫
365.0	8.216	近紫外

为了获得准确的截止电压值,本实验用的光电管应该具备下列条件:

(1) 对所有可见光谱都比较灵敏;

(2) 阳极包围阴极,这样当阳极为负电位时,大部分光电子仍能射到阳极;

（3）阳极没有光电效应，不会产生反向电流；

（4）暗电流很小。

但是实际使用的真空型光电管并不能完全满足以上条件。由于存在阳极光电效应所引起的反向电流和暗电流（即无光照射时的电流），因此测得的电流值实际上包括上述两种电流和由阴极光电效应所产生的正向电流 3 个部分，因此伏安曲线并不与 U 轴相切。由于暗电流是由阴极的热电子发射及光电管管壳漏电等原因产生的，与阴极正向光电流相比，其值很小，且基本上与电压 U 呈线性变化，因此可忽略其对截止电压的影响。阳极反向光电流虽然在实验中较显著，但它服从一定规律，据此，确定截止电压值可采用以下两种方法。

（1）交点法

光电管阳极用逸出功较大的材料制作，制作过程中要尽量防止阴极材料蒸发。实验前对光电管阳极通电，减少其上溅射的阴极材料；实验中避免入射光直接照射到阳极上，这样可使它的反向电流大大减小，其伏安特性曲线与图 3-16-5 十分接近，因此曲线与 U 轴交点的电压值近似，等于截止电压 U_a，此即交点法。

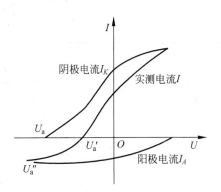

图 3-16-6　存在反向电流的光电管伏安特性曲线

（2）拐点法

光电管阳极反向光电流虽然较大，但在结构设计上，若使反向光电流能较快地饱和，则伏安特性曲线在反向电流进入饱和段后有着明显的拐点，如图 3-16-6 所示，此拐点的电压即截止电压。

【实验内容】

1. 手动测试

1）测试前准备

（1）将测试仪及汞灯电源接通，预热 20min。

（2）把汞灯及光电管暗箱遮光盖盖上，将汞灯暗箱光输出口对准光电管暗箱光输入口，调整光电管与汞灯距离约为 40cm 并保持不变。

（3）用专用连接线将光电管暗箱电压输入端与测试仪电压输出端（后面板上）连接起来（红红，蓝蓝）。

（4）将"电流量程"选择开关置于"10^{-11} A"挡，仪器在充分预热后进行测试前调零，旋转"调零"旋钮使电流指示为 0。

（5）用高频匹配电缆将光电管暗箱电流输出端 K 与测试仪微电流输入端（后面板上）连接起来。

2）测光电管的伏安特性曲线

将选择按键置于"伏安特性测试（手动）"挡，将"电流量程"选择开关置于"10^{-11} A"挡，将直径 2mm 的光阑及 435.8nm 的滤色片装在光电管暗箱光输入口上。

（1）从低到高调节电压，记录电流从零到非零点所对应的电压值作为第一组数据，以后电压每变化一定值记录一组数据到表 3-16-2 中。

(2) 在 U_{AK} 为 30 V 时,将"电流量程"选择开关置于"10^{-10} A"挡,记录光阑分别为 2mm、4mm、8mm 时对应的电流值于表 3-16-3 中。

(3) 换上直径为 4mm 的光阑及 546.1nm 的滤色片,重复步骤(1)、(2)进行测量。

(4) 用表 3-16-2 数据在坐标纸上作对应于以上两种波长及光强的伏安特性曲线。

(5) 由于照到光电管上的光强与光阑面积成正比,用表 3-16-3 数据验证光电管的饱和光电流与入射光强成正比。

表 3-16-2 I-U_{AK} 关系

435.8nm、光阑 2mm	U_{AK}/V						
	$I/(10^{-11}$ A)						
546.1nm、光阑 4mm	U_{AK}/V						
	$I/(10^{-11}$ A)						

表 3-16-3 I_M-P 关系

435.8nm	光阑孔 Φ						
	$I/(10^{-10}$ A)						
546.1nm	光阑孔 Φ						
	$I/(10^{-10}$ A)						

$U_{AK}=$ _____ V。

3) 测普朗克常数 h

理论上,测出各频率的光照射下阴极电流为零时对应的 U_{AK},其绝对值即为该频率的截止电压,然而实际上由于受光电管的阳极反向电流、暗电流、本底电流及极间接触电压的影响,实测电流并非阴极电流,实测电流为零时对应的 U_{AK} 也并非截止电压。

光电管制作过程中阳极往往被污染,沾上少许阴极材料,入射光照射阳极或入射光从阴极反射到阳极之后都会造成阳极光电子发射,U_{AK} 为负值时,阳极发射的电子向阴极迁移构成了阳极反向电流。

暗电流和本底电流是热激发产生的光电流与杂散光照射光电管产生的光电流,可以在光电管制作或测量过程中采取适当措施以减小或消除它们的影响。

极间接触电压与入射光频率无关,只影响 U_0 的准确性,不影响 U_0-ν 直线斜率,对测定 h 无影响。

此外,由于截止电压是光电流为零时对应的电压,若电流放大器灵敏度不够,或稳定性不好,都会给测量带来较大误差。

本实验仪器的电流放大器灵敏度高,稳定性好。本实验仪器采用了新型结构的光电管。由于其特殊结构使光不能直接照射到阳极,由阴极反射照到阳极的光也很少,加上采用新型的阴、阳极材料及制造工艺,使得阳极反向电流大大降低,暗电流也很少。

由于本仪器的特点,在测量各谱线的截止电压 U_0 时,可不用难以操作的拐点法,而用零电流法或补偿法。

零电流法是直接将各谱线照射下测得的电流为零时对应的电压 U_{AK} 的绝对值作为截止电压 U_0。此法的前提是阳极反向电流、暗电流和本底电流都很小,用零电流法测得的截止电压与真实值相差很小,且各谱线的截止电压都相差 ΔU,对 U_0-ν 曲线的斜率无大的影响,

因此对 h 的测量不会产生大的影响。

补偿法是调节电压 U_{AK} 使电流为零后,保持 U_{AK} 不变,遮挡汞灯光源,此时测得的电流 I_1 为电压接近截止电压时的暗电流和本底电流。重新让汞灯照射光电管,调节电压 U_{AK} 使电流值至 I_1,将此时对应的电压 U_{AK} 的绝对值作为截止电压 U_0。此法可补偿暗电流和本底电流对测量结果的影响。

(1) 测量时,将选择按键置于截止电压测试(手动)挡;将电流量程选择开关置于 "10^{-12} A" 挡;将测试仪电流输入电缆断开,调零后重新接上;将直径 4mm 的光阑及 365.0nm 的滤色片装在光电管暗箱光输入口上。从低到高调节电压,用零电流法或补偿法测量该波长对应的 U_0,并将数据记于表 3-16-4 中。

依次换上 404.7nm、435.8nm、546.1nm、578.0nm 的滤色片,重复以上测量步骤。

表 3-16-4 U_0-ν 关系

波长 λ_1/nm	365.0	404.7	435.8	546.1	578.0
频率 ν_1/(10^{14} Hz)	8.216	7.410	6.882	5.492	5.196
截止电压 U_{01}/V					

光阑孔 $\Phi=$ _____ mm。

(2) 数据处理

可用以下 3 种方法之一处理表 3-16-4 的实验数据,得出 U_0-ν 直线的斜率 k。

① 根据线性回归理论,U_0-ν 直线的斜率 k 的最佳拟合值为

$$k = \frac{\bar{\nu}\,\overline{U_0} - \overline{\nu U_0}}{\bar{\nu}^2 - \overline{\nu^2}}$$

式中,$\bar{\nu}$ 表示频率 ν 的平均值,$\bar{\nu} = \frac{1}{n}\sum_{i=1}^{n}\nu_i$;$\overline{\nu^2}$ 表示频率 ν 的平方的平均值,$\overline{\nu^2} = \frac{1}{n}\sum_{i=1}^{n}\nu_i^2$;$\overline{U_0}$ 表示截止电压 U_0 的平均值,$\overline{U_0} = \frac{1}{n}\sum_{i=1}^{n}U_{0i}$;$\overline{\nu U_0}$ 表示频率 ν 与截止电压 U_0 的乘积的平均值,$\overline{\nu U_0} = \frac{1}{n}\sum_{i=1}^{n}\nu_i U_{0i}$。

② 根据 $k = \frac{\Delta U_0}{\Delta \nu} = \frac{U_{0m} - U_{0n}}{\nu_m - \nu_n}$,可用逐差法从表 3-16-3 的后 4 组数据中求出两个 k,将其平均值作为所求 k 的数值。

③ 可用表 3-16-4 的数据在坐标纸上作 U_0-ν 直线,由图求出直线斜率 k。求出直线斜率 k 后,可用 $h = ek$ 求出普朗克常数,并与 h 的公认值 h_0 比较求出相对误差 $\delta = \frac{h - h_0}{h_0}$,式中 $e = 1.602 \times 10^{-19}$ C,$h_0 = 6.626 \times 10^{-34}$ J·s。

2. 自动测试

1) 原理

在自动测试方式下,普朗克常数测试仪内的单片机自动产生加于光电管 AK 极的扫描电压。在"截止电压测试"方式时,扫描电压为 $-2.3 \sim 0$ V,分辨率为 0.009V。在"伏安特性测试"方式时,扫描电压为 $0 \sim 30$ V,分辨率为 0.12V。机内的单片机同时控制数据采集系

统,将光电流采入内存,一旦接收到 PC 发出的命令,立即将数据送给 PC。PC 把接收到的数据用图形和字符同时显示出来。在"截止电压测试"方式下,只要接收到两条或两条以上(最多 5 条)的曲线,即可自动计算出截止电压、U_0-ν 直线的斜率 k、普朗克常数值 h 以及相对误差等,还可画出 U_0-ν 曲线。只要曲线达到 5 条,也可手动算出 k、h 及相对误差值。在"伏安特性测试"方式时,可画出伏安特性曲线,从中可观察到各曲线的饱和段。以上两种方式都能将数据存盘或从硬盘中调出。而"收发预存数据"方式是测试单片机与 PC 通信用的,能正确画出 5 条预存于单片机内存中的短曲线,即说明单片机与 PC 通信正常,利用这 5 条曲线还可进行"手动计算"(详见"手动计算"说明)。

2)测试软件说明

(1)菜单项

菜单项分为"文件""设置"和"数据库"3 个主菜单。"文件"又分为"打开一组曲线""打开一条曲线""保存一组曲线""另存为""打印屏幕"和"退出"。在"截止电压测试"方式或"伏安特性测试"方式时,只要画出一条以上曲线,即可"保存一组曲线"到硬盘中,这时保存的文件名为 PLK1. dat(对应于 365nm)~PLK5. dat(对应于 577nm)。只有画出来的曲线才是有效数据,其余曲线保存的是"零"数据。而"另存为"要操作者先取名,若取为 B,则保存的文件名为 B1. dat(对应于 365nm)~B5. dat(对应于 577nm)。"打开一组曲线"为同时打开 PLK1. dat~PLK5. dat 共 5 条曲线。"打开一条曲线"则为打开任何一条已存的. dat 文件。"打印屏幕"则将包括数据和图形的整个画面全部打印出来。

"设置"包括"工作方式""串口选择"和"键盘输入计算 PLK 常数"。工作方式分为"收发预存数据""截止电压测试"和"伏安特性测试",上面已作了简要说明。"串口选择"可选择通信口为串口 1 或串口 2。"键盘输入计算 PLK 常数"是用键盘输入 5 组截止电压数据,即可算出普朗克常数值及相对误差。

"数据库"包括"添加""更新""删除""浏览"4 项。数据库为 MS Access 类型,名为 db1. mdb,单击"浏览"可浏览数据库,再一次单击则隐藏起来。注意:"添加""更新"时,"编号"不要重复。该数据库的字段包括"编号""姓名""班级""保存的文件名""说明""日期""采样值或自动计算值"。

(2)测试按钮

"示例":将自动生成的 5 条线显示出来,可通过"手动计算""自动计算"算出结果。

"发送":发送命令给普朗克常数测试仪。

"画图":接收普朗克常数测试仪采集到的数据,并以字符和图形方式显示出来。

"擦除":清除画面中的图形显示并清空由普朗克常数测试仪送来的采样数据。

"打印屏幕":将整个画面送打印机打印。

"放大镜":调用操作系统的放大镜工具。

"手动计算":在"截止电压测试"方式下,用鼠标从左到右依次单击屏幕上所选的点,选出 5 组截止电压值或拐点值,单击"手动计算"后,立即在最下面的文本框中显示出 k 值、h 值和相对误差值,并显示出 U_0-ν 直线。

"自动计算":在"截止电压测试"方式下,画面上已显示出两条以上(最多 5 条)曲线时,单击"自动计算",即在"采样值或自动计算值"文本框中显示出截止电压、k 值、h 值和相对误差,并作出 U_0-ν 线。

"清空采样值"：清空在"采样值或自动计算值"文本框中显示的内容。

3）测试前的准备

首先要把普朗克常数测试仪软件安装于 PC 的硬盘中。

对 PC 的要求：奔腾 200 以上 CPU，128M 以上内存，50M 以上空闲硬盘空间，带有一个或两个空闲串行口，15 英寸以上彩色显示器，分辨率置于 800×600 以上，装有 Win 98、Win 2000 或 Win XP 操作系统。

程序安装非常方便，执行随机带的光盘上的 setup.EXE 文件，然后按提示操作即可。安装程序完成后，执行普朗克常数测试仪程序即进入测试画面。这时应将普朗克常数测试仪前面板上的转换开关置于"自动测试"位置中的"截止电压测试"或"伏安特性测试"。在"截止电压测试"时，电流量程固定在 10^{-13} A；在"伏安特性测试"时，电流量程固定在 10^{-11} A 或 10^{-10} A。

4）测试步骤

（1）为了采样数据稳定，应在普朗克常数测试仪开机 15min 以后进行测试。

（2）普朗克常数测试仪软件执行后，即进入"截止电压测试"方式，通信口默认设置为串口 1，滤光片设置为 356nm，光阑设置为 4mm，数据库显示为最后一条记录。

（3）为了验证通信口是否正常，可在"设置"→"工作方式"中选"收发预存数据"，按上面已讲的方法操作。

（4）在"截止电压测试"和"伏安特性测试"方式下，应注意滤光片和光阑的设置应和普朗克常数测试仪上所用的实际滤光片和光阑的规格相一致。

（5）在"截止电压测试"和"伏安特性测试"方式下，若更改工作方式或工况（如更改滤光片或光阑），为了使数据稳定，须等待 1～2min 以后再进行新的测试操作。

（6）测试时首先按"发送"，然后按"画图"，这样就可自动采集数据并画出曲线。若工况未改变，再按"发送"和"画图"，前一次收到的一条曲线的数据就被新数据所取代。测量中途从"截止电压测试"转到"伏安特性测试"，或从"伏安特性测试"转到"截止电压测试"时，应立即按"发送"和"画图"一次，所画数据再擦除之，然后继续测量。

（7）用"自动计算"或"手动计算"得到测试结果。

（8）按菜单项的说明将结果存盘。注意在"伏安特性测试"下保存结果时选择"另存为"，所取名字应与在"截止电压测试"下的文件名有所区别。在打开伏安特性曲线时，也应在"伏安特性测试"方式下，选取"打开一条曲线"，可将测试屏幕全部打印出来。

（9）可对数据库进行各种操作，如更改"编号""姓名"，增加记录等，尤其可在"采样值或自动计算值"的文本框中加入各种文字说明。另外，进入 MS Access，也可对现有数据库进行操作。在"截止电压测试"方式下，固定一种工况进行多次测量并比较其结果。

（10）自动测试时，电流表的读数随扫描电压而不断变化，此时电压表为空闲状态。

【注意事项】

（1）汞灯关闭后不要立即开启电源，必须待灯丝冷却后再开启，否则会影响汞灯寿命。

（2）光电管应保持清洁，避免用手摸，而且应放置在遮光罩内，不用时禁止用光照射。

（3）滤光片要保持清洁，禁止用手摸光学面。

（4）在光电管不使用时，要断掉施加在光电管阳极与阴极间的电压，保护光电管，防止意外的光线照射。

思考题

1. 实验测得的光电流特性曲线与理想的光电流特性曲线有何不同？为什么？
2. 为什么会出现反向光电流？如何减小反向光电流？
3. 你所测得的 h 值是偏大还是偏小？试从实验现象中分析说明产生误差的原因。

实验 3.17　磁流体表观密度随外磁场变化规律的实验研究

磁性液体(magnetic fluid)简称磁流体,它是由单分子层(2nm)表面活性剂包覆的,直径小于 10nm 的单畴磁性颗粒高度弥散于某种载液中而形成的"固液"两相胶体溶液,既具有液体的流动性又具有固体磁性材料的磁性,是一种性能独特、应用广泛的新型纳米液态功能材料,理想的磁流体磁滞回线是一条过坐标原点的 S 形曲线,无磁滞现象。磁流体技术是一门涉及物理、化学、力学、流变学等多学科的交叉边缘学科,是材料科学的一枝新秀。

在外界磁场作用下,磁流体具有悬浮、承压、密封、导航、定位等特性,我们利用磁流体密度受磁场梯度影响而分布的非均匀性,研制出磁流体表观密度随磁场变化测量仪,该测量仪既能测量磁流体中不同液层的表观密度,也能测量磁流体中某点的表观密度随磁场变化的规律。

【实验目的】

(1) 了解磁流体表观密度变化的规律。

(2) 学会单盘天平的操作方法。

【实验仪器】

磁流体表观密度测量仪、待测磁流体。

【实验原理】

1. 磁流体的表观密度

用透明玻璃细管盛满磁流体并置于恒定非均匀磁场中,则管内单位体积磁流体受到重力 F_g 和磁力 F_m 作用,若重力方向为 Z,则其所受合力为

$$F = F_g + F_{mz} \tag{3-17-1}$$

若用 H 表示磁场强度,用 χ_m 表示磁流体的磁化强度,$\dfrac{\partial H}{\partial z}$ 表示 Z 方向的磁场梯度,ρ_m 表示磁流体固有密度,则式(3-17-1)变为

$$F_z = \rho_m g + \chi_m H \frac{\partial H}{\partial z} \tag{3-17-2}$$

若磁场梯度 $\dfrac{\partial H}{\partial z} > 0$,则 $F_g > \rho_m g$。相当于磁流体得到加重,或者说,磁流体的固有密度在非均匀磁场中发生了变化,这种情况下的磁流体密度就称为表观密度或视密度,用 ρ_S 表示:

$$\frac{F_z}{g} = \rho_m + \frac{1}{g} \chi_m H \frac{\partial H}{\partial z} \quad 即 \quad \rho_S = \rho_m + \frac{1}{g} \chi_m H \frac{\partial H}{\partial z} \tag{3-17-3}$$

可见,表观密度不仅与其固有密度有关,还与它的磁化强度、它所在环境中的磁场及磁场梯度有关。

2. 测量原理

由式(3-17-3),只要测出 ρ_m、χ_m 以及 H、$\dfrac{\partial H}{\partial z}$ 即可求出 ρ_S。但这种方法需要的仪器种类

较多,程序也比较复杂。磁流体作为一种固液两相胶体溶液,它的表观密度可以用流体静力称衡法通过单盘天平来测量,具体步骤如下。

(1) 在天平横梁的左端,用细线悬吊一个由非铁磁质制成的平衡锤,在天平的砝码盘上加砝码,测出平衡锤在空气中的质量 m。

(2) 将平衡锤吊入密度为 ρ_w 蒸馏水中,测出平衡锤在蒸馏水中的表观质量 m_w,得到

$$mg - m_w g = \rho_w v g \tag{3-17-4}$$

式中,v 是平衡锤的体积;ρ_w 是蒸馏水的密度。

(3) 将平衡锤吊入盛有磁流体的玻璃量筒内,测出它在磁流体中的表观质量 m_S,得到

$$mg - m_S g = \rho_S v g \tag{3-17-5}$$

由式(3-17-4)、式(3-17-5)得

$$\rho_S = \frac{m_w - m_S}{v} + \rho_w \tag{3-17-6}$$

可见,只要测出平衡锤的固有质量 m,以及它在蒸馏水中表观质量 m_w 和在磁流体中的表观质量 m_S,则可求出磁流体的表观密度 ρ_S。在本实验中,通过改变平衡锤在磁流体中的深度,得到不同深度处磁流体的表观密度(见表3-17-1);而通过改变励磁电流,得到不同电流时磁流体的表观密度(见表3-17-2)。

磁流体表观密度测量仪如图3-17-1所示,它是由四部分组成:一是单盘天平,通过调节T形螺母5和T形螺杆6可以使横梁1上升或下降;二是曲磁铁8、9及直流稳压电源(稳压电源未画出),调节稳压电源的输出电压,可以改变励磁电流 I;三是玻璃量筒10,用来盛磁流体试样12;四是深度标尺13,用来测量平衡测锤所在的深度。

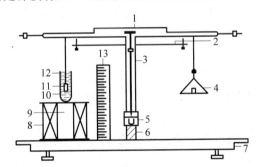

图 3-17-1　磁性液体表观密度测量仪结构示意图

1—平衡梁;2—天平支架;3—天平支柱;4—天平称盘;5—梯形螺母;6—梯形螺杆;7—天平底座;

8—磁化线圈;9—铁芯;10—玻璃量筒;11—平衡锤;12—磁性液体;13—标尺

【实验内容】

(1) 测量磁流体在不同深度 h 处的 ρ_S,至少测6个点,并作出 ρ_S-h 曲线。根据曲线形状说明变化规律,解释产生这种变化的原因。

表 3-17-1　磁流体在不同深度处的表观密度

水中表观质量 m_w/g						
深度 h/cm						
磁流体中的表观质量 m_S/g						
磁流体的表观密度 $\rho_S/(\mathrm{g/cm^3})$						

（2）在同一深度测 ρ_S。改变励磁电流，至少取 6 个 I 值，并作出 ρ_S-I 曲线。根据曲线形状说明变化规律，解释产生这种变化的原因。

表 3-17-2　磁流体在不同电流时的表观密度

励磁电流 I/A					
磁流体中的表观质量 m_S/g					
磁流体的表观密度 ρ_S/(g/cm³)					

（3）允许学生在上述两项任务之外，另寻其他实验课题，实验室将提供帮助。

【注意事项】

（1）励磁电流不大于 1.0A。

（2）励磁线圈工作时，应将铁磁物质以及易受磁场影响的其他物品移开。

实验 3.18　液晶电光效应

　　早在 20 世纪 70 年代，液晶已作为物质存在的第四态开始写入各国学生的教科书。液晶现在已成为物理学家、化学家、生物学家、工程技术人员和医药工作者共同关心与研究的领域，在物理、化学、电子、生命科学等诸多领域有着广泛应用，例如光导液晶光阀、光调制器、液晶显示器件、各种传感器、微量毒气监测、夜视仿生等，尤其是液晶显示器件早已广为人知，独占了电子表、手机、笔记本电脑等领域。其中液晶显示器件、光导液晶光阀、光调制器、光路转换开关等均是利用液晶电光效应的原理制成的，因此掌握液晶电光效应原理从实用角度或物理实验教学角度都是很有意义的。

【实验目的】

（1）测定液晶样品的电光曲线。

（2）根据电光曲线，求出样品的阈值电压 U_{th}、饱和电压 U_r、对比度 D_r、陡度 β 等电光效应的主要参数。

（3）自配数字存储示波器可测定液晶样品的电光响应曲线，得到液晶样品的响应时间。

【实验仪器】

　　如图 3-18-1 所示，液晶电光效应实验仪主要由控制主机、导轨、滑块、半导体激光器、起偏器、液晶样品盒、检偏器及光电探测器组成，其中控制主机包括方波发生器、方波有效值电压表及光功率计。

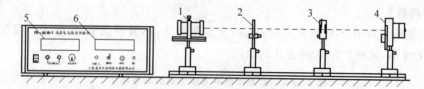

图 3-18-1　液晶电光效应实验仪装置

1—半导体激光器；2—液晶样品盒(包括起偏器、液晶样品)；3—检偏器；4—光电探测器；5—方波电源；

6—光功率计

【实验原理】

1. 液晶

液晶态是一种介于液体和晶体之间的中间态,既有液体的流动性、黏度、形变等机械性质,又有晶体的热、光、电、磁等物理性质。液晶与液体、晶体之间的区别是:液体是各向同性的,分子取向无序;液晶分子有取向序,但无位置序;晶体则既有取向序又有位置序。

就液晶形成方式而言,可分为热致液晶和溶致液晶。热致液晶又分为近晶相、向列相和胆甾相,其中向列相液晶是液晶显示器件的主要材料。

2. 液晶电光效应

液晶分子是在形状、介电常数、折射率及电导率上具有各向异性特性的物质,如果对这样的物质施加电场(电流),随着液晶分子取向结构发生变化,它的光学特性也随之变化,这就是通常说的液晶的电光效应。

液晶的电光效应种类繁多,主要有动态散射型(DS)、扭曲向列相型(TN)、超扭曲向列相型(STN)、有源矩阵液晶显示(TFT)、电控双折射(ECB)等。其中应用较广的有:TFT型——主要用于液晶电视、笔记本电脑等高档产品;STN型——主要用于手机屏幕等中档产品;TN型——主要用于电子表、计算器、仪器仪表、家用电器等中低档产品,TN型是目前应用最普遍的液晶显示器件。

TN型液晶显示器件显示原理较简单,是STN、TFT等显示方式的基础。本仪器所使用的液晶样品即TN型。

3. TN型液晶盒结构

TN式液晶盒结构如图3-18-2所示。

在涂覆透明电极的两枚玻璃基板之间,夹有正介电各向异性的向列相液晶薄层,四周用密封材料(一般为环氧树脂)密封。玻璃基板内侧覆盖着一层定向层,通常是一薄层高分子有机物,经定向摩擦处理,可使棒状液晶分子平行于玻璃表面,沿定向处理的方向

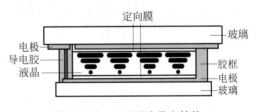

图 3-18-2 TN型液晶盒结构

排列。上下玻璃表面的定向方向是相互垂直的,这样,盒内液晶分子的取向逐渐扭曲,从上玻璃片到下玻璃片扭曲了90°,所以称为扭曲向列型。

4. 扭曲向列型电光效应

无外电场作用时,由于可见光波长远小于向列相液晶的扭曲螺距,因此当线偏振光垂直入射时,若其偏振方向与液晶盒上表面分子取向相同,则线偏振光将随液晶分子轴方向逐渐旋转90°,即出射光仍为线偏振且偏振方向平行于液晶盒下表面分子轴方向(见图3-18-3)中不通电部分,图中液晶盒上下表面各附一片偏振片,其偏振方向与液晶盒表面分子取向相同,因此光可通过偏振片射出;若入射线偏振光偏振方向垂直于上表面分子轴方向,出射时仍为线偏振光且方向垂直于下表面液晶分子轴;当入射线偏振光与液晶盒上表面分子取向不为平行或垂直情况时,则根据平行分量和垂直分量的相位差,以椭圆、圆或直线等某种偏振光形式射出。

对液晶盒施加电压,当电压达到一定值时,液晶分子长轴开始沿电场方向倾斜,电压继续增加到另一数值时,除附着在液晶盒上下表面的液晶分子外,所有液晶分子长轴都按电场方向进行重排列(见图 3-18-3 中的通电部分),此时 TN 型液晶盒 90°旋光性完全消失。

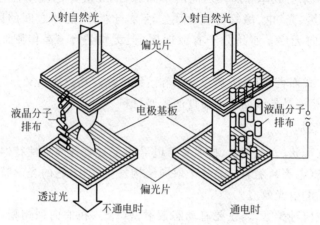

图 3-18-3　TN 型液晶显示器件分子排布与透光示意图

若将液晶盒放在两片偏振化方向垂直的偏振片之间,不加电压时,入射光通过起偏器形成线偏振光,经过液晶盒后光的偏振方向随液晶分子轴旋转 90°,线偏振光能通过检偏器,外视场呈亮态;施加电压后,线偏振光不能通过检偏器,外视场呈暗态,如图 3-18-4(a)所示。

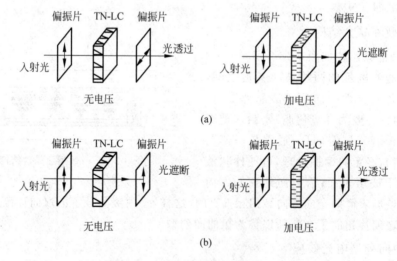

图 3-18-4　TN 型电光效应原理示意图
(a)两偏振片垂直;(b)两偏振片平行

若将液晶盒放在两片偏振化方向平行的偏振片之间,其偏振方向与上表面液晶分子取向相同。不加电压时,入射光通过起偏器形成线偏振光,经过液晶盒后偏振方向随液晶分子轴旋转 90°,线偏振光不能透过检偏器,外视场呈暗态,此种设定称为正常黑模式(normally black,NB);施加电压后,受外电场作用,液晶分子的长轴方向会沿此外加电场方向作平行排列,这将渐渐破坏对偏振光偏振方向的引导扭转作用,光便会渐渐透过检偏器,外视场呈亮态,如图 3-18-4(b)所示。

透过检偏器的光强与施加在液晶盒上的电压大小有关,当外加电压小于液晶阈值电压时,透射光强几乎不随外加电压变化;当外加电压大于液晶阈值电压时,液晶分子长轴开始沿电场方向倾斜,透射光强随外加电压的增加而逐渐增加;当外加电压大于饱和电压时,除附着在液晶盒上下表面的液晶分子外,所有液晶分子长轴都按电场方向进行重排列,TN 型液晶盒 90°旋光性完全消失,透射光强达到最大。

其中最大透光强度的 10% 所对应的外加电压值称为阈值电压(U_{th}),标志了液晶电光效应有可观察反应的开始(或称起辉),阈值电压小是电光效应好的一个重要指标。最大透光强度的 90% 对应的外加电压值称为饱和电压(U_r),标志了获得最大对比度所需的外加电压数值,U_r 小则易获得良好的显示效果,且降低显示功耗,对显示寿命有利。对比度 $D_r = I_{max}/I_{min}$,其中 I_{max} 为最大观察(接收)亮度(照度),I_{min} 为最小亮度。陡度 $\beta = U_r/U_{th}$,即饱和电压与阈值电压之比。

5. TN-LCD 结构及显示原理

TN 型液晶显示器件结构参考图 3-18-2,液晶盒上下玻璃片的外侧均贴有偏光片,其中上表面所附偏振片的偏振方向总是与上表面分子取向相同。自然光入射后,经过偏振片形成与上表面分子取向相同的线偏振光,透过液晶盒后,偏振方向随液晶分子长轴旋转 90°,平行于下表面分子取向。若下表面所附偏振片偏振方向与下表面分子取向垂直(即与上表面平行),则为黑底白字的常黑型,即不通电时,光不能透过显示器(为黑态),通电时,液晶90°旋光性消失,光可通过显示器(为白态);若偏振片与下表面分子取向相同,则为白底黑字的常白型,如图 3-18-2 所示结构,不通电时,光可以透过显示器(为白态),通电时,液晶90°旋光性消失,光不能通过显示器(为黑态)。TN-LCD 可用于显示数字、字符及简单图案等,有选择地在各段电极上施加电压,就可以显示出不同的图案。

【实验内容】

(1)光路及仪器调节

① 光学导轨上依次为半导体激光器、液晶样品盒(包括起偏器、液晶样品,出厂时已校准,使起偏器偏振方向与液晶片表面分子取向平行(或垂直))、检偏器、光电探测器,其中液晶样品盒带接线柱的一面面向激光器。打开半导体激光器,调节各元件高度,使激光依次穿过液晶盒、检偏器,照在光电探测器的光阑上。

② 接通主机电源,将光功率计调零。

③ 取下液晶盒(包括起偏器、液晶样品),用音频线连接光功率计和光电探测器,此时光功率计显示的数值为透过检偏器的光强大小。旋转检偏器,观察光功率计数值大小变化,调节检偏器至光功率数值为最大,若最大透射光强小于 $200\mu W$,可旋转半导体激光器机身,使最大透射光强大于 $200\mu W$(旋转激光器,可使最大透射光强从几十 μW 变化到 1mW 以上,实验时不需特意校准到某一值)。将光功率计调到 2mW 挡。

注:半导体激光器为部分偏振光,旋转激光器机身可以改变光强极大值方向与起偏器的夹角,调节液晶片的入射光强。

④ 放上液晶盒(包括起偏器、液晶样品),旋转检偏器,使透射光强达到最小。

⑤ 将电压表调至零点,用红黑导线连接主机和液晶盒,从 0 开始逐渐增大电压,观察光功率计读数变化。注意观察光功率计读数开始增大和趋于饱和对应的电压值,电压调至最

大值后归零。

(2) 记录光功率计读数对应的电压值,从 0 开始逐渐增加电压,0~2.5V 每隔 0.5V 记录电压及透射光强值,2.5V 后每隔 0.1V 左右记录数据,6.5V 后再每隔 0.2V 或 0.3V 记录数据,在关键点附近宜多测几组数据。

(3) 作电光曲线图,纵坐标为透射光强值,横坐标为外加电压值。

(4) 根据做好的电光曲线,求出样品的阈值电压 U_{th}(最大透光强度的 10% 所对应的外加电压值)、饱和电压 U_r(最大透光强度的 90% 对应的外加电压值)、对比度 D_r($D_r = I_{max}/I_{min}$)及陡度 β($\beta = U_r/U_{th}$)。

演示最简单的 TN-LCD。将方波电压调至 6V 以上,关掉机箱后面板的方波电源开关。调节检偏器使光功率计显示为最小,即黑态。打开方波电源开关,光功率计显示最大数值,即白态。此即黑底白字的常黑型 TN-LCD 的显示原理。

注意:可自配数字或字符型液晶片演示,有选择地在各段电极上施加电压,就可以显示出不同的图案。

【数据处理】

将实验数据填入表 3-18-1 中。

表 3-18-1 光功率计读数及对应的电压值

U/V	I/μW	U/V	I/μW	U/V	I/μW	U/V	I/μW	U/V	I/μW

【注意事项】

(1) 切忌挤压液晶片;保持液晶片表面清洁,不能有划痕;防止液晶片受潮,防止其受阳光直射。

(2) 驱动电压不能为直流。

(3) 切勿直视激光器。

注意:液晶样品受温度等环境因素的影响较大,如 TN 型液晶的阈值电压在 20℃±20℃ 范围内漂移达 15%~35%,因此每次实验结果有一定出入为正常情况。也可比较不同温度下液晶样品的电光曲线图。

实验 3.19 磁阻传感器与地磁场实验

地磁场的数值比较小,约 10^{-5} T 数量级,但在直流磁场中测量,特别是在弱磁场中测量时,往往需要知道其数值,并设法消除其影响。地磁场作为一种天然磁源,在军事、工业、医学、探矿等科研中也有着重要用途。本实验采用新型坡莫合金磁阻传感器测定地磁场磁感应强度,地磁场磁感应强度的水平分量和垂直分量,以及地磁场的磁倾角,从而掌握磁阻传感器的特性及测量地磁场的一种重要方法。由于磁阻传感器体积小,灵敏度高,易安装,因而在弱磁场测量方面有广泛的应用前景。

【实验目的】

(1) 掌握磁阻传感器测量的基本原理。

(2) 掌握地磁场的测量方法。

【实验仪器】

FB525 型磁阻传感器、地磁场实验仪。

【实验原理】

物质在磁场中电阻率发生变化的现象称为磁阻效应。对于铁、钴、镍及其合金等磁性金属,当外加磁场平行于磁体内部磁化方向时,电阻几乎不随外加磁场变化;当外加磁场偏离金属的内部磁化方向时,此类金属的电阻减小,这就是强磁金属的各向异性磁阻效应。

磁阻传感器是由长而薄的坡莫合金(铁镍合金)制成的一维磁阻微电路集成芯片(二维和三维磁阻传感器可以测量二维或三维磁场)。它利用通常的半导体工艺将铁镍合金薄膜附着在硅片上,如图 3-19-1 所示。薄膜的电阻率 $\rho(\theta)$ 依赖于磁化强度 M 和电流 I 方向间的夹角 θ,具有以下关系式:

$$\rho(\theta) = \rho_\perp + (\rho_{//} - \rho_\perp) \cos^2\theta \tag{3-19-1}$$

式中,$\rho_{//}$、$\rho_\perp$ 分别为电流 I 平行于 M 和垂直于 M 时的电阻率。当沿着铁镍合金带的长度方向通以一定的直流电流,而垂直于电流方向施加一个外界磁场时,合金带自身的阻值会发生较大的变化,利用合金带阻值这一变化可以测量磁场大小和方向。同时制作时还在硅片上设计了两条铝制电流带:一条是置位与复位带,该传感器遇到强磁场感应时,将产生磁畴饱和现象,也可以用来置位或复位极性;另一条是偏置磁场带,用于产生一个偏置磁场,补偿环境磁场中的弱磁场部分(当外加磁场较弱时,磁阻相对变化值与磁感应强度成平方关系),使磁阻传感器输出显示线性关系。

磁阻传感器是一种单边封装的磁场传感器,它能测量与引脚平行方向的磁场。传感器由 4 条铁镍合金磁电阻组成一个非平衡电桥,非平衡电桥输出部分接集成运算放大器,将信号放大输出。传感器内部结构如图 3-19-2 所示。图中由于适当配置的 4 个磁电阻电流方向不相同,当存在外界磁场时,引起电阻值变化有增有减。因而输出电压 U_{out} 可以用下式表示为

$$U_{out} = \frac{\Delta R}{R} U_b \tag{3-19-2}$$

对于一定的工作电压,如 $U_b = 5.00$ V,FB525 型磁阻传感器输出电压 U_{out} 与外界磁场的磁感应强度成正比关系,即

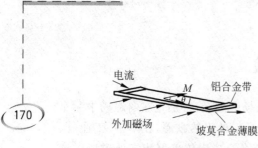

图 3-19-1 磁阻传感器的构造示意图

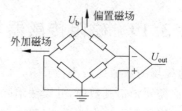

图 3-19-2 磁阻传感器的惠斯通电桥

$$U_{out} = U_0 + KB \qquad (3\text{-}19\text{-}3)$$

式中，K 为传感器的灵敏度；B 为待测磁感应强度；U_0 为外加磁场为零时传感器的输出电压。

由于亥姆霍兹线圈的特点是能在其轴线中心点附近产生较宽范围的均匀磁场区，所以常用作弱磁场的标准磁场。亥姆霍兹线圈公共轴线中心点位置的磁感应强度为

$$B = \frac{8\mu_0 NI}{5^{3/2} R} \qquad (3\text{-}19\text{-}4)$$

式中，N 为单只线圈匝数；I 为线圈流过的电流强度；R 为亥姆霍兹线圈的平均半径；μ_0 为真空磁导率。

【仪器介绍】

测量地磁场装置如图 3-19-3 所示。它主要包括底座、转轴、带角度刻度的转盘、磁阻传感器的引线、亥姆霍兹线圈、地磁场实验仪主机（包括三位半数字式电压表、数字式电流表、亥姆霍兹线圈励磁用恒流源、3mA恒流源等）。

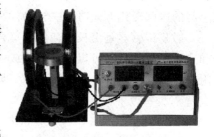

图 3-19-3 测量地磁场装置

【实验内容】

（1）先将亥姆霍兹线圈按串联方式连接，磁阻传感器放置在亥姆霍兹线圈公共轴线中点，使传感器的引脚和磁感应强度方向平行，即使传感器的感应面与亥姆霍兹线圈轴线垂直。用亥姆霍兹线圈产生的磁场作为已知的标准磁感应强度，测定并计算出（磁阻传感器）地磁场实验仪的灵敏度 K'。以上步骤完成后，拆除亥姆霍兹线圈的励磁电流连接线。

以表 3-19-1 中磁感应强度 B(T) 为横坐标，以平均 U(V) 为纵坐标拟合线性曲线，其斜率为地磁场实验仪的灵敏度 K'(V/T)。

（2）磁阻传感器已经平行固定在转盘上，先利用水准器指示调节地磁场实验仪的底脚螺钉，把转盘调到水平状态。然后左右水平旋转转盘，寻找到传感器输出电压最大的方向，这个方向就是地磁场磁感应强度的水平分量 $B_{//}$ 的方向。记录此时传感器输出电压 U_1 后，再旋转转盘 $180°$ 左右，寻找到传感器输出最大负电压的方向，记录传感器输出电压 U_2（负值），由 $|U_1 - U_2|/2 = K' B_{//}$，求得当地地磁场水平分量 $B_{//}$。

（3）将带有磁阻传感器的转盘平面调整为铅直，并使装置沿着地磁场磁感应强度水平分量 $B_{//}$ 方向放置，只是方向转 $90°$。转动调节转盘，分别记下传感器输出最大和最小时转盘指示值和水平面之间的夹角 β_1 和 β_2，同时记录最大读数 U'_1 和 U'_2。由磁倾角 $\beta = (\beta_1 + \beta_2)/2$ 计算 β 的值。

【数据处理】

（1）测量磁感应强度 B 和输出电压 U，将数据填入表 3-19-1。

表 3-19-1 磁感应强度 B 和输出电压 U 数据

励磁电流 I/mA	磁感应强度 B/(10^{-4}T)	U/mV		平均$\|U\|$/mV
		正向 U_1/mV	反向 U_2/mV	
±10.0				
±20.0				
±30.0				
±40.0				
±50.0				
±60.0				

（2）测量地磁场水平分量，将数据填入表 3-19-2。

表 3-19-2 地磁场水平分量数据　　　　　　　　mV

$U_{//正}$				
$U_{//反}$				
$\overline{U}_{//}$				

（3）测量输出电压 U 与磁倾角 β，将数据填入表 3-19-3。

表 3-19-3 输出电压 U 与磁倾角 β 数据

$U_总$/mV					
$U'_总$/mV					
$\overline{U}$/mV					
$\beta_正$					
$\beta_反$					
$\overline{\beta}$					

由 $|U_1'-U_2'|/2=K'B$，计算地磁场磁感应强度 B 的值，并计算地磁场的垂直分量 $B_\perp=B\sin\beta$。

注意：为了保证测量结果的准确性，实验仪器周围一定范围内不应存在铁磁性金属物体。

【注意事项】

（1）测量地磁场水平分量，须将转盘调节至水平；测量地磁场 $\vec{B}$ 和磁倾角 β 时，须将转盘面处于地磁子午面方向。

（2）测量磁倾角 β 时，应重复测量 6 次求平均值，这是因为测量时，偏差 $1°$，$U'_总=U_总\cos1°=0.9998U_总$，变化很小，偏差 $4°$，$U''_总=U_总\cos4°=0.998U_总$，所以在偏差 $1°\sim4°$ 的范围内 $U_总$ 变化极小，实验时应测出 $U_总$ 变化很小时的 β 角的值，然后求得平均值 $\overline{\beta}$。

实验 3.20　核磁共振实验

核磁共振是重要的物理现象。核磁共振实验技术在物理、化学、生物、临床诊断、计量科学和石油分析与勘探等许多领域得到重要应用。1945 年发现核磁共振现象的美国科学家铂塞耳(Purcell)和布珞赫(Bloch)1952 年获得诺贝尔物理学奖。在改进核磁共振技术方面作出重要贡献的瑞士科学家恩斯特(Ernst)1991 年获得诺贝尔化学奖。

【实验目的】

(1) 了解核磁共振实验的基本原理。

(2) 学习利用核磁共振校准磁场和测量 g 因子的方法。

【实验仪器】

永久磁铁(含扫场线圈)、探头两个(样品分别为水和聚四氟乙烯)、数字频率计、示波器。

【实验原理】

氢原子中电子的能量不能连续变化,只能取离散的数值。在微观世界中物理量只能取离散数值的现象很普遍。本实验涉及的原子核自旋角动量也不能连续变化,只能取离散值 $p = \sqrt{I(I+1)}\hbar$,其中 I 称为自旋量子数,只能取 $0,1,2,3,\cdots$ 整数值或 $1/2,3/2,5/2,\cdots$ 半整数值。公式中的 $\hbar = h/(2\pi)$,h 为普朗克常数。对不同的核素,I 分别有不同的确定数值。本实验涉及的质子和氟核 19F 的自旋量子数 I 都等于 1/2。类似地,原子核的自旋角动量在空间某一方向,例如 Z 方向的分量也不能连续变化,只能取离散的数值 $p_z = m\hbar$,其中量子数 m 只能取 $I,I-1,\cdots,-I+1,-I$ 共 $2I+1$ 个数值。

自旋角动量不为零的原子核具有与之相联系的核自旋磁矩,简称核磁矩,其大小为

$$\mu = g\frac{e}{2M}p \tag{3-20-1}$$

式中,e 为质子的电荷;M 为质子的质量;g 为一个由原子核结构决定的因子。对不同种类的原子核,g 的数值不同,称为原子核的 g 因子。值得注意的是,g 可能是正数,也可能是负数。因此,核磁矩的方向可能与核自旋角动量方向相同,也可能相反。

由于核自旋角动量在任意给定的 Z 方向只能取 $2I+1$ 个离散的数值,因此核磁矩在 z 方向也只能取 $2I+1$ 个离散的数值,即

$$\mu_z = g\frac{eh}{2m}p \tag{3-20-2}$$

原子核的核矩通常用 $\mu_N = e\hbar/(2M)$ 作为单位,μ_N 称为核磁子。采用 μ_N 作为核磁矩的单位以后,μ_z 可记为 $\mu_z = gm\mu_N$。与角动量本身的大小为 $\sqrt{I(I+1)}\hbar$ 相对应,核磁矩本身的大小为 $g\sqrt{I(I+1)}\mu_N$。除了用 g 因子表征核的磁性质外,通常引入另一个可以由实验测量的物理量 γ,γ 定义为原子核的磁矩与自旋角动量之比,即

$$\gamma = \mu/p = ge/2M \tag{3-20-3}$$

可写成 $\mu = \gamma P$,相应地有 $\mu_z = \gamma P_z$。

当不存在外磁场时,每一个原子核的能量都相同,所有原子核处在同一能级。但是,当施加一个外磁场 B 后,情况发生变化。为了方便起见,通常把 B 的方向规定为 Z 方向,由于外磁场 B 与磁矩的相互作用能为

$$E = -\mu B = -\mu_z B = -\gamma P_z B = -\gamma m \hbar B \qquad (3\text{-}20\text{-}4)$$

因此量子数 m 取值不同,核磁矩的能量也就不同,从而原来简并的同一能级分裂为 $2I+1$ 个子能级。由于在外磁场中各个子能级的能量与量子数 m 有关,因此量子数 m 又称为磁量子数。这些不同子能级的能量虽然不同,但相邻能级之间的能量间隔 $\Delta E = \gamma \hbar B$ 却是一样的。而且,对于质子而言,$I = 1/2$,因此,m 只能取 $m = 1/2$ 和 $m = -1/2$ 两个数值,施加磁场前后的能级分别如图 3-20-1(a)、(b)所示。

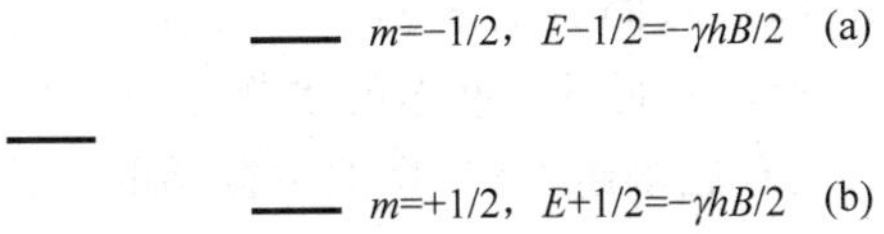

$$\underline{\qquad} \quad m=-1/2,\ E_{-1/2}=-\gamma hB/2 \quad \text{(a)}$$

$$\underline{\qquad}$$

$$\underline{\qquad} \quad m=+1/2,\ E_{+1/2}=-\gamma hB/2 \quad \text{(b)}$$

图 3-20-1　施加磁场前后的能级

当施加外磁场 B 后,原子核在不同能级上的分布服从玻耳兹曼分布,显然处在下能级的粒子数要比上能级的多,其差数由 ΔE 大小、系统的温度和系统的总粒子数决定。这时,若在与 B 垂直的方向上再施加一个高频电磁场,通常为射频场,当射频场的频率满足 $h\nu = \Delta E$ 时会引起原子核在上下能级之间跃迁,但由于一开始处在下能级的核比在上能级的要多,因此净效果是往上跃迁的比往下跃迁的多,从而使系统的总能量增加,这相当于系统从射频场中吸收了能量。

$h\nu = \Delta E$ 时,引起的上述跃迁称为共振跃迁,简称为共振。显然,共振时要求 $h\nu = \Delta E = \gamma hB$,从而要求射频场的频率满足共振条件:

$$\nu = \frac{\gamma}{2\pi}B \qquad (3\text{-}20\text{-}5)$$

如果用角频率 $\omega = 2\pi\nu$ 表示,共振条件可写成

$$\omega = \gamma B \qquad (3\text{-}20\text{-}6)$$

如果频率的单位用 Hz,磁场的单位用 T(特斯拉),对裸露的质子而言,经过大量测量得到 $\gamma/(2\pi) = 42.577469\text{MHz/T}$,但是对于原子或分子中处于不同基团的质子,由于不同质子所处的化学环境不同,受到周围电子屏蔽的情况不同,$\gamma/(2\pi)$ 的数值将略有差别,这种差别称为化学位移。对于温度为 25℃ 的球形容器中水样品的质子,$\gamma/(2\pi) = 42.577469\text{MHz/T}$,本实验可采用这个数值作为很好的近似值。通过测量质子在磁场 B 中的共振频率 ν_H 可实现对磁场的校准,即

$$B = \frac{\nu_H}{\gamma/(2\pi)} \qquad (3\text{-}20\text{-}7)$$

反之,若 B 已经校准,通过测量未知原子核的共振频率 ν 便可求出原子核的 γ 值(通常用 $\gamma/(2\pi)$ 值表征)或 g 因子:

$$\frac{\gamma}{2\pi} = \frac{\nu}{B} \qquad (3\text{-}20\text{-}8)$$

$$g = \frac{\nu/B}{\mu_N/h} \qquad (3\text{-}20\text{-}9)$$

式中,$\mu_N/h = 7.6225914\text{MHz/T}$。

通过上述讨论,要发生共振必须满足 $\nu = \dfrac{\gamma B}{2\pi}$。为了观察到共振现象通常有两种方法:

173

一种是固定 B，连续改变射频场的频率，这种方法称为扫频方法；另一种方法，也就是本实验采用的方法，即固定射频场的频率，连续改变磁场的大小，这种方法称为扫场方法。如果磁场的变化不是太快，而是缓慢通过与频率 ν 对应的磁场时，用一定的方法可以检测到系统对射频场的吸收信号，如图 3-20-2(a) 所示，称为吸收曲线，这种曲线具有洛伦兹型曲线的特征。但是，如果扫场变化太快，得到的将是如图 3-20-2(b) 所示的带有尾波的衰减振荡曲线。然而，扫场变化的快慢是相对具体样品而言的。例如，本实验采用的扫场为频率 50Hz、幅度在 $10^{-5} \sim 10^{-3}$T 的交变磁场，对固态的聚四氟乙烯样品而言是变化十分缓慢的磁场，其吸收信号将如图 3-20-2(a) 所示；而对于液态的水样品而言却是变化太快的磁场，其吸收信号将如图 3-20-2(b) 所示，而且磁场越均匀，尾波中振荡的次数越多。

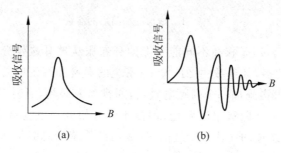

(a)　　　　　　　(b)

图 3-20-2　磁场变化快慢对吸收信号的影响

【仪器介绍】

实验装置的方框图如图 3-20-3 所示，它由永久磁铁、扫场线圈、DH2002 型核磁共振仪（含探头）、DH2002 型核磁共振仪电源、数字频率计、示波器组成。

永久磁铁：对永久磁铁的要求是有较强的磁场、足够大的均匀区且均匀性好。本实验所用的磁铁中心磁场 $B_0 \approx 0.48$T，在磁场中心（5mm）范围内均匀性优于 10^{-5}。

扫场线圈：用来产生一个幅度在 $10^{-5} \sim 10^{-3}$T 的可调交变磁场用于观察共振信号。扫场线圈的电流由变压器隔离降压后输出交流 6V 的电压。

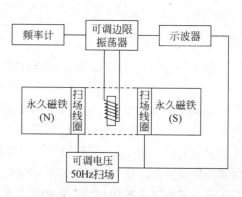

图 3-20-3　实验装置方框图

扫场幅度的大小可通过核磁共振仪电源面板上的扫场电流电位器调节。

探头：本实验提供两个探头，其中一个的样品为水（掺有硫酸铜），另一个为固态的聚四氟乙烯。

测试仪由探头和边限振荡器组成，液态 ^{1}H 样品装在玻璃管中，固态 ^{19}F 样品做成棍状。在玻璃管或棍状固态样品上绕有线圈，这个线圈就是一个电感 L，将这个线圈插入磁场中，线圈的取向与 B_0 垂直。线圈两端的引线与测试仪中处于反向接法的变容二极管（充当可变电容）并联构成 LC 电路并与晶体管等非线性元件组成振荡电路。当电路振荡时，线圈中即有射频场产生并作用于样品上。改变二极管两端反向电压的大小可改变两个二极管之间的电容 C，由此来达到调节频率的目的。这个线圈兼作探测共振信号的线圈，其探测原理如下。

测试仪中的振荡器不是工作在振幅稳定的状态,而是工作在刚刚起振的边限状态(边限振荡器由此得名),这时电路参数的任何改变都会引起工作的变化。当共振发生时,样品要吸收射频场的能量,使振荡线圈的品质因数 Q 值下降,Q 值的下降将引起工作状态的改变,表现为振荡波形包络线发生变化,这种变化就是共振信号,经过检波、放大,经由"NMR 输出"端与示波器连接,即可从示波器上观察到共振信号。振荡器未经检波的高频信号经由"频率输出"端直接输出到数字频率计,从而可直接读出射频场的频率。

测试仪正面面板由一个十圈电位器作为频率调节旋钮。此外,还有一个幅度调节旋钮(工作电流调节),适当调节这个旋钮可以使共振吸收的信号最大,但由于调节幅度旋钮时会改变振荡管的极间电容,从而对频率也有一定影响。"频率输出"与数字频率计连接,"NMR 输出"与示波器连接。"电压输入"与电源上的"电源输出"连接。

核磁共振仪电源前面板由"扫场电源开关""扫场调节""X 轴偏转调节""电源开关"组成,"扫场电源输出"与永久磁场底座上的"扫场面输入"连接,"电源输出"与测试仪上的"电压输入"连接,为了使示波器的水平扫描与磁场扫描同步,将扫场信号"X 轴偏转输出"与示波器的"X 轴(外接)"连接,以保证在示波器上观察到稳定的共振信号。

【实验内容】

1. 校准永久磁铁中心的磁场 B_0

把样品为水(掺有硫酸铜)的探头插入到磁铁中心,并使测试仪前端的探测杆与磁场在同一水平方向上,左右移动测试仪使它大致处于磁场的中间位置。将测试仪前面板上的"频率输出"和"NMR 输出"分别与频率计和示波器连接。把示波器的扫描速度旋钮放在 1ms/格位置,纵向放大旋钮放在 $0.5V/$格或 $1V/$格位置。"X 轴偏转输出"与示波器的"X 轴(外接)"连接,打开频率计、示波器和核磁共振仪电源的工作电源开关以及扫场电源开关,这时频率计应有读数。连接好"扫场电源输出"与磁场底座上的"扫场电源输入",打开电源开关并把输出调节在较大数值,缓慢调节测试仪频率旋钮,改变振荡频率(由小到大或由大到小)同时监视示波器,搜索共振信号。

什么情况下才会出现共振信号呢? 共振信号又是什么样呢?

如今磁场是永久磁铁的磁场 B_0 和一个 50Hz 的交变磁场叠加的结果,总磁场为

$$B = B_0 + B'\cos\omega't \qquad (3\text{-}20\text{-}10)$$

式中,B' 为交变磁场的幅度;ω' 为市电的角频率。总磁场在 $B_0-B' \sim B_0+B'$ 的范围内按图 3-20-4 所示的正弦曲线随时间变化。由式(3-20-6)可知,只有 ω/γ 落在这个范围内才能使可能发生共振的磁场变化范围增大;另一方面要调节射频场的频率,使 ω/γ 落在这个范围。一旦 ω/γ 落在这个范围,在磁场变化的某些时刻总磁场 $B=\omega/\gamma$,在这些时刻就能观察到共振信号,如图 3-20-4 所示,共振发生在 $B=\omega/\gamma$ 的水平虚线与代表总磁场变化的正弦曲线交点对应的时刻。如前所述,水的共振信号将如图 3-20-2(b)所示,而且磁场越均匀尾波中的振荡次数越多,因此一旦观察到共振信

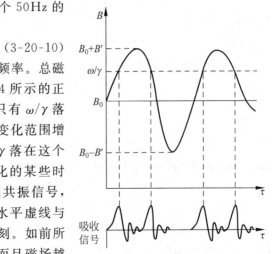

图 3-20-4　总磁场的变化

号后,应进一步仔细调节测试仪的左右位置,使尾波中振荡的次数最多,亦即使探头处在磁铁中磁场最均匀的位置。

由图 3-20-4 可知,只要 ω/γ 落在 $B_0 - B' \sim B_0 + B'$ 范围内就能观察到共振信号,但这时 ω/γ 未必正好等于 B_0,从图上可以看出,当 $\omega/\gamma \neq B_0$ 时,各个共振信号发生的时间间隔并不相等,共振信号在示波器上的排列不均匀。只有当 $\omega/\gamma = B_0$ 时,它们才均匀排列,这时共振发生在交变磁场过零时刻,而且从示波器的时间标尺可测出它们的时间间隔为 10ms。当然,当 $\omega/\gamma = B_0 - B'$ 或 $\omega/\gamma = B_0 + B'$ 时,在示波器上也能观察到均匀排列的共振信号,但它们的时间间隔不是 10ms,而是 20ms。因此,只有当共振信号均匀排列而且间隔为 10ms 时才有 $\omega/\gamma = B_0$,这时频率计的读数才是与 B_0 对应的质子的共振频率。

作为定量测量,我们除了要求出待测量的数值外,还关心如何减小测量误差并力图对误差的大小作出定量估计,从而确定测量结果的有效数字。从图 3-20-4 可以看出,一旦观察到共振信号,B_0 的误差不会超过扫场的幅度 B'。因此,为了减小估计误差,在找到共振信号之后应逐渐减小扫场的幅度 B',并相应地调节射频场的频率,使共振信号保持间隔为 10ms 的均匀排列。在能观察到和分辨出共振信号的前提下,力图把 B' 减小到最小程度,记下 B' 达到最小而且共振信号保持间隔为 10ms 均匀排列时的频率 ν_H,利用水中质子的 $\gamma/(2\pi)$ 值和式(3-20-7)求出磁场中待测区域的 B_0 值。顺便指出,当 B' 很小时,由于扫场变化范围小,尾波中振荡的次数也少,这是正常的,并不是磁场变得不均匀。

为了定量估计 B_0 的测量误差 ΔB_0,首先必须测出 B' 的大小。可采用以下步骤:保持这时扫场的幅度不变,调节射频场的频率,使共振先后发生在 $B_0 + B'$ 与 $B_0 - B'$ 处,这时图 3-20-4 中与 ω/γ 对应的水平虚线将分别与正弦波的峰顶和谷底相切,即共振分别发生在正弦波的峰顶和谷底附近。这时从示波器看到的共振信号均匀排列,但时间间隔为 20ms,记下这两次的共振频率 ν_H' 和 ν_H'',利用公式

$$B' = \frac{(\nu_H' - \nu_H'')/2}{\gamma/(2\pi)} \tag{3-20-11}$$

可求出扫场的幅度。

实际上 B_0 的估计误差比 B' 还要小,这是由于借助示波器上网格的帮助,共振信号排列均匀程度的判断误差通常不超过 10%,由于扫场大小是时间的正弦函数,容易算出相应的 B_0 的估计误差是扫场幅度 B' 的 80% 左右,考虑到 B' 的测量本身也有误差,可取 B' 的 1/10 作为 B_0 的估计误差,即取

$$\Delta B_0 = \frac{B'}{10} = \frac{(\nu_H' - \nu_H'')/20}{\gamma/(2\pi)} \tag{3-20-12}$$

式(3-20-12)表明,由峰顶与谷底共振频率差值的 1/20,利用 $\gamma/(2\pi)$ 数值可求出 B_0 的估计误差 ΔB_0。本实验 ΔB_0 只要求保留一位有效数字,进而可以确定 B_0 的有效数字,并要求给出测量结果的完整表达式,即

$$B_0 = 测量值 \pm 估计误差$$

现象观察:适当增大 B',观察到尽可能多的尾波振荡,然后向左(或向右)逐渐移动测试仪在磁场中的左右位置,使前端的样品探头从磁铁中心逐渐移动到边缘,同时观察移动过程中共振信号波形的变化并加以解释。

选做实验:利用样品为水的探头,把测试仪移到磁场的最左(或最右),测量磁场边缘的

磁场大小。

2. 测量 ^{19}F 的 g 因子

把样品为水的探头换为样品为聚四氟乙烯的探头,并把测试仪探头插入磁铁中心。示波器的纵向放大旋钮调节到 50mV/格 或 20mV/格,用与校准磁场过程相同的方法和步骤测量聚四氟乙烯中 ^{19}F 与 B_0 对应的共振频率 ν_F 以及在峰顶及谷底附近的共振频率 ν_F' 及 ν_F'',利用 ν_F 和式(3-20-1)~式(3-20-9)求出 ^{19}F 的 g 因子。根据式(3-20-9),g 因子的相对误差为

$$\frac{\Delta g}{g} = \sqrt{\left(\frac{\Delta \nu_F}{\nu_F}\right)^2 + \left(\frac{\Delta B_0}{B_0}\right)^2} \tag{3-20-13}$$

式中,B_0 和 ΔB_0 为校准磁场得到的结果。与上述估计 ΔB_0 的方法类似,可取 $\Delta \nu_F = (\nu_F' - \nu_F'')/20$ 作为 ν_F 的估计误差。

求出 $\Delta g/g$ 之后可利用已算出的 g 因子求出绝对误差 Δg,Δg 也只保留一位有效数字,并由它确定 g 因子测量结果的完整表达式。

观测聚四氟乙烯中氟的共振信号时,比较它与掺有硫酸铜的水样品中质子的共振信号波形的差别。

实验 3.21　声光效应(超声驻波中的光衍射)

声光效应是指光通过受到超声波扰动的介质时发生衍射的现象,这种现象是光波与介质中声波相互作用的结果。20 世纪初布里渊曾预言:有压缩波存在的液体,当光束沿垂直于压缩波传播方向以一定角度通过时,将产生类似于光栅产生的衍射现象。布里渊的预言不久被实验所证实。后来,人们不仅在液体中,而且在透明固体中也发现了这种现象。利用压电换能器在透明固体中激发超声波,当有光通过时可以观察到超声波中的光衍射现象。激光器出现之后,这种实验变得异常简单。

自那时起,人们对声光衍射现象做了大量的实验和理论研究。归结起来,声光衍射的实验测量主要包括两方面的内容:①光学测量(测量衍射光强、衍射角、衍射光的偏振方向、衍射光的频率与入射光强、入射角、入射光的波长、驱动源频率、驱动功率、声光互作用介质的关系);②电输入特性测量(测量行波器件的电输入特性与声光互作用介质、压电换能器、匹配网络的关系,驻波器件的电输入特性与声光互作用介质、压电换能器、匹配网络的关系)。

【实验目的】

(1) 了解声光介质中超声驻波的形成过程。

(2) 观察超声驻波场中光衍射现象。

(3) 测量衍射光强分布、声速。

【实验仪器】

F-SG1080 型声光效应实验仪。

【实验原理】

F-SG1080 型声光效应实验仪利用石英晶体/ZF6 作为驻波声光调制器,它由两部分构成:一是声光晶体。声光晶体由压电换能器(X0°切石英晶体)和声光相互作用介质(ZF6)组成。为了在声光介质中形成驻波,沿声传播方向上声光介质的两个面要严格平行,平行度

要优于 $\lambda/5$。压电换能器与声光介质焊接成一体。二是驱动源。驱动源是一个正弦波高频功率信号发生器。驱动源提供的正弦高频功率信号(见图 3-21-1(a))通过匹配网络加到压电换能器上,换能器发出的超声波沿 x 正方向传播,到达对面后被全反射,反射波沿 x 负方向传播,声光介质中就如同存在两列频率相同、振幅相等沿相反方向传播的超声波。

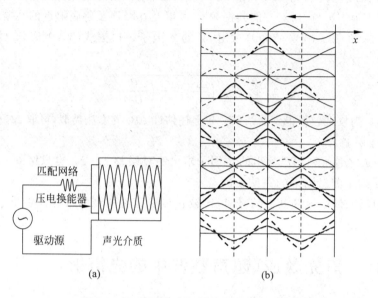

图 3-21-1 驻波声光调制器及驻波的形成
(a) 驻波声光调制器;(b)声光介质中超声驻波的形成过程

图 3-21-1(b)所示的就是这种波在 10 个彼此相等的瞬时间隔时的情况。沿正 x 方向传播的发射波用虚线表示,沿负 x 方向传播的反射波用实线表示,它们的叠加用点划线表示。不难看出,叠加波具有相同的波长,只是在空间不产生位移。这种有两个彼此相对的行波组成的振动称为驻波。在驻波中,彼此相距 $\lambda_s/2$ 的各点完全不振动(λ_s 为声波波长),这些点称为波节。位于两波节中间的点是波腹,这些点上的振动最大。另外,显而易见的是每隔 $T/2$,振动即完全消失(图 3-21-1(b)中从上往下数 3、5、7、9 行的瞬时),驻波的最大值也位于这些瞬时间隔的中间(2、4、6、8、10),而且每经过这个时间间隔,在波腹处的振动的相位相反。

沿 x 正方向和负方向传播的振动可以写成如下形式:

$$a_1 = A\sin(\Omega t - Kx)$$

$$a_2 = A\sin(\Omega t + Kx)$$

应用加法定理可得到合成驻波的表达式为

$$a = 2A\sin\Omega t\cos Kx \tag{3-21-1}$$

由此可直接得出,在 $\cos Kx$ 等于零的各点,位移 a 恒等于零。这是在 x 等于 $\pi/2$ 的奇数倍时产生的。$\cos Kx$ 的绝对值最大的点位于这些点的中间。

将式(3-21-1)对时间微分,即可得到驻波情况下质点振动速度的表达式为

$$u = 2\Omega A\cos Kx\cos\Omega t \tag{3-21-2}$$

上式说明,质点振动速度的波节和波腹与位移的波节和波腹在相同的点上。

现在来研究驻波中声压分布的问题。在沿 x 方向传播的波中，声压 p 与沿 x 方向位移的变化 da/dx 成正比。将式(3-21-1)对 x 微分，得

$$p \propto \frac{da}{dx} = -2KA\sin\Omega t \sin Kx \tag{3-21-3}$$

声压波节的位置与位移波腹的位置相合或者相反。

图 3-21-2 所示为在驻波中两个时间间隔相差半个周期的速度和声压的分布情况，箭头表示质点运动的方向。不难看出，速度与位移的波节和波腹相距 $\lambda_S/4$，且每经过半个周期全部稠密变成稀疏或者与此相反。在这两个时期之间，有个时间所有质点的位移都为零。如果振动的频率为 f，则驻波的这种"出现"和"消失"在每秒钟内产生 $2f$ 次。

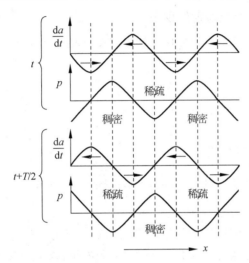

图 3-21-2 驻波中质点振动速度 da/dt 和声压 p 的分布

当声波垂直入射到两种介质的分界面上时就会产生驻波。假如分界面两边介质的声阻抗相差很大，则根据边界条件，在界面上有 $a=0$，$u=0$。因而，在反射点处位移和速度的相位产生 $180°$ 的突变。在界面处总是发生位移波节和声压波腹。如由分界面两边介质的声阻抗相差不大的表面上反射时，声波的一部分能量转移到第二种介质中，反射的振幅小于发射的振幅。这时，在第一种介质中发生驻波和行波的组合。

现在，我们来讨论在超声驻波的作用下，声光介质折射率的变化以及光通过时的衍射情况。在超声驻波的作用下，声光介质的折射率 $n(x,t)$ 由下式表示：

$$n(x,t) = n_0 + \Delta n\sin\Omega t \cos Kx \tag{3-21-4}$$

式中，n_0 为未加超声波时声光介质的折射率；Δn 为声致折射率改变幅值；Ω 为超声波的圆频率；K 为超声波的波数。

当一束激光通过时，就会产生类似于光栅产生的衍射现象。在垂直入射情况下，各衍射极大的方位角仍为

$$\sin\theta = mK/k = m\lambda/\lambda_S \tag{3-21-5}$$

各序衍射光的强度为

$$I_m = E_m E_m^* = C^2 q^2 J_m^2(\Delta\varphi_0 \sin\Omega t) \tag{3-21-6}$$

这个结果说明，超声驻波发生的衍射，各序衍射的方位一如既往，但每一序衍射光束均

各受到因子 $J_m(\Delta\varphi_0\sin\Omega t)$ 的调制,通过贝塞尔函数的宗量 $\Delta\varphi_0\sin\Omega t$ 而附加了一个随时间的起伏,因此各序衍射光束不再像行波的情况那样,只是简单地发生了一个频移的单色光,而是含有多个傅里叶分量的复合光束,即

$$I_{m,r} = C^2 q^2 \sum_{p=-\infty}^{\infty} J_p\left(\frac{\Delta\varphi_0}{2}\right) J_{p-m}\left(\frac{\Delta\varphi_0}{2}\right) J_{p+m}\left(\frac{\Delta\varphi_0}{2}\right) J_{p+r-m}\left(\frac{\Delta\varphi_0}{2}\right) e^{2ir\Omega t}$$

$$r = 0, \pm 1, \pm 2, \pm 3, \cdots$$

(3-21-7)

由此可见,超声驻波产生的各级衍光强均以 $2r\Omega$ 的频率被调制。

驻波声光调制器被广泛应用在光速测量、锁模激光器、移频中。

【实验内容】

1. 观察超声驻波场中光衍射的现象

实验仪器如图 3-21-3 所示,仪器由安装在光学导轨上的激光器、驻波声光调制器、观察屏组成。

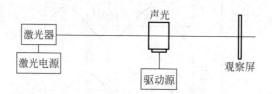

图 3-21-3 超声驻波场中光衍射的实验观察

(1) 开启激光电源,点亮激光器。

(2) 令激光束垂直于声光介质的通光面入射,观察反射回的光点,尽量使光点靠近出光孔,并处于孔的正上方或正下方(但不要反射回激光器里,以免使激光器工作不稳定)。

(3) 使声光晶体尽量靠近激光器,打开电源,开启声光调制器驱动源,调节驱动频率,观察衍射光斑变化情况,令衍射最强,观察衍射光斑形状,体会驻波理论。

2. 观察超声驻波场的像,测量声波的传播速度

实验仪器如图 3-21-4 所示,仪器由安装在光学导轨上的激光器、光阑、声光调制器、透镜、观察屏组成。

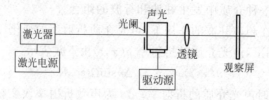

图 3-21-4 λ射光斑尺寸对衍射光的影响及超声驻波场的像

(1) 移开透镜,重复实验 1 的步骤,令观察屏上的衍射光点最多。

(2) 安上透镜,改变透镜与调制器之间的位置,用光阑限定声光调制器前表面入射光斑的尺寸。

(3) 当入射光充满通光面时,数出衍射条纹的数目 N,利用下式计算声光介质中的声速 v:

$$v = \frac{2Df}{N} \tag{3-21-8}$$

式中,D 为光阑直径($D=2.5\text{mm}$);f 为超声波的频率,可用示波器测出。

　　注: 本实验仅使用晶体声光调制器,不使用液体声光调整器。

3. 超声驻波衍射光强的测量及声速的计算

　　实验仪器如图 3-21-5 所示,仪器由安装在光学导轨上的激光器、驻波声光调制器、观察屏、光强分布测量系统组成。

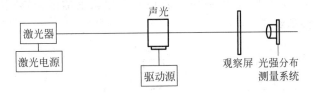

图 3-21-5　超声驻波衍射光强的测量

　　(1) 重复实验 1 的步骤,令观察屏上的衍射光点最多。

　　(2) 移开观察屏,用激光功率计测出入射光强 I_0。

　　(3) 转动光功率计上的旋钮鼓轮分别使 $0,\pm 1,\pm 2,\pm 3,\cdots$ 级衍射光打到激光功率计的光敏面上(选用适当的光阑),测出相应衍射光的强度 I_m,记录各级衍射光对应的横坐标的位置 x_m(测量时鼓轮要同方向旋转,避免回程差)。

　　(4) 记录声光调制器距光强分布测量系统的距离 l。

　　(5) 由光栅方程可推导出声波传播速度,求出声速,并与实验 2 进行比较。

$$v = \lambda_{\text{S}} f = df = \frac{m\lambda l f}{\Delta x} \tag{3-21-9}$$

式中,λ_{S} 为声波波长;d 为光栅常数($\lambda_{\text{S}}=d$);f 为声波频率;λ 为激光波长,$\lambda=635\text{nm}$;m 为衍射级数;l 为声光调制器光面距光强接收器的距离;Δx 为第 m 级衍射光距第 0 级衍射光的距离。

　　(6) 改变驱动电压,测出对应的光强,并作出与驱动电压的关系曲线。

4. 声音调制

　　实验仪器如图 3-21-6 所示,仪器由安装在光学导轨上的激光器、驻波声光调制器、二维＋光电探头组成。

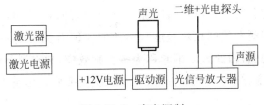

图 3-21-6　声音调制

　　(1) 按图将实验仪器安装在光学导轨上(声源是指有播放功能的电子器件)。

　　(2) 使激光透过声光调制器照射在二维＋光电探头的中心处。

（3）使声源发声并将声导入光信号放大器。

（4）缓慢调节声光调制器驱动源的驱动频率、电压及光照射在二维＋光电探头上的位置，使声音从放大器传出。

5. 用液体声光调制器测量超声驻波衍射光强、声速，声音调制

更换声光调制器，在液体声光调制器的容器内加入液体，重复实验 1、3、4 的步骤。

6. 衍射光强波形的测量（选做，需另购附件）

实验仪器如图 3-21-7 所示，仪器由安装在光学导轨上的激光器、驻波声光调制器、光阑、光电接收器、示波器组成。

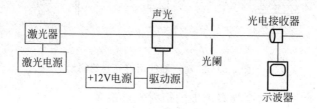

图 3-21-7　衍射光强波形的测量

（1）重复实验 1 的步骤，令观察屏上的衍射光点最多。

（2）光电接收器分别接收不同级衍射光，改变驱动功率，用示波器观察调制光强波形。

（3）分析驱动功率与衍射光强波形的关系。

【注意事项】

（1）驻波声光调制器的光学面要避免用手触摸，避免灰尘。

（2）电压和频率要缓慢配合调节。

思考题

1. 试分析在什么条件下，衍射光强可获得最好的 2 倍声频调制。

2. 声速测量公式（3-21-9）是如何推导出来的？

实验 3.22　多普勒效应综合实验

声源相对于观测者在运动时，观测者所听到的声音会发生变化。当声源离观测者而去时，声波的波长增加，音调变得低沉；当声源接近观测者时，声波的波长减小，音调就变高。音调的变化同声源与观测者间的相对速度和声速的比值有关，这种现象是奥地利一位名叫多普勒的物理学家发现的，因此人们把它称为多普勒效应，它在科学研究、工程技术、交通管理、医疗诊断等各方面都有十分广泛的应用。本实验主要验证多普勒效应，并以此来研究一些物体的运动规律。

【实验目的】

（1）测量超声接收器运动速度与接收频率之间的关系，验证多普勒效应，并由 f-v 关系直线求声速。

（2）利用多普勒效应测量物体运动过程中多个时间点的速度,研究以下几种情况下物体的运动规律:

① 自由落体运动,并由 v-t 关系直线的斜率求重力加速度。

② 简谐振动,可测量简谐振动的周期等参数,并与理论值比较。

③ 匀加速直线运动,测量力、质量与加速度之间的关系,验证牛顿第二定律。

④ 其他变速直线运动。

【实验仪器】

多普勒效应综合实验仪由实验仪、超声发射/接收器、红外发射/接收器、导轨、运动小车、支架、光电门、电磁铁、弹簧、滑轮、砝码及电机控制器等组成。实验仪内置微处理器,带有液晶显示屏。图 3-22-1 所示为实验仪的面板图。

实验仪采用菜单式操作,显示屏显示菜单及操作提示,由▲、▼、◀、▶键选择菜单或修改参数,按"确认"键后仪器执行。可在"查询"页面查询到在实验时已保存的实验数据。操作者只需按每个实验的提示即可完成操作。

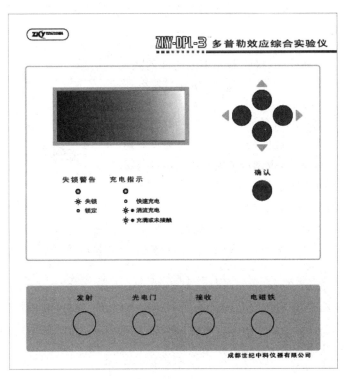

图 3-22-1　多普勒实验仪面板

1. 仪器面板上两个指示灯状态介绍

失锁警告指示灯:亮,表示频率失锁,即接收信号较弱(原因:超声接收器电量不足),此时不能进行实验,须对超声接收器充电,让该指示灯灭;灭,表示频率锁定,即接收信号能够满足实验要求,可以进行实验。

充电指示灯:灭,表示正在快速充电;亮(绿色),表示正在涓流充电;亮(黄色),表示已经充满;亮(红色),表示已经充满或充电针未接触。

2. 电机控制器功能介绍

（1）电机控制器可手动控制小车变换 5 种速度。

（2）手动控制小车"启动"，并自动控制小车倒回。

（3）5 只 LED 灯既可指示当前设定速度，又可根据指示灯状态反映当前电机控制器与小车之间出现的故障（见表 3-22-1）。

表 3-22-1　故障现象、原因及处理方法

故障现象	故障原因	处理方法
小车未能启动	小车尾部磁钢未处于电机控制器前端磁感应范围内	将小车移至电机控制器前端
	传送带未绷紧	调节电机控制器的位置使传送带绷紧
小车倒回后撞击电机控制器	传送带与滑轮之间有滑动	同上
5 只 LED 灯闪烁	电机控制器运转受阻（如传送带安装过紧、外力阻碍小车运动），控制器进入保护状态	排除外在受阻因素，手动滑动小车到控制器位置，恢复正常使用

【实验原理】

根据超声的多普勒效应，接收器和声源之间的频率关系为

$$f = \frac{u + v_1 \cos\alpha_1}{u - v_2 \cos\alpha_2} f_0 \tag{3-22-1}$$

式中，f_0 为声源发射频率；u 为声速；α_1 为声源与接收器连线与接收器运动方向之间的夹角；v_1 为接收器运动速率，接近声源时取正值，否则取负值；α_2 为声源与接收器连线与声源运动方向之间的夹角；v_2 为声源运动速率，接近接收器时取负值，否则取正值（见图 3-22-2）。

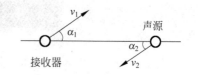

图 3-22-2　超声的多普勒效应示意图

若保持声源不动，运动物体上的接收器沿声源与接收器连线方向以速度 v 运动，由式（3-22-1）可知接收器接收到的频率应为：

$$f = \left(1 + \frac{v}{u}\right) f_0 \tag{3-22-2}$$

若 f_0 保持不变，以光电门测量物体的运动速度，并由仪器对接收器接收到的频率自动计数，根据式（3-22-2）作 f-v 关系图可直观验证多普勒效应，且由数据点作直线，其斜率应为 $k = f_0/u$，由此可计算出声速 $u = f_0/k$。

由式（3-22-2）可知

$$v = \left(\frac{f}{f_0} - 1\right) u \tag{3-22-3}$$

若已知声速 u 及声源频率 f_0，通过设置使仪器以某种时间间隔对接收器接收到的频率 f 采样计数，由微处理器按式（3-22-3）计算出接收器运动速度，由显示屏显示 v-t 关系图，或调阅有关测量数据，即可得出物体在运动过程中的速度变化情况，进而对物体运动状况及规律进行研究。

若物体作自由落体运动，假定初始速度为 v_0，重力加速度为 g，则任意时刻 t 时物体的速度为

$$v = v_0 + gt \tag{3-22-4}$$

利用多普勒效应测量物体运动过程中多个时间点的速度，即可得出物体在运动过程中的速度变化情况，进而计算自由落体加速度。

若物体作简谐振动，假定物体质量为 m，受到大小与位移 x 成正比、方向指向平衡位置的回复力的作用时，根据牛顿第二定律，其运动方程为

$$m\frac{\mathrm{d}^2x}{\mathrm{d}t^2} + kx = 0 \tag{3-22-5}$$

由式(3-22-5)描述的运动称为简谐振动，初始条件为 $x|_{t=0} = -A_0$，$v|_{t=0} = \mathrm{d}x/\mathrm{d}t = 0$，则方程(3-22-5)的解为

$$x = A_0\cos\omega_0 t \tag{3-22-6}$$

将式(3-22-6)对时间求导，可得速度方程为

$$\dot{x} = \omega_0 A_0\sin\omega_0 t \tag{3-22-7}$$

由式(3-22-6)、式(3-22-7)可见，物体作简谐振动时位移和速度都随时间周期变化，式中，$\omega_0 = \sqrt{k/m}$，为振动系统的固有角频率。

质量为 M 的接收器组件与质量为 m 的砝码托及砝码悬挂于滑轮的两端($M > m$)，如图 3-22-3 所示，系统的受力情况如下。

接收组件的重力为 Mg，方向向下。砝码组件通过细绳和滑轮施加给接收组件的力为 mg，方向向上。摩擦阻力的大小与接收器组件对细绳的张力成正比，可表示为 $CM(g-a)$，a 为加速度，C 为摩擦系数，摩擦力方向与运动方向相反。

系统所受合外力为 $Mg - mg - CM(g-a)$。

运动系统的总质量为 $M + m + J/R^2$。
其中，J 为滑轮的转动惯量，R 为滑轮绕线槽半径，J/R^2 相当于将滑轮的转动等效于线性运动时的等效质量。

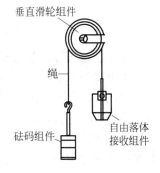

图 3-22-3   验证牛顿第二定律示意图

根据牛顿第二定律，可列出运动方程：

$$Mg - mg - CM(g-a) = a(M + m + J/R^2) \tag{3-22-8}$$

实验时改变砝码组件的质量 m，即改变了系统所受的合外力和质量。对不同的组合测量其运动情况，由记录的 t、v 数据求得 v-t 直线的斜率即此次实验的加速度 a。

式(3-22-8)可以改写为

$$a = [(1-C)M - m]g/[(1-C)M + m + J/R^2] \tag{3-22-9}$$

以得出的加速度 a 为纵轴、以 $[(1-C)M-m]/[(1-C)M+m+J/R^2]$ 为横轴作图，若为线性关系，符合式(3-22-9)描述的规律，即验证了牛顿第二定律，且直线的斜率应为重力加速度。

系统中，摩擦系数 $C = 0.07$，滑轮的等效质量 $J/R^2 = 0.014\mathrm{kg}$。

【实验内容】

1. 验证多普勒效应并由测量数据计算声速

让小车以不同速度通过光电门，仪器自动记录小车通过光电门时的平均运动速度及与之对应的平均接收频率。由仪器显示的 f-v 关系图可看出速度与频率的关系，若测量点成直线，符合式(3-22-2)描述的规律，即直观验证了多普勒效应。用作图法或线性回归法计

算 f-v 直线的斜率 k,由 k 计算声速 u 并与声速的理论值比较,计算其百分误差。

1) 仪器安装

如图 3-22-4 所示,所有需固定的附件均安装在导轨上,小车置于导轨上,使其能沿导轨自由滑动,此时,水平超声发射器、超声接收器组件(已固定在小车上)、红外接收器在同一轴线上。将组件电缆接入实验仪的对应接口上。安装完毕后,电磁铁组件放在轨道旁边,通过连接线给小车上的传感器充电,第一次充电时间 6~8s,充满后(仪器面板充电灯变成黄色或红色)可以持续使用 4~5min。充电完成后将连接线从小车上取下,以免影响小车运动。

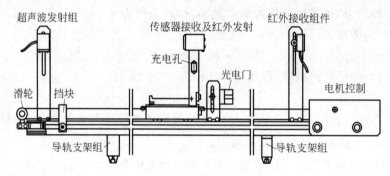

图 3-22-4　实验装置示意图

实验前须调好皮带松紧度。皮带的松紧度直接影响小车在导轨上运动:皮带过松,小车前进距离很不正常,因为带动皮带的主动轮与皮带之间打滑,小车自动返回后与控制器存在碰撞,有时候会出现较为剧烈的碰撞;皮带过紧,小车前进速度较慢,也会出现小车前进距离较近,小车后退时,运动吃力,容易使控制器进入保护状态,出现 5 个发光二极管闪烁,电机停止转动,此时手动滑动小车到控制器位置,恢复正常使用。小车自动后退完成后,小车车体后端磁钢距离控制器表面应在 1~15mm 之间。如果不是这个距离,应调节皮带松紧度,再做实验。

在初次安装中若规定传送带刚好拉直(皮带端拉簧无形变,且导轨面不与皮带接触的最高位置)为 0 位置,则在安装时电机控制器需向拉紧方向移动 9mm,将速度设置为 1~5 时,小车在运行中应无前面描述的过松过紧的异常情况,否则可在 ±4mm 范围微调电机控制器,直到达到要求。

2) 测量准备

开机后首先要求输入室温,因为计算物体运动速度时要代入声速,而声速是温度的函数。利用 ◀、▶ 键将室温 t_c 值调到实际值,按"确认"。然后仪器将进行自动检测调谐频率 f_0,约几秒钟后将自动得到调谐频率,将此频率 f_0 记录下来,按"确认"进行后面的实验。

3) 测量步骤

(1) 在液晶显示屏上,选中"多普勒效应验证实验",并按"确认"。

(2) 利用 ◀、▶ 键修改测试总次数(选择范围 5~10,因为有 5 种可变速度,一般选 5 次),按 ▼ 键,选中"开始测试",但不要按"确认"。

(3) 用电机控制器上的"变速"按钮选定一个速度。准备好后按"确认",再按电机控制器上的"启动",测试开始进行,仪器自动记录小车通过光电门时的平均运动速度及与之对应的平均接收频率。

(4) 每一次测试完成,都有"存入"或"重测"的提示,可根据实际情况选择,"确认"后回到测试状态,并显示测试总次数及已完成的测试次数。

(5) 按电机控制器上的"变速",重新选择速度,重复步骤(3)、(4)。

(6) 完成设定的测量次数后,仪器自动存储数据,并显示 f-v 关系图及测量数据。

4) 注意事项

(1) 安装时要尽量保证红外接收器、小车上的红外发射器和超声接收器、超声发射器三者在同一轴线上,以保证信号传输良好。

(2) 安装时不可挤压连接电缆,以免导线折断。

(3) 安装时请确认橡胶圈是否套在主动轮上。

(4) 小车不使用时应立放,避免小车滚轮沾上污物,影响实验进行。

(5) 小车速度不可太快,以防小车脱轨跌落损坏。若出现故障,请参照表 3-22-1 进行处理。

5) 数据与结果

测量数据的记录是仪器自动进行的,测量完成后只需在出现的显示界面上,用▼键翻阅数据并记入表 3-22-2 中,然后按照上述公式计算出相关结果并填入表格。

表 3-22-2　多普勒效应的验证与声速的测量($t_c = $ _____ ℃, $f_0 = $ _____ Hz)

测量数据						直线斜率 k	声速测量值 u	声速理论值 u_0	相对误差 $(u - u_0)/u_0$
次数 i	1	2	3	4	5				
$v_i/(\text{m/s})$									
f_i/Hz									

由 f-v 关系图可以看出,若测量点成直线,符合式(3-22-2)描述的规律,即直观验证了多普勒效应。用作图法或线性回归法计算 f-v 关系直线的斜率 k。式(3-22-10)为线性回归法计算 k 值的公式,其中测量次数 $i = 5$。

$$k = \frac{\overline{v_i \times f_i} - \overline{v_i} \times \overline{f_i}}{\overline{v_i^2} - \overline{v_i}^2} \quad (3\text{-}22\text{-}10)$$

由 k 计算声速 $u = f_0/k$,并与声速的理论值比较,声速理论值 u_0 为

$$u_0 = 331 \times \sqrt{1 + t_c/173}\,(\text{m/s}) \quad (3\text{-}22\text{-}11)$$

式中,t_c 为室内温度,℃。

2. 研究自由落体运动,求自由落体加速度

让带有超声接收器的接收组件自由下落,利用多普勒效应测量物体运动过程中多个时间点的速度,查看 v-t 关系曲线,并调阅有关测量数据,即可得出物体在运动过程中的速度变化情况,进而计算自由落体加速度。

1) 仪器安装与测量准备

仪器安装如图 3-22-5 所示。为保证超声发射器与接收器在一条垂线上,可用细绳拴住接收器,检查从电磁铁下垂时是否正对发射器。

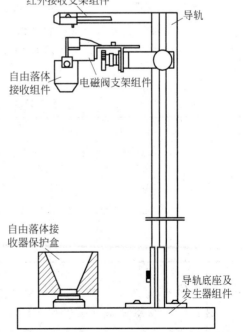

图 3-22-5　自由落体实验装置图

若对齐不好,可通过底座螺钉加以调节。

充电时,让电磁阀吸住自由落体接收器,并让该接收器上充电部分和电磁阀上的充电针接触良好。充满电后,将接收器脱离充电针,下移悬挂在电磁铁上。

2)测量步骤

(1)在液晶显示屏上,用▼键选中"变速运动测量实验",并按"确认"。

(2)利用▶键修改测量点总数,通常选 10~20 个点(选择范围 8~150);用▼键选择采样步距,通常选 10~30ms(选择范围 10~100ms),选中"开始测试"。

(3)按"确认"后,电磁铁释放,接收器组件自由下落。测量完成后,显示屏上显示 v-t 图,用▶键选择"数据",阅读并记录测量结果。

(4)在结果显示界面中用▶键选择"返回","确认"后重新回到测量设置界面。可按以上程序进行新的测量。

3)注意事项

(1)须将"自由落体接收器保护盒"套于发射器上,避免发射器在非正常操作时受到冲击而损坏。

(2)安装时切不可挤压电磁阀上的电缆。

(3)接收器组件下落时,若其运动方向不是严格地在声源与接收器的连线方向,则 α_1(为声源与接收器连线与接收器运动方向之间的夹角,如图 3-22-6 所示)在运动过程中增加,此时式(3-22-2)不再严格成立,由式(3-22-3)计算的速度误差也随之增加。故在数据处理时,可根据情况对最后两个采样点进行取舍。

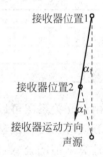

图 3-22-6 运动过程中 α_1 角度变化示意图

4)数据与结果

将测量数据记入表 3-22-3 中,由测量数据求得 v-t 直线的斜率即为重力加速度 g。为减小偶然误差,可进行多次测量,将测量的平均值作为测量值,并将测量值与理论值比较,求相对误差。

表 3-22-3 自由落体运动的测量

采样次数 i	2	3	4	5	6	7	8	9	$g/(\text{m/s}^2)$
$t_i=0.05(i-1)$ /s	0.05	0.10	0.15	0.20	0.25	0.30	0.35	0.40	
v_i									
v_i									
v_i									
v_i									

理论值 $g=$ _____ m/s²,平均值 $g=$ _____ m/s²,相对误差 $(g-g_0)/g_0=$ _____。

注:表 3-22-3 中,$t_i=0.05(i-1)$,t_i 为第 i 次采样与第 1 次采样的时间间隔差,0.05 表示采样步距为 50ms。如果选择的采样步距为 20ms,则 t_i 应表示为 $t_i=0.02(i-1)$。依此类推,根据实际设置的采样步距而定采样时间。

3. 研究简谐振动

1) 仪器安装与测量准备

仪器的安装如图 3-22-7 所示。将弹簧悬挂于电磁铁上方的挂钩孔中,接收器组件的尾翼悬挂在弹簧上。接收器组件悬挂上弹簧之后,测量弹簧长度。加挂质量为 m 的砝码,测量加挂砝码后弹簧的伸长量 Δx 记入表 3-22-4 中,然后取下砝码。由 m 及 Δx 就可计算 k。用天平称量垂直运动超声接收器组件的质量 M,由 k 和 M 就可计算 ω_0,并与角频率的测量值 ω 比较。

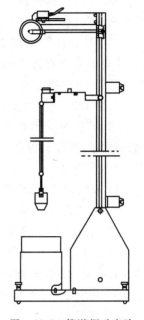

2) 测量步骤

(1) 在液晶显示屏上,用▼键选中"变速运动测量实验",并按"确认"。

(2) 利用▶键修改测量点总数为 150(选择范围 8～150),用▼键选择采样步距,并修改为 100(选择范围 50～100ms),选中"开始测试"。

(3) 将接收器从平衡位置垂直向下拉约 20cm,松手让接收器自由振荡,然后按"确认",接收器组件开始作简谐振动。实验仪按设置的参数自动采样,测量完成后,显示屏上出现速度随时间变化关系的曲线。

(4) 在结果显示界面中用▶键选择"返回","确认"后重新回到测量设置界面。可按以上程序进行新的测量。

图 3-22-7 简谐振动实验

3) 注意事项

接收器自由振荡开始后再按"确认"。

4) 数据与结果

查阅数据,记录第 1 次速度达到最大时的采样次数 $N_{1\max}$ 和第 11 次速度达到最大(注:速度方向一致)时的采样次数 $N_{11\max}$,就可计算实际测量的运动周期 T 及角频率 ω,并可计算 ω_0 与 ω 的相对误差,将测量数据填入表 3-22-4 中。

表 3-22-4 简谐振动的测量($M=$ _____ kg, $m=$ _____ kg)

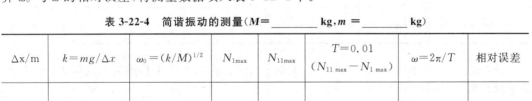

$\Delta x/m$	$k=mg/\Delta x$	$\omega_0=(k/M)^{1/2}$	$N_{1\max}$	$N_{11\max}$	$T=0.01$ $(N_{11\max}-N_{1\max})$	$\omega=2\pi/T$	相对误差

4. 研究匀变速直线运动,验证牛顿第二运动定律

1) 仪器安装与测量准备

(1) 仪器安装如图 3-22-8 所示,让电磁阀吸住接收器组件,测量准备同实验 2。

(2) 用天平称量接收器组件的质量 M、砝码托及砝码质量,每次取不同质量的砝码放于砝码托上,记录每次实验对应的 m。

2) 测量步骤

(1) 在液晶显示屏上,用▼键选中"变速运动测量实验",并按"确认"。

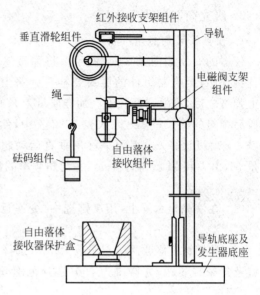

（2）利用▶键修改测量点总数为 8（选择范围 8～150），用▼键选择采样步距，并修改为 100 ms（选择范围 50～100ms），选中"开始测试"。

（3）按"确认"后，磁铁释放，接收器组件拉动砝码作垂直方向的运动。测量完成后，显示屏上出现测量结果。

（4）在结果显示界面中用▶键选择"返回"，"确认"后重新回到测量设置界面。改变砝码质量，按以上程序进行新的测量。

3）注意事项

（1）安装滑轮时，滑轮支杆不能遮住红外接收和自由落体组件之间信号传输。

（2）当砝码组件质量较小时，加速度较大，可能没几次采样后接收器组件已落到底，此时可将后几次的速度值舍去。

（3）其余注意事项同实验 2。

图 3-22-8　匀变速直线运动安装示意

4）数据与结果

采样结束后显示 v-t 直线，用▶键选择"数据"，将显示的采样次数及相应速度记入表 3-22-5 中，t_i 为采样次数与采样步距的乘积。由记录的 t、v 数据求得 v-t 直线的斜率，就是此次实验的加速度 a。

表 3-22-5　匀变速直线运动的测量（$M=$ _____ kg，$C=0.07$，$J/R^2=0.014$kg）

采样次数 i	2	3	4	5	6	7	8	9	$a/(\mathrm{m/s^2})$	m/kg	$[(1-C)M-m]/$ $[(1-C)M+m+J/R^2]$
$t_i=0.1(i-1)/\mathrm{s}$	0.1	0.2	0.3	0.4	0.5	0.6	0.7	0.8			
v_i											
v_i											
v_i											
v_i											

注：表 3-22-5 中 $t_i=0.1(i-1)$，t_i 为第 i 次采样与第 1 次采样的时间间隔差，0.1 表示采样步距为 100ms。

5. 其他变速运动的测量

以上介绍了几个实验的测量方法和步骤，这些测量结果可以与理论值作比较，便于得出明确的结论，适合作为基础实验，也便于使用者对仪器的使用及性能有所了解。若让学生根据原理自行设计实验方案，也可用作综合实验。

按图 3-22-9 安装水平谐振运动装置。图 3-22-10 表示了采样数 60、采样间隔 80ms 时，对用两根弹簧拉着的小车（小车及支架上留有弹簧挂钩孔）所做水平阻尼振动的一次测量及显示实例。在实验中，可以将小车上的传感器和电磁阀用充电电缆连接，以保证实验连续。

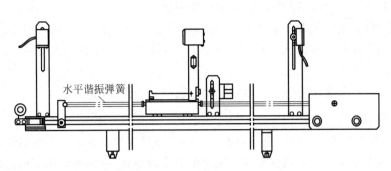

图 3-22-9 水平谐振实验

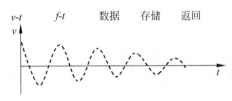

图 3-22-10 测量阻尼振动

与传统物理实验用光电门测量物体运动速度相比,用本仪器测量物体的运动具有更多的设置灵活性,测量快捷,既可根据显示的 $v\text{-}t$ 图一目了然地定性了解所研究的运动的特征,又可查阅测量数据作进一步的定量分析,特别适合用于综合实验,让学生自主地对一些复杂的运动进行研究,对理论上难于定量的因素进行分析,并得出自己的结论(如研究摩擦力与运动速度的关系,或与摩擦介质的关系)。

实验 3.23 黑体测量实验

辐射测量学是研究光谱范围内辐射能测量的科学,光谱范围包括紫外、可见光和红外辐射。辐射测量技术是一门评价辐射源、传感器及其性能的技术。黑体就是一种假想的辐射源,在标定别的光源时,用它作比较光源和标准参考源。

【实验目的】

(1)验证黑体辐射定律。

(2)测量其他发光体的能量曲线。

(3)观察窗的演示实验。

【实验仪器】

WHS-1 型黑体实验装置。

【实验原理】

1. 辐射测量的基本术语

(1)黑体,也叫普朗克辐射体,是一种辐射只取决于本身温度的辐射体。在给定温度下,黑体比在同样温度下的任何实际物体辐射出的能量都多,因此也被称为完全辐射体或理想的温度辐射体。

(2)辐射度 M_e,表面上一点的辐射度为该点表面元发出的辐射通量除以该表面元的面积的商,单位是 W/m^2,也称辐射出射度,简称辐射度。

(3)辐亮度 L_e,表示光源的表面元发出的,在给定方向的基准所确定的方向传播的辐射通量,除以锥的立体角和表面元在垂直于给定方向的平面上的投影面积的乘积的商,单位是 $W/(m^2 \cdot sr)$。

(4)色温 K,一个光源的色温就是辐射同一色品光的黑体的温度。

2. 黑体辐射

黑体辐射就是指黑体发出的电磁辐射。任何物体只要温度在绝对零度以上就可以向周围发射辐射,称为温度辐射。黑体是一种完全的温度辐射体,它能吸收全部的入射光辐射而不发生反射。黑体辐射能量的效率最高,且仅与温度有关,它的发射率是1,任何其他物体的发射率都小于1。

3. 黑体辐射定律

1)黑体辐射的光谱分布——普朗克定律

普朗克定律描述了黑体辐射的光谱分布,可以用于计算不同波长的辐射,其表达式为

$$E_{\lambda T} = \frac{C_1}{\lambda^5 (e^{C_2/\lambda T} - 1)} \tag{3-23-1}$$

式中,$E_{\lambda T}$ 为光谱辐射度,W/m^3;C_1 为第一辐射常数,$C_1 = 2\pi hC^2 = 3.7415 \times 10^{-16} \ W/m^2$;$C_2$ 为第二辐射常数,$C_2 = ch/k = 1.4388 \times 10^{-2} \ m \cdot K$,其中 c 为光速,$c = 3 \times 10^8 \ m/s$,h 为普朗克常数,$h = 6.6256 \times 10^{-34} \ W \cdot s^2$,$k = 1.3806 \times 10^{-23} \ W \cdot s/K$;$\lambda$ 为波长;T 为热力学温度。

此时黑体光谱辐射亮度 $L_{\lambda T}$ 为

$$L_{\lambda T} = E_{\lambda T}/\pi \ (W/(m^3 \cdot sr)) \tag{3-23-2}$$

2)黑体辐射的积分表达式——斯忒藩-玻耳兹曼定律

在波长从零到无穷大的范围内对普朗克公式求积分,就可以得到光谱辐射出射度 E_T 的积分表达式

$$E_T = \int_0^\infty E_{\lambda T} d\lambda = \sigma T^4 \quad (W/m^2) \tag{3-23-3}$$

式中,E_T 为光谱辐射度,W/m^2;$\sigma = \frac{2\pi^5 k^4}{15 h^3 c^2} = 5.6697 \times 10^{-8}$,为斯忒藩-玻耳兹曼常数,$W/(m^2 \cdot K^4)$。黑体光谱辐射亮度 L_T 可表示为

$$L_T = \frac{E_T}{\pi} = \frac{\sigma}{\pi} T^4 \quad (W/(m^2 \cdot sr)) \tag{3-23-4}$$

3)维恩位移定律

微分普朗克公式求出极大值就可以得到维恩位移定律,其表达式为

$$\lambda_{max} = \frac{T}{A} \tag{3-23-5}$$

式中,λ_{max} 为光谱辐射度的峰值波长;T 为热力学温度;A 为常数,$A = 2.896 \times 10^{-3} \ m \cdot K$。

维恩位移定律的另一形式给出了光谱辐射度的峰值,即

$$E_{\lambda max} = bT^5 \tag{3-23-6}$$

式中,$E_{\lambda max}$ 为光谱辐射度的峰值;b 为常数,$b = 1.286 \times 10^{-5} \ W/(m^3 \cdot K^5)$;$T$ 为热力学温度。

综上所述,斯忒藩-玻耳兹曼定律阐述了黑体总辐射随热力学温度的四次方变化,方程确定了一个黑体从 $1cm^2$ 面积进入半球空间里的总辐射量;维恩位移定律指明了对应每一温度下最大辐射的波长。随着温度的升高,绝对黑体光谱亮度最大值的波长向短波方向移动。图 3-23-1 给出了 $L_{\lambda T}$ 随波长变化的图形。

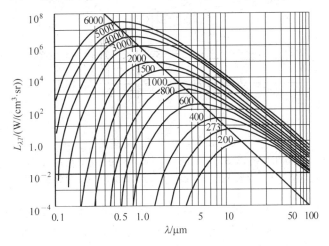

图 3-23-1 黑体的谱线亮度随波长的变化关系

注:1. 每一条曲线上都标示了黑体的热力学温度。

2. 与各曲线的最大值相交的对角直线表示了维恩位移定律。

【仪器介绍】

WHS-1 型黑体实验装置主要有以下用途。

(1)用于进行黑体辐射能量的测量和任意发射光源的辐射能量的测量,可以记录并打印出发射光源的辐射能量曲线。

(2)可以验证黑体辐射定律。实验时通过改变溴钨灯光源(标准 A 光源)的色温,用光谱单色仪进行扫描,从记录下的光谱辐射曲线可以直观地验证维恩位移定律并能够对普朗克定律、斯忒藩-玻耳兹曼定律进行较精确的验证。

(3)该黑体实验装置还可以作为光谱范围为 $800\sim2500nm$ 的光栅光谱仪使用,进行其他实验。

实验装置主要由光栅单色仪、接收单元、溴钨灯、溴钨灯光源控制箱、电源控制箱以及计算机、打印机组成,如图 3-23-2 所示。

图 3-23-2 黑体实验装置

1)光栅单色仪

光栅单色仪采用衍射光栅作为色散元件,它将被测辐射光色散为其光谱以便测量,它主要由光学系统、光栅驱动系统、狭缝机构、观察窗等组成。

(1)光学系统

入射狭缝 S_1,出射狭缝 S_2、S_3 均为可调节宽度的直狭缝,宽度范围为 $0\sim2.5mm$ 连续可调,长度为 20mm。S_1 位于球面反射镜 M_2 的焦平面上,S_2、S_3 位于球面反射镜 M_3 的焦平面上,且 S_3 位于深椭球 M_6 的长轴焦点处,接收器件 P 位于 M_6 的短轴焦点处(见图 3-23-3)。

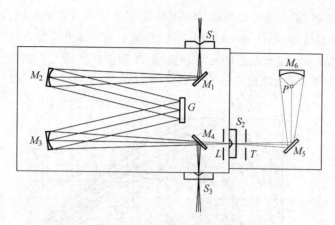

图 3-23-3　光学系统原理图

S_1—入射狭缝；S_2—出射狭缝 I ；S_3—出射狭缝 II ；G—平面衍射光栅；M_1、M_4、M_5—反射镜；

M_2、M_3—球面反射镜；M_6—深椭球镜；L—滤光片；T—调制器；P—接收器件

光源发出的光束进入入射狭缝 S_1 后经反射镜 M_1 反射到 M_2 上，经 M_2 反射成平行光束投射到平面光栅 G 上，衍射后的平行光束经球面反射镜 M_3 成像在 S_2（或 S_3）上，进入 S_2 后的光束，经调制器 T 调制成 800Hz 后，再经 M_5 反射到深椭球镜 M_6 上后成像到接收器 P 的靶面上。反射镜 M_4 是可旋转摆动的，经 M_4 反射后的成像光束除可直接投射到 M_5、M_6 外，还可以通过旋转 M_4 使反射后的光束成像到 S_3 上。

各光学元件的参数如下。

M_2、M_3：焦距 $f=302.5$mm。

光栅 G：光栅常数 300L/mm 闪耀波长为 1400nm。

滤光片 L：三块滤光片工作区间，其中第一片为 800～1200nm，第二片为 1200～1950nm，第三片为 1950～2500nm。

（2）光栅驱动系统

仪器采用如图 3-23-4 所示的正弦机构进行扫描，精密丝杠由步进电机驱动，丝杠拖动螺母沿丝杠轴线移动，螺母推动正弦杆，使其绕自身的回转中心转动。光栅置于光栅台上，光栅台与正弦杆连接，光栅台的回转中心通过正弦杆的回转中心，从而带动光栅转动，使不同波长的单色光依次通过出射狭缝而完成"扫描"。

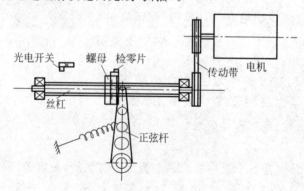

图 3-23-4　光栅驱动装置

（3）狭缝机构

S_1 为入射狭缝，S_2、S_3 为出射狭缝。S_1、S_2、S_3 均为可调宽度的直狭缝机构，狭缝长度为 20mm，通过旋转千分尺可以精确地实现宽度范围从 0~2.5mm 连续可调。狭缝机构如图 3-23-5 所示。

（4）观察窗

在出射狭缝 S_3 处，即在球面反射镜 M_3 的焦平面上，放置一块 40mm×40mm 的单面磨砂毛玻璃，以观察像面。

2）接收单元

随着电子技术和电子仪器的高度发展，光辐射测量中多采用对红外辐射敏感的光电器件。本实验装置采用 PbS 作接收单元，它对波长范围在 800~2500nm 的近红外光有较好的光谱响应。从单色仪出射狭缝 I 射出的单色光经信号调制器调制成 800Hz 的频率信号被 PbS 接收。

图 3-23-5　狭缝机构

选用的 PbS 是一种晶体管外壳结构，该系列的 PbS 接收元件被封装在晶体管壳内，充以干燥的氮气或其他惰性气体，并采用熔融或焊接工艺以保证全密封。该器件可在高温、潮湿条件下工作且性能稳定可靠。

3）溴钨灯

金属钨的辐射近似于可见光波段内的黑体光谱能量分布，它的熔点高，可达到 3650K，所以钨可用来模拟黑体。

钨丝灯是一种选择性的辐射体，它的总辐射度 R_T 可由下式求出：

$$R_T = \varepsilon_T \sigma T^4$$

式中，ε_T 为温度 T 时的总辐射系数，它是在给定温度下溴钨灯的辐射度与绝对黑体的辐射度之比，即

$$\varepsilon_T = \frac{R_T}{E_T} \quad 或 \quad \varepsilon_T = 1 - e^{-BT}$$

式中，B 为常数，$B = 1.47 \times 10^{-4}$。

钨丝灯的辐射光谱分布 $R_{\lambda T}$ 为

$$R_{\lambda T} = \varepsilon_{\lambda T} E_{\lambda T} = \frac{C_1 \varepsilon_{\lambda T}}{\lambda^5 (e^{\frac{C_2}{\lambda T}} - 1)}$$

溴钨灯的结构如图 3-23-6 所示。

4）溴钨灯光源控制箱

溴钨灯光源控制箱采用可调电流的稳压装置，通过调节电流值改变溴钨灯的色温，其外形结构见图 3-23-7，表 3-23-1 给出了溴钨灯的工作电流与色温的对应关系（该值在出厂前已经标定）。

图 3-23-6　溴钨灯光源

图 3-23-7　溴钨灯光源控制箱

表 3-23-1 溴钨灯的工作电流与色温的关系

电流/A	1.7	1.6	1.5	1.4	1.3	1.2	1.1	1.0	0.9
实测色温/K	2999	2889	2674	2548	2455	2303	2208	2101	2001

5）电源控制箱

电源控制箱控制单色仪的光栅扫描、滤光片的切换、调制器电机的旋转以及对接收信号的处理等，其外形结构见图 3-23-8。

图 3-23-8 电源控制箱

【实验内容】

1. 验证黑体辐射定律

（1）连接计算机、打印机、单色仪、接收单元、电控箱、溴钨灯光源控制箱、溴钨灯（各连接线接口一一对应，不会出现插错现象）。

（2）打开计算机、电控箱及溴钨灯光源控制箱，使机器预热 20min。

（3）将溴钨灯光源控制箱的电流调节为 1.7A（即色温在 2999K），扫描一条从 800～2500nm 的曲线，即得到在色温 2999K 时的黑体辐射曲线（可依次做不同色温下的各条黑体辐射曲线，分别存入各寄存器，最多可以存 9 条曲线）。

（4）分别验证普朗克定律、斯忒藩-玻耳兹曼定律、维恩位移定律。

（5）将实验数据及表格打印出来。

2. 测量其他发光体的能量曲线

（1）将待测发光体（光源）置于仪器的入射狭缝处。

（2）按照计算机软件提示的步骤，可以测量其发光体的辐照度（工作距离为 594mm 处的辐照度）。

（3）按照计算机软件提示的步骤，可以测量其辐射能曲线（辐射度的光谱能量分布）。

（4）将实验数据及表格打印出来。

3. 观察窗的演示实验

单击该实验后按照提示操作，可以实现如下两种演示。

1）观察光栅的二级光谱

平面衍射光栅是由间距规则的许多同样的衍射元构成的，光栅上所有点的照明彼此间是相干的，从不同衍射元发出的子波是同位相的。因为所有的衍射元同位相，所以衍射光的相对能量除具有一个极大值即 0 级光谱外，还具有其他级次的光谱，如 2 级、3 级光谱等。

本黑体测量实验装置的光谱扫描范围为 800～2500nm，属于近红外波段，可见光谱带 400～780nm 的紫、蓝、青、绿、黄、红光谱在 800～2500nm 近红外波段是看不到的，但紫、蓝、青、绿、黄、红二级光谱会出现在 800～1300nm 区间，即在观察窗口的毛玻璃上可以看到从紫光到红光依次出现的彩色光谱带。

在 1300～2500nm 区间，同样可以观察到三级光谱的彩带。

2）观察黑体的色温

黑体是假想的光源和辐射源，是一种理想化概念，它是一种用来和别的辐射源进行比较的理想的热辐射体。根据定义,我们就不可能制作出一个黑体。现在市场上出售的黑体实际上是用于校准的"黑体模拟器",但是现在所有从事红外领域的工作者都把这类校准辐射源称为"黑体"。

所谓色温就是表示光源颜色的温度。一个光源的色温就是辐射同一色品的光的黑体的温度。

本黑体实验装置是通过改变溴钨灯光源控制箱的电流实现改变色温的。黑体的色温变化见表 3-23-2。

表 3-23-2　黑体的色温变化

电流/A	实测色温/K	相应的其他光源的色温
1.7	2999	500W 钨丝灯(复绕双螺旋灯丝)3000K
1.6	2889	100W 钨丝灯(复绕双螺旋灯丝)2890K
1.5	2674	铱熔点黑体 2716K
1.4	2548	
1.3	2455	乙炔灯 2350K
1.2	2303	钠蒸气灯(高压)2200K
1.1	2208	
1.0	2101	铂熔点黑体 2043K
0.9	2001	蜡烛的火焰 1925K

【软件介绍】

进入黑体实验装置系统,将出现如图 3-23-9 所示的界面以选择要进行的实验。

单击"验证黑体辐射定律"后面的"进入",出现如图 3-23-10 所示的界面。

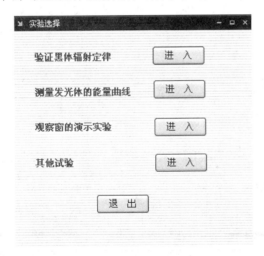

图 3-23-9　实验选择

图 3-23-10　复位提示

在进行实验前要先将仪器复位,以保证测量的准确度。单击"是",仪器进入复位状态,如图 3-23-11 所示。

若仪器连接错误将出现错误提示界面,如图 3-23-12 所示。

图 3-23-11 系统复位

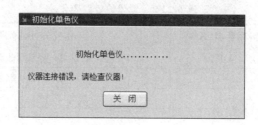

图 3-23-12 错误提示

若出现错误提示界面请您检查仪器的连接电缆是否连接好,检查电控箱电源是否打开。在系统复位正确后将进入主测试界面,如图 3-23-13 所示。

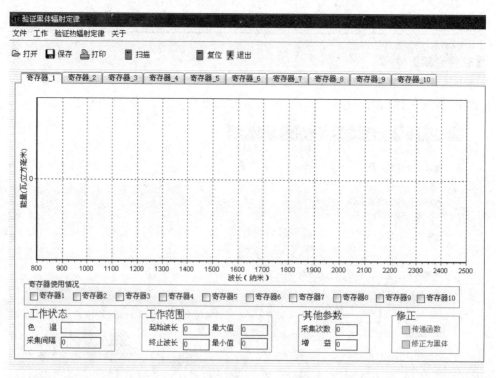

图 3-23-13 验证黑体辐射定律

首先,单击工作菜单,将出现如图 3-23-14 所示的参数设置界面。

单击"修正传递函数",将出现如图 3-23-15 所示的界面。

若选择"顺序修正"则出现如图3-23-16所示的提示界面。

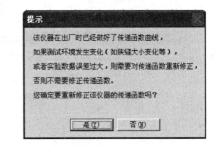

图 3-23-14　参数设置　　　　图 3-23-15　修正设置　　　　　图 3-23-16　修正提示

若修正传递函数,单击"是"则出现如图3-23-17所示的界面。

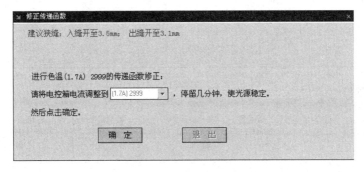

图 3-23-17　修正传递函数

将溴钨灯光源控制箱上的电流值调制到1.7A后,单击"确定"则出现如图3-23-18所示的界面。

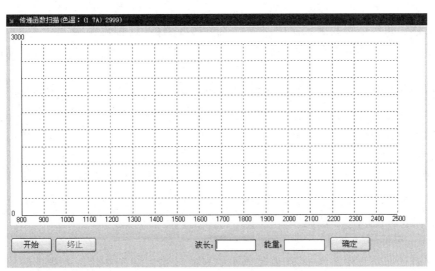

图 3-23-18　传递函数扫描

单击"开始",即可完成色温2999K的传递函数扫描曲线。依次作1.6、1.5、1.4、1.3、1.2、1.1、1.0、0.9A相应色温的传递函数扫描曲线。

以上 9 条传递函数扫描曲线完成后,系统将重新返回到主测试界面,如图 3-23-19 所示。

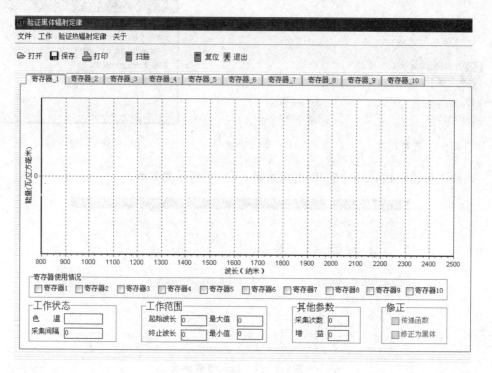

图 3-23-19　验证黑体辐射定律

1) 传递函数概念

黑体是一种完全的温度辐射体,是一种理想的辐射能源,故也称为完全辐射体或理想的温度辐射体。该黑体实验装置使用溴钨灯模拟高温黑体,这种色温为 3000K 的高温黑体,国内称为超高温黑体辐射温度源或称为黑体炉。这种黑体炉由于价格昂贵,目前国内只有少数几家有。

任何型号的光谱仪在记录以溴钨灯作辐射光源的能量曲线和以高温黑体炉作辐射光源的能量曲线时是存在差异的。这是因为受仪器的结构、器件等因素的影响,这种差异或影响习惯上称为传递函数。

2) 修正传递函数

仪器出厂时已作过传递函数,用户一般无须再作,在上面的“提示”界面中单击“否”即可。按“提示”中的要求如确需作传递函数,单击“是”,即可作出 9 条传递函数扫描曲线。系统将会自动记录下新的传递函数。

3) 修正黑体

尽管对传递函数作了修正,用该仪器中的光谱系统记录下来的光源能量的辐射曲线与黑体的理论辐射曲线还是有差距的。这是由于光谱仪中的各种光学元件、接收器件在不同波长处的响应系数的影响,再加上滤光片等因素的影响。为此必须扣除这些影响,将其修正成黑体的理论辐射曲线,即所谓修正成黑体。然后开始作黑体扫描,单击扫描按钮,出现如图 3-23-20 所示的界面。

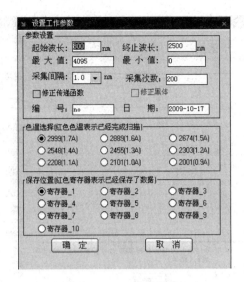

图 3-23-20　参数设置

图 3-23-20 中红色标记为已经做过实验的，◉ 为选中要做的实验。单击"确定"出现如图 3-23-21 所示的界面。

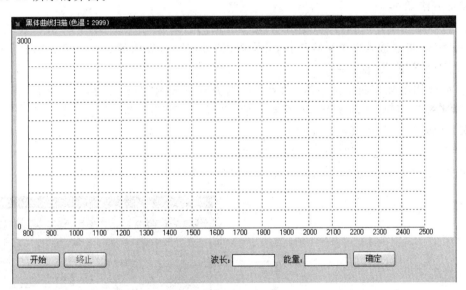

图 3-23-21　黑体曲线扫描

依次最多可以作 9 条黑体扫描曲线。黑体曲线扫描成功后，可以验证热辐射定律。

在"验证热辐射定律"菜单下包括的内容如图 3-23-22 所示。

（1）验证普朗克辐射定律

单击"普朗克辐射定律"将出现如图 3-23-23 所示的界面。

图 3-23-22　验证热辐射定律

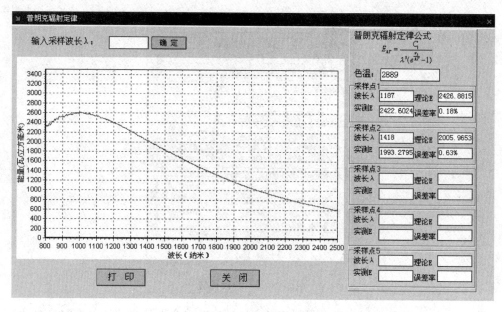

图 3-23-23　普朗克辐射定律

验证方法如下。

① 可以输入采样波长，然后单击"确定"，界面的右方立刻显示"实测 E"值、"理论 E"值及"误差率"。可以输入多个采样波长，分别单击"确定"后，界面的右方立刻分别显示"实测 E 值"、"理论 E"值及"误差率"。

② 可以用鼠标在曲线上点取，则界面的右方立刻显示"波长 λ"值、"实测 E"值、"理论 E"及"误差率"。可以在曲线上进行多点点取，进行"实测 E"值和"理论 E"值的比较。

（2）验证斯忒藩-玻耳兹曼定律

在"验证热辐射定律"菜单下，选择"斯忒藩-玻耳兹曼定律"，如图 3-23-24 所示。

单击"斯忒藩-玻耳兹曼定律"，出现"选择"对话框，如图 3-23-25 所示。

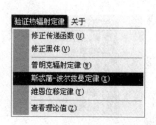

图 3-23-24　验证斯忒藩-玻耳兹曼定律

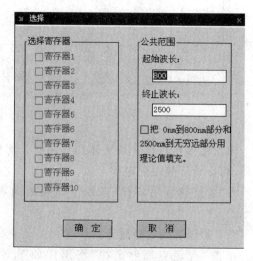

图 3-23-25　"选择"对话框

验证斯忒藩-玻耳兹曼定律通常用多个(一般不少于 3 个)扫描得到的不同色温的黑体辐射曲线数值。选中寄存器(如图 3-23-25 中的寄存器 1、2、3)及公共范围中"把当前范围之外的部分使用理论值填充"(斯忒藩-玻耳兹曼积分公式的波长积分域是从零到无穷远,而该仪器的波长范围是从 800～2500nm,所以积分公式中积分域 0～800nm 及 800～2500nm 部分用理论值填充。否则计算结果误差较大)。

单击"确定",将出现如图 3-23-26 所示的界面。

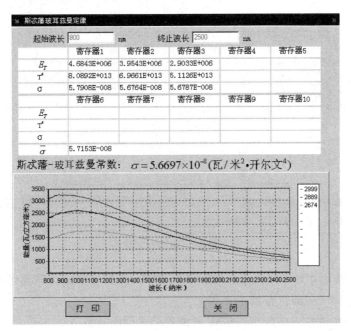

图 3-23-26　验证斯忒藩-玻耳兹曼定律

试比较 3 组数据中 σ 的平均值 $\bar{\sigma}$ 与斯忒藩-玻耳兹曼常数的差值。

(3) 验证维恩位移定律

在"验证热辐射定律"菜单下选择"维恩位移定律",如图 3-23-27 所示。

单击"维恩位移定律",出现选择界面,如图 3-23-28 所示。

图3-23-27　验证维恩位移定律　　　　　　　图 3-23-28　选择提示

单击"确定"将出现如图 3-23-29 所示界面。

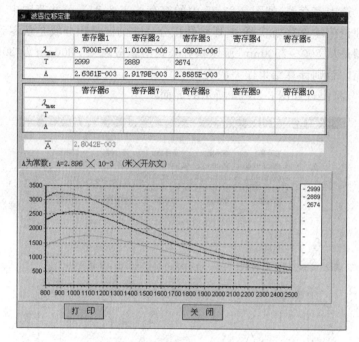

图 3-23-29　维恩位移定律

验证维恩位移定律通常用多个(一般不少于 3 个)不同色温的黑体辐射曲线数值。选中寄存器(如图 3-23-29 中的寄存器 1、2、3)。

试比较 3 组数据中 A 值的平均值 $\overline{A}$ 与维恩公式中的常数 A 的差值。

实验 3.24　PN 结特性综合实验

半导体 PN 结的物理特性是物理学和电子学的重要基础内容之一,而 PN 结温度传感器具有灵敏度高、线性好、热响应快和体积小巧等特点。

我们可以用物理实验方法测量 PN 结扩散电流与结电压关系,证明此关系遵循玻耳兹曼分布律,并较精确地测出玻耳兹曼常数,掌握测量弱电流的一种新方法。

【实验目的】

(1) 测量 PN 结扩散电流与结电压的关系,通过数据处理证明此关系遵循玻耳兹曼分布律。

(2) 较精确地测量玻耳兹曼常数(误差一般小于 2%)。

(3) 了解 PN 结正向压降随温度变化的基本关系式。

(4) 在恒流供电条件下,测绘 PN 结正向压降随温度变化的曲线,并由此确定其灵敏度。

(5) 学习 PN 结测温的方法。

【实验仪器】

PN-Ⅱ型 PN 结综合实验仪一套。

【实验原理】

1. PN 结物理特性

1）PN 结物理特性及玻耳兹曼常数测量

由半导体物理学可知,PN 结的正向电流-电压关系满足

$$I = I_0\left(\exp\frac{eV_F}{KT} - 1\right) \tag{3-24-1}$$

式中,I 为通过 PN 结的正向电流;I_0 为不随电压变化的常数;T 为热力学温度;e 为电子的电荷量;V_F 为 PN 结正向压降。由于在室温(300K)时,$KT/e \approx 0.026\text{V}$,而 PN 结正向压降均为十分之几伏,则有 $\exp(eV_F/(KT)) \gg 1$。

式(3-24-1)中的 $\exp(eV_F/(KT)) - 1 \approx \exp(eV_F/(KT))$,于是有

$$I = I_0\exp\frac{eV_F}{KT} \tag{3-24-2}$$

即 PN 结正向电流随正向电压按指数规律变化。若测得 PN 结的 I-V_F 关系值,则利用式(3-24-2)可求出 $e/(KT)$。再测得温度 T,将电子电量作为已知值代入,即得玻耳兹曼常数 K。

在实际测量中,求得的常数 K 往往偏小,这是因为二极管电流不只有扩散电流,还有其他电流。因此,为了验证式(3-24-2)及求出准确的玻耳兹曼常数,不宜采用硅二极管,而采用硅三极管接成共基极线路,因为此时集电极与基极短接,集电极电流中仅仅是扩散电流。所以此时集电极电流与结电压将满足式(3-24-2)。PN 结物理特性实验线路如图 3-24-1 所示。

2）弱电流测量

由高输入阻抗的运算放大器组成的电流-电压变换器测量弱电流信号,具有输入阻抗低、电流灵敏度高、温漂小、线性好、设计简单等优点,目前被泛应用。

LF356 是一个高输入阻抗的集成运算放大器,用它组成电流-电压变换器如图 3-24-2 所示。其中虚线内电阻 Z_r 为电流-电压变换器等效输入阻抗。由图 3-24-2 可知,运算放大器输出电压 U_o 为

$$U_o = -K_0U_i \tag{3-24-3}$$

式中,U_i 为输入电压;K_0 为运算放大器的开环电压增益。因为理想运算放大器的输入阻抗 $r_i \to \infty$,所以信号源输入电流只流经反馈网络构成的通路,则有

$$I_s = \frac{U_i - U_o}{R_f} = \frac{U_i(1 + U_o)}{R_f} \tag{3-24-4}$$

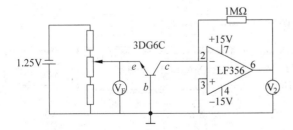

图 3-24-1 PN 结物理特性实验线路图

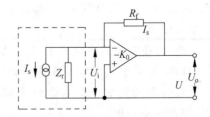

图 3-24-2 弱电流测量实验线路图

由式(3-24-4)得变换器的等效输入阻抗 Z_r 为

$$Z_r = \frac{U_i}{I_s} = \frac{R_f}{1+K_0} \approx \frac{R_f}{K_0} \tag{3-24-5}$$

由式(3-24-3)和式(3-24-4)得变换器输入电流 I_s 与输出电压 U_o 之间的关系式为

$$I_s = -\frac{U_o}{K_0} \cdot \frac{1+K_0}{R_f} = -\frac{U_o}{R_f} \cdot \left(1+\frac{1}{K_0}\right) = -\frac{U_o}{R_f} \tag{3-24-6}$$

由式(3-24-6)可知,只要测量出电压 U_o 和已知 R_f 值,即可求得 I_s 的值。取 R_f 为一个阻值很大的电阻,则当弱电流有很小的变化的时候,电压变化比较大则测量出电压的变化即可求得弱电流的变化。用集成运算放大器组成电流-电压变换器测量弱电流,具有输入阻抗小、灵敏度高的优点。

2. PN 结 V_F-T 特性

理想 PN 结的正向电流 I_F 和压降 U_F 有如下近似关系:

$$I_F = I_0 \exp \frac{eV_F}{KT} \tag{3-24-7}$$

式中,e 为电子电荷;K 为玻耳兹曼常数;T 为热力学温度;I_0 为反向饱和电流。

可以证明:

$$I_0 = CT^r \exp\left(-\frac{eV_g(0)}{KT}\right) \tag{3-24-8}$$

式中,C 为与结面积、掺质浓度等有关的常数;r 为常数;$V_g(0)$ 为绝对零度时 PN 结材料的导带底和价带顶的电势差。

将式(3-24-8)代入式(3-24-7),两边取对数可得

$$V_F = V_g(0) - \left(\frac{K}{e}\ln\frac{C}{I_F}\right)T - \frac{KT}{e}\ln T^r = V_1 + V_{nl} \tag{3-24-9}$$

其中

$$V_1 = V_g(0) - \left(\frac{K}{e}\ln\frac{C}{I_F}\right)T$$

$$V_{nl} = -\frac{KT}{e}\ln T^r$$

这就是 PN 结正向压降作为电流和温度函数的表达式,它是 PN 结温度传感器的基本方程。令 I_F＝常数,则正向压降只随温度变化。式(3-24-9)中非线性项 V_{nl} 引起的非线性误差较小,可忽略。

所以,在恒流供电条件下,PN 结的 V_F 对 T 的依赖关系取决于线性项 V_1,即正向压降很大程度上随温度升高而线性下降,这就是 PN 结测温的依据。

图 3-24-3 所示为实验测量框图。

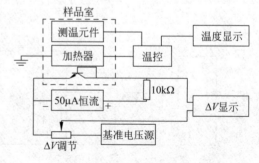

图 3-24-3　实验测量框图

【实验内容】

1. 玻耳兹曼常数 *K* 的测定（在室温情况下）

（1）用两端三芯的航插线分别接入实验仪接口 K 和实验装置上的 3DG6 航插座上，两端二芯的航插线连接实验仪"*T* 传感器"和实验装置 AD590 的航插座。实验仪的电源线接入市电 220V，开启电源开关，两个数显表亮，预热 5～10min。

（2）将显示开关 K_2 指向标记"*T*"，温度开关 *T* 指向"测量"，从四位半数显表上读出测量时的温度 T_1 值（热力学温度）。

（3）显示开关 K_1 指向"V_F"，显示开关 K_2 指向"V_2"。

（4）调节"V_F 调节"电位器旋钮，改变 V_F 值（三位半数显表指示 V_F 值），从四位半数显表上读出 V_2 值，V_F 值从 0.410V 起，每增加 0.010V，读取对应的 V_2 值，到 V_2 值饱和为止。

（5）重复步骤（2），读取测量结束时的温度 T_2 值，取平均值作为温度 *T* 值。

2. 在高于室温的情况下测定玻耳兹曼常数 *K*

（1）用两端带香蕉插头的连接线的一端接入实验仪的加热输出端，另一端接入实验装置上的加热器插孔（**注意**：加热输出端不能短路，接线应在电源开关关闭的情况下进行）。

（2）显示开关 K_2 指向标记"*T*"，温度开关 *T* 指向"设置"，调节"设置"电位器旋钮，观察四位半数显表的数值变化，到所需的数值后停止调节"设置"电位器的旋钮。

（3）将温度开关指向"测量"处。

（4）开启电源开关，加热指示灯（红色）亮，加热器通电工作，置于铜块上的三极管 3DG6C 和温度传感器 AD590 同时升温，待温度达到设定值时，温控器切断加热电源，加热指示逐渐熄灭，恒温指示灯（绿色）亮，表示铜块已处于停止加热状态。从数显温度表上观察，待温度恒定后读取温度值。

（5）显示开关 K_1 指向"V_F"，显示开关 K_2 指向"V_2"。

（6）每隔 0.010V 改变一次 V_F 值，测量对应的 V_2 值。

3. PN 结正向压降-温度特性的测定

（1）将三芯航插头的一端接入实验仪的"ΔV-T"航插座上，另一端接在实验装置中三芯座上，显示开关 K_1 指向"ΔV"。二芯航插头分别接入实验仪上的"*T* 传感器"及实验装置上的 AD590 插座。显示开关 K_2 指向"*T*"，"设置"旋钮反时针方向旋转到头。用二芯插头线把实验仪上的加热输出和实验装置上的加热器相连接。

（2）开启电源开关，从温度数显表上读取温度值 T_1。

（3）调节"ΔV 调节"电位器旋钮，使 ΔV 显示值为零。

（4）调节"设置"电位器旋钮至所需温度，让加热器工作，温度开关 *T* 指向"测量"，监视铜块的温度。

（5）记录 ΔV 和相应的 *T* 值，至于 ΔV、*T* 的数据测量，可按 ΔV 每变化 0.010V（即 10mV），立即读取一组 ΔV、*T* 值，这样可以减小测量误差。

注意：在整个实验过程中，升温的速度要慢（逐渐顺时针调高设置温度）。

（6）求被测 PN 结正向压降随温度变化的灵敏度 *S*(mV/K)。

【注意事项】

AD590 是一种集成感温元件，其输出电流为 1μA/K，正比于热力学温度，工作温度范围为 218.2～423.2K,工作电压为 4～40V。本实验中,在 AD590 的负端接一精密 10kΩ 电阻,取其电压作为温度指示及控制用,其灵敏度为 10mV/K。

【数据处理】

1. 玻耳兹曼常数 K 的测定(在室温情况下)

(1)对已测得的 V_F 和 V_2 各对数据,以 V_F 为自变量、V_2 为因变量,运用最小二乘法,将实验数据(见表 3-24-1)分别代入指数回归的基本函数:

$$V_2 = a\exp(bV_F) \tag{3-24-10}$$

求出相应的 a、b 值。

(2)把实验测得的各个自变量 V_F 代入基本函数式(3-24-10)得到相应自变量的预期值 V_2',并由此求出拟合的标准差:

$$\delta = \sqrt{\sum_{i=1}^{n}(V_i - V_i')/n} \tag{3-24-11}$$

式中,n 为测量的数据个数;V_i 为实验测得的因变量;V_i' 为将自变量代入基本函数后得到的因变量预期值。

注:对所测的数据,也可以代入线性函数回归、幂函数回归等,求出各函数相应的 a、b 值,并用标准差来验证所测数据究竟符合哪一种函数分布。

(3)由 $b = e/(KT)$ 得到 $K = e/(bT)$,求出 K 值,并与公认值 $K = 1.381 \times 10^{-23}$ J/K 相比较。

温度 $T_1 =$ _____ K,$T_2 =$ _____ K,$\overline{T} = (T_1 + T_2)/2 =$ _____ K。

表 3-24-1　玻耳兹曼常数的测定数据　　　　　　　　　　　　　　　V

V_F	0.410	0.420	0.430	0.440	0.450	0.460	0.470	0.480
V_2								

进行指数函数拟合可用数学分析软件 ORIGIN、MATLAB,或者自行用别的计算机语言编程分析。

2. 在高于室温的情况下测定玻耳兹曼常数 K

同上,表格与计算过程略。

3. PN 结正向压降-温度特性的测定

将实验中测得的 PN 结正向压降-温度特性数据填入表 3-24-2 中。

起始温度 $T_S =$ _____ K,工作电流 $I_F = 50\mu A$。

表 3-24-2　PN 结正向压降-温度特性的测定数据

$\Delta V = V_{F(T)} - V_{F(T_S)}$/V	−0.010	−0.020	−0.030	−0.040	−0.050	−0.060	−0.070
T/K							
−0.080	−0.090	−0.100	−0.110	−0.120	−0.130	−0.140	−0.150	−0.160

作 ΔV-T 曲线,其斜率就是 PN 结正向压降随温度变化的灵敏度 S。

思考题

1. 测量时,为什么温度必须在-50～150℃范围内?
2. 探究 PN 结正向电流 I 与正向电压 U 关系的非线性效应。
3. 为什么实验要求测 ΔV-T 曲线,而不是 ΔV_F-T 曲线?

实验 3.25 电子束测试及电子荷质比测量实验

测量物理学方面的一些常数(如光速 c、电子电荷 e 等)是物理学实验的重要任务之一,而且测量的精确度往往会影响物理学的进一步发展和一些重要的新发现。本实验将通过较为简单的方法,对电子荷质比 e/m 进行测量。

电子质量很小,到目前为止还没有直接测量的方法,但已有不少方法可以测得电子的电荷 e(如密立根油滴实验,进行修正后可以计算出很准确的 e 值)。因此,只要能测得电子 e/m,即可利用 e 值算出质量 m 来。我们经常用到的电子的静止质量 m,就是通过这样的途径计算出来的。

测量电子荷质比的方法很多,如磁聚焦法、密立根油滴法、双电容器法、水解法等,本实验采用磁聚焦法测量电子荷质比。

【实验目的】

(1) 了解示波管的结构。

(2) 了解带电粒子在电磁场中的运动规律,了解电子束的电偏转、电聚焦、磁偏转、磁聚焦的原理。

(3) 学习测量电子荷质比的一种方法。

【实验仪器】

DH4521 电子束测试仪一套。

【实验原理】

1. 电偏转原理

阴极射线管如图 3-25-1 所示。

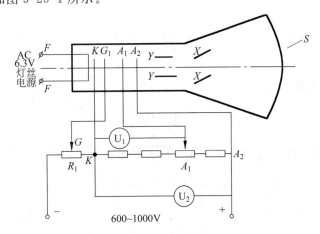

图 3-25-1 阴极射线管示意图

K—阴极;G—栅极;A_1—聚焦阳极;A_2—第二阳极;Y—垂直偏转板;X—水平偏转板;S—荧光屏

在阴极射线管中,由阴极 K、控制栅极 G、阳极 A_1,A_2,…组成电子枪。阴极被灯丝加热而发射电子,电子受阳极的作用而加速。

电子从阴极发射出来时,可以认为它的初速度为零。电子枪内阳极 A_2 相对阴极 K 具有几百甚至几千伏的加速正电位 U_2。它产生的电场使电子沿轴向加速。电子从速度为零到达 A_2 时速度为 v。由能量关系有

$$\frac{1}{2}mv^2 = eU_2$$

所以

$$v = \sqrt{\frac{2eU_2}{m}} \tag{3-25-1}$$

过阳极 A_2 的电子以速度 v 进入两个相对平行的偏转板间。若在两个偏转板上加上电压 U_d,两个平行板间距离为 d。则平行板间的电场强度 $E=\dfrac{U_d}{d}$,电场强度的方向与电子速度 v 的方向相互垂直,如图 3-25-2 所示。

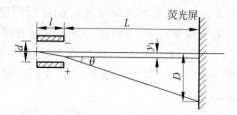

图 3-25-2 电场强度的方向与电子速度的方向

设电子的速度方向为 Z 轴,电场方向为 Y（或 X）轴。当电子进入平行板空间时,$t_0=0$,电子速度为 v,此时有 $v_z=v$,$v_y=0$。设平行板的长度为 l,电子通过 l 所需的时间为 t,则有

$$t = \frac{l}{v_z} = \frac{l}{v} \tag{3-25-2}$$

电子在平行板间受电场力的作用,电子在与电场平行的方向产生的加速度为 $a_y = \dfrac{-eE}{m}$,其中 e 为电子的电量,m 为电子的质量,负号表示 A_y 方向与电场方向相反。当电子射出平行板时,在 Y 方向电子偏离轴的距离为

$$y_1 = \frac{1}{2}a_y t^2 = \frac{1}{2} \cdot \frac{eE}{m}t^2$$

将 $t=\dfrac{l}{v}$ 代入得

$$y_1 = \frac{1}{2} \cdot \frac{eE}{m} \cdot \frac{l^2}{v^2}$$

再将 $v=\sqrt{\dfrac{2eU_2}{m}}$ 代入得

$$y_1 = \frac{1}{4} \cdot \frac{U_d}{U_2} \cdot \frac{l^2}{d} \tag{3-25-3}$$

由图 3-25-2 可以看出,电子在荧光屏上的偏转距离 $D=y_1+L\tan\theta$,又

$$\tan\theta = \frac{v_y}{v_z} = \frac{a_y t}{v} = \frac{U_d l}{2U_2 d} \tag{3-25-4}$$

将式(3-25-3)、式(3-25-4)代入得

$$D = \frac{1}{2} \cdot \frac{U_d l}{U_2 d}\left(\frac{l}{2} + L\right) \tag{3-25-5}$$

从式(3-25-5)可看出,偏转量 D 随 U_d 增加而增加,与 $\frac{l}{2}+L$ 成正比,与 U_2 和 d 成反比。

2. 磁偏转原理

电子通过 A_2 后,若在垂直于 z 轴的 x 方向放置一个均匀磁场,那么以速度 v 飞越的电子在 Y 方向上也将发生偏转。由于电子受洛伦兹力 $F=eBV$,大小不变,方向与速度方向垂直,因此电子在 F 的作用下作匀速圆周运动,洛伦兹力就是向心力,则有 $evB=\frac{mv^2}{R}$,所以 $R=\frac{mv}{eB}$。电子离开磁场将沿切线方向飞出,直射荧光屏。

3. 电聚焦原理

电子射线束的聚焦是所有射线管如示波管、显像管和电子显微镜等都必须解决的问题。在阴极射线管中,阳极被灯丝加热发射电子。电子受阳极产生的正电场作用而加速运动,同时又受栅极产生的负电场作用,只有一部分电子能通过栅极小孔而飞向阳极。改变栅极电位能控制通过栅极小孔的电子数目,从而控制荧光屏上的辉度。当栅极上的电位负到一定的程度时,可使电子射线截止,辉度为零。

聚焦阳极和第二阳极是由同轴的金属圆筒组成的。由于各电极上的电位不同,在它们之间形成了弯曲的等位面、电力线。这样就使电子束的路径发生了弯曲,类似光线通过透镜那样产生了会聚和发散,这种电子组合称为电子透镜。改变电极间的电位分布可以改变等位面的弯曲程度,从而达到了电子透镜的聚焦。

4. 磁聚焦和电子荷质比的测量原理

置于长直螺线管中的示波管在不受任何偏转电压的情况下正常工作时,调节亮度和聚焦可在荧光屏上得到一个小亮点。若第二加速阳极 A_2 的电压为 U_2,则电子的轴向运动速度用 $V_{/\!/}$ 表示,则有

$$V_{/\!/} = \sqrt{\frac{2eU_2}{m}} \tag{3-25-6}$$

当给其中一对偏转板加上交变电压时,电子将获得垂直于轴向的分速度(用 $V_\perp$ 表示),此时荧光屏上便出现一条直线,随后给长直螺线管通一直流电流 I,于是螺线管内便产生了磁场,其磁场感应强度用 B 表示。众所周知,运动电子在磁场中要受到罗仑兹力 $F=eV_\perp B$ 的作用,显然 $V_{/\!/}$ 受力为零,电子继续向前作直线运动,而 $V_\perp$ 受力最大为 $F=eV_\perp B$,这个力使电子在垂直于磁场(也垂直于螺线管轴线)的平面内作圆周运动,设其圆周运动的半径为 R,则有

$$eV_\perp B = \frac{mV_\perp^2}{R}$$

所以得

$$R = \frac{mV_\perp^2}{eV_\perp B} \tag{3-25-7}$$

圆周运动的周期为

$$T = \frac{2\pi R}{V_\perp} = \frac{2\pi m}{eB} \tag{3-25-8}$$

电子既在轴线方面作直线运动,又在垂直于轴线的平面内作圆周运动。它的轨道是一条螺旋线,其螺距用 h 表示,则有

$$h = V_{//}T = \frac{2\pi}{B}\sqrt{\frac{2mU_2}{e}} \tag{3-25-9}$$

有趣的是,我们从式(3-25-8)、式(3-25-9)可以看出,电子运动的周期和螺距均与 $V_\perp$ 无关。不难想象,电子在作螺线运动时,它们从同一点出发,尽管各个电子的 $V_\perp$ 各不相同,但经过一个周期以后,它们又会在距离出发点相距一个螺距的地方重新相遇,这就是磁聚焦的基本原理。由式(3-25-9)可得

$$e/m = 8\pi^2 U_2/h^2 B^2 \tag{3-25-10}$$

长直螺线管的磁感应强度 B 可以由下式计算:

$$B = \frac{\mu_0 NI}{\sqrt{L^2 + D_0^2}} \tag{3-25-11}$$

将式(3-25-11)代入式(3-25-10),可得电子荷质比为

$$e/m = \frac{8\pi^2 U_2 (L^2 + D_0^2)}{(\mu_0 Nh)^2} \tag{3-25-12}$$

式中,μ_0 为真空中的磁导率,$\mu_0 = 4\pi \times 10^{-7}\,\mathrm{H/m}$。

【实验内容】

1. 电偏转实验

实验装置仪器面板如图 3-25-3 所示。

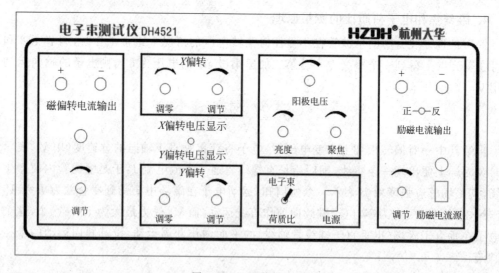

图 3-25-3　电偏转实验

具体实验步骤如下。

(1) 先用专用 10 芯电缆连接测试仪和示波管,再开启电源开关,将"电子束-荷质比"选择开关打向电子束位置,辉度适当调节,并调节聚焦,使屏上光点聚成一细点。

(2) 光点调零,将面板上钮子开关打向 X 偏转电压显示,调节"X 调节"旋钮,使电压表的指针在零位,再调节 X 调零旋钮,使光点位于示波管垂直中线上;同 X 调零一样,将面板上钮子开关打向 Y 偏转电压显示,将 Y 调节后,光点位于示波管的中心原点。

（3）测量偏转量 D 随电偏转电压 U_d 的变化。调节阳极电压旋钮,给定阳极电压 U_2。将电偏转电压表显示打到显示 Y 偏转调节（垂直电压）,改变 U_d 测一组 D 值。改变 U_2 后再测 D-U_d 变化（U_2：600～1000V）。

（4）求 Y 轴电偏转灵敏度 D/U_d。并说明为什么 U_2 不同,D/U_d 不同。

（5）同 Y 轴一样,也可以测量 X 轴的电偏转灵敏度。

2. 磁偏转实验

依照图 3-25-4 完成以下步骤。

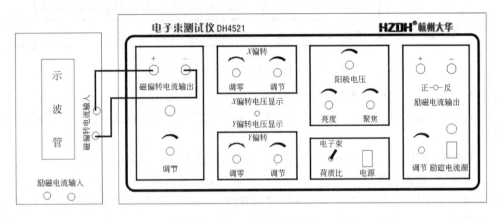

图 3-25-4　磁偏转实验

（1）开启电源开关,将"电子束-荷质比"选择开关打向电子束位置,辉度适当调节,并调节聚焦,使屏上光点聚成一细点。

（2）光点调零,通过调节"X 调节"和"Y 调节"旋钮,使光点位于 Y 轴的中心原点。

（3）测量偏转量 D 随磁偏转电流 I 的变化。给定 U_2,将磁偏转电流输出与磁偏转电流输入相连,调节磁偏转电流调节旋钮（改变磁偏转线圈电流的大小）测量一组 D 值。改变磁偏转电流方向,再测一组 D-I 值。改变 U_2,再测两组 D-I 数据（U_2：600～1000V）。通过钮子开关切换磁偏转电流方向,再次实验。

（4）求磁偏转灵敏度 D/I,并解释为什么 U_2 不同,D/I 不同。

3. 电聚焦实验

依照图 3-25-3 完成以下步骤。

（1）开启电源开关,将"电子束-荷质比"选择开关打向电子束位置,辉度适当调节,并调节聚焦,使屏上光点聚成一细点。

（2）光点调零,通过调节"X 调节"和"Y 调节"旋钮,使光点位于 Y 轴的中心原点。

（3）调节阳极电压 U_2 分别为 600～1000V,对应地调节聚焦旋钮（改变聚焦电压）使光点达到最佳的聚焦效果,测量出各对应的聚焦电压 U_1。

（4）求出 U_2/U_1。

4. 磁聚焦和电子荷质比的测量

依照图 3-25-5 完成以下步骤。

（1）开启电子束测试仪电源开关,将"电子束-荷质比"开关置于荷质比方向,此时荧光

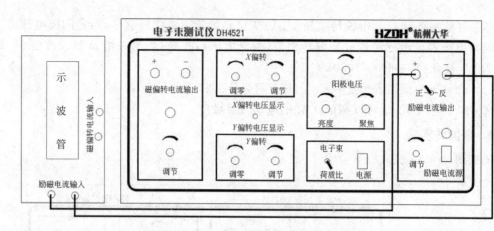

图 3-25-5　磁聚焦和电子荷质比的测量

屏上出现一条直线,阳极电压调到 700V。

　　(2) 将励磁电流部分的调节旋钮逆时针方向调节到头,并将励磁电流输出与励磁电流输入相连(螺线管)。

　　(3) 电流换向开关打向正向,调节输出调节旋钮,逐渐加大电流使荧光屏上的直线一边旋转一边缩短,直到出现第一个小光点,读取此时对应的电流值 $I_{正}$,然后将电流调为零。再将电流换向开关打向反向(改变螺线管中磁场方向),重新从零开始增加电流使屏上的直线反方向旋转并缩短,直到再得到一个小光点,读取此时电流值 $I_{反}$。

　　(4) 改变阳极电压为 800V,重复步骤(3),直到阳极电压调到 1000V 为止。

　　(5) 记录所测数据,通过式(3-25-12),计算出电子荷质比 e/m。

　　【注意事项】

　　(1) 在实验过程中,光点不能太亮,以免烧坏荧光屏。

　　(2) 实验通电前,用专用 10 芯电缆连接测试仪和示波管。

　　(3) 在改变螺线管励磁电流方向或磁偏转电流方向时,应先将电流调到最小后再换向。

　　(4) 改变阳极电压 U_2 后,光点亮度会改变,这时应重新调节亮度,若调节亮度后加速电压有变化,再调到限定的电压值。

　　(5) 励磁电流输出中有 10A 保险丝、磁偏转电流输出和输入有 0.75A 保险丝用于保护。

　　(6) 切勿在通电的情况下拆卸面板对电路进行查看或维修,以免发生意外。

　　【数据处理】

　　(1) 电偏转实验(见表 3-25-1)。

表 3-25-1　不同阳极电压下 X 轴电偏转灵敏度

U_d/600V							
D							
U_d/700V							
D							

　　① 作 D-U_d 图,求出曲线斜率,即为不同阳极电压下 X 轴电偏转灵敏度。

　　② 同理,记录不同阳极电压下 Y 轴电偏转灵敏度,记入表格(表格略)。作 D-U_d 图,求

出曲线斜率,即为不同阳极电压下 Y 轴电偏转灵敏度。

(2)电聚焦实验(见表 3-25-2)

表 3-25-2 不同 U_2 下的 U_1 值

U_2/V	600	700	800	900	1000
U_1/V					
U_2/V_1					

(3)磁偏转实验(见表 3-25-3)

表 3-25-3 不同 U_2 时磁偏转数据

$U_2=600V$									
D/mm									
I/mA									
$U_2=700V$									
D/mm									
I/mA									

作 D-I 图,求出曲线斜率,即为不同阳极电压下磁偏转灵敏度。

(4)电子荷质比测量实验(见表 3-25-4)。

表 3-25-4 不同励磁电流和阳极电压下电子荷质比

阳极电压 励磁电流	700V	800V	900V	1000V
$I_正$/A				
$I_反$/A				
$I_{平均}$/A				
电子荷质比/(C/kg)				

(5)本实验中所用仪器的其他参数如下。

螺钉管内的线圈匝数:$N=535\pm1$(具体以螺钉管上标注为准)。

螺线管的长度:$L=0.235m$。

螺线管的直径:$D_0=0.092m$。

螺距(Y 偏转板至荧光屏距离)$h=0.135m$。

思考题

1. 示波管由哪几个主要部分组成?各部分的主要作用是什么?

2. 若沿示波管轴线方向加一均匀磁场 B_1(即外磁场方向与电子束运动方向一致或相反),电子束运动轨迹将如何变化?

3. 若再在其垂直方向上加一均匀磁场 B_2,电子束又将呈现什么样的运动轨迹?

4. 在 Y 偏转板上加上交流电压时,屏上光点将如何变化?请画图说明。

实验 3.26　光敏电阻特性测量及应用实验

光敏电阻器是利用半导体的光电效应制成的一种电阻值随入射光的强弱而改变的电阻器。当光敏电阻受到光照时,价带中的电子吸收光子能量后跃迁到导带,成为自由电子,同时产生空穴,电子-空穴对的出现使电阻率变小。光照越强,光生电子-空穴对就越多,阻值就越低。当光敏电阻两端加上电压后,流过光敏电阻的电流随光照增强而增大。入射光消失,电子-空穴对逐渐复合,电阻也逐渐恢复原值,电流也逐渐减小。

光敏电阻的基本特性有伏安特性、光照特性、光谱特性等。伏安特性是指在一定照度下,加在光敏电阻两端的电压和光电流之间的关系。光照特性是指在一定外加电压下,光敏电阻的光电流与光通亮的关系。

根据光敏电阻的光谱特性,可分为紫外光敏电阻器、红外光敏电阻器、可见光光敏电阻器3种。紫外光敏电阻器对紫外线较灵敏,包括硫化镉、硒化镉光敏电阻器等,用于探测紫外线;红外光敏电阻器对红外线较灵敏,主要有硫化铅、碲化铅、硒化铅、锑化铟等光敏电阻器,广泛用于导弹制导、天文探测、非接触测量、人体病变探测、红外光谱、红外通信等国防、科学研究和工农业生产中;可见光光敏电阻器对可见光较灵敏,包括硒、硫化镉、硒化镉、碲化镉、砷化镓、硅、锗、硫化锌光敏电阻器等,主要用于各种光电控制系统如光电自动开关门户,航标灯、路灯和其他照明系统的自动亮灭,自动给水和自动停水装置,机械上的自动保护装置和位置检测器,极薄零件的厚度检测器,照相机自动曝光装置,光电计数器,烟雾报警器,光电跟踪系统等方面。

【实验目的】

(1) 了解光敏电阻的基本原理及特性。

(2) 了解 LED 的驱动电流和输出光功率的关系。

(3) 掌握光敏电阻的应用方式。

【实验仪器】

THQGM-1 型光敏电阻特性实验仪、VP-5220D 示波器。

【实验原理】

1. 光敏电阻

光敏电阻的工作原理是基于光电导效应。在无光照时,光敏电阻具有很高的阻值。在有光照时,当光子的能量大于材料禁带宽度,价带中的电子吸收光子能量后跃迁到导带,激发出电子-空穴对,使电阻降低。入射光愈强,激发出的电子-空穴对越多,电阻值越低。光照停止后,自由电子与空穴复合,导电性能下降,电阻恢复原值。光敏电阻通常是用半导体材料硫化镉或硒化镉制成的。图 3-26-1 所示为光敏电阻的结构,它是由涂于玻璃底板上的一薄层半导体物质构成的,半导体的两端装有金属电极,金属电极与引出线端相连接,光敏电阻就通过引出线端接入电路。为了防止周围介质的影响,在半导体光敏层上覆盖了一层漆膜,漆膜的成分应使其在光敏层最敏感的波长范围内透射率最大,其时间常数一般在毫秒量级。光敏电阻具有特性稳定、

图 3-26-1　光敏电阻的结构

寿命长、价格低等优点。

光敏电阻的光谱特性：光敏电阻对不同波长的光，光谱灵敏度不同，而且不同种类光敏电阻的峰值波长也不同。光敏电阻的光谱灵敏度和峰值波长与所采用的材料、掺杂浓度有关，图 3-26-2 所示为硫化镉、硫化铊、硫化铅光敏电阻的光谱特性曲线。由图可见，硫化镉光敏电阻的可见光区域接近人的视觉特性，而硫化铅在红外区域。

光敏电阻的频率特性：在阶跃脉冲光照下，光敏电阻的光电流要经历一段时间才达到最大饱和值；光照停止后，光电流也要经历一段时间才下降到零。这是光敏电阻的弛豫现象，通常用响应时间来描述。响应时间又分为上升时间 t_1、t_2 和下降时间 t_1'、t_2'，如图 3-26-3 所示。

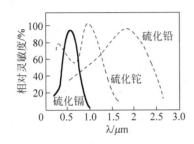

图 3-26-2　光敏电阻的光谱特性曲线

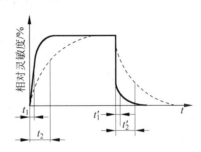

图 3-26-3　光敏电阻的响应时间

常用时间常数 τ 来描述响应时间的长短。光敏电阻的时间常数通常在毫秒量级。不同材料光敏电阻有不同的响应时间，因而它们的频率特性也不相同。

2. LED 的工作原理

当某些半导体材料形成的 PN 结加正向电压时，空穴与电子在 PN 结复合时将产生特定波长的光，发光的波长与半导体材料的能级间隙 E_g 有关。发光波长 λ_p 可由下式确定：

$$\lambda_p = \frac{hc}{E_g} \tag{3-26-1}$$

式中，h 为普朗克常数；c 为光速。

在实际的半导体材料中能级间隙 E_g 有一个宽度，因此发光二极管发出光的波长不是单一的，其光谱半宽度一般为 25～40nm，随半导体材料的不同而有所差别。发光二极管输出光功率 P 与驱动电流 I 的关系为

$$P = \frac{\eta E_p I}{e} \tag{3-26-2}$$

式中，η 为发光效率；E_p 为光子能量；e 为电荷常数。

式(3-26-2)表明，LED 输出光功率与驱动电流呈线性关系。当电流较大时，由于 PN 结不能及时散热，输出光功率可能会趋向饱和。本实验用一个驱动电流可调的红色超高亮度发光二极管作为实验用光源。系统采用的发光二极管驱动和调制电路如图 3-26-4 所示。信号调制采用光强度调制的方法，光强度调节器用来调节流过 LED 的静态驱动电流，从而改变发光二极管的发射光功率。设定的静态驱动电流调节范围为 0～20mA，对应面板上的光发送强度驱动显示值为 0～2000 单位。正弦调制信号经电容、电阻网络及运放跟随隔离后耦合到放大环节，与 LED 静态驱动电流叠加后使 LED 发送随正弦波调制信号而变化的光信号，如图 3-26-5 所示，变化的光信号可用于测定光敏电阻的频率响应特性。

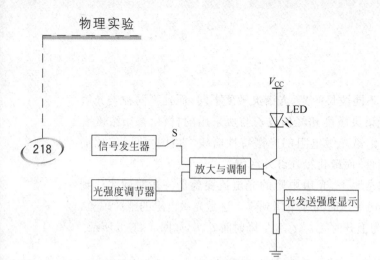

图 3-26-4　发光二极管驱动和调制电路框图

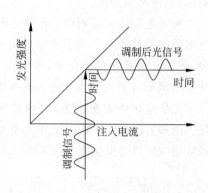

图 3-26-5　LED 的正弦信号调制原理

3. 光敏电阻的应用方式

光敏电阻可以有各种应用方式。如图 3-26-6 所示,光敏电阻与一个电阻 R_1 串联,R_1 固定不变,当光照增强时,光敏电阻 R_m 减小,更多的电流流过 R_1 两端,输出电压增加。图 3-26-7 所示为光敏电阻用于可变频率振荡器,振荡器频率依赖于入射光强度。当光照增强,R_m 减小,振荡器频率增加。图 3-26-8 所示为光敏电阻作为一放大倍数可变的增益电阻,当入射光强改变时,R_m 变化,输出电压 U_o 改变,U_o 值为

$$U_o = -\frac{R_m}{R_1} \tag{3-26-3}$$

图 3-26-9 所示为光敏电阻用于发光二极管的控制,当入射光强改变时,R_m 变化,改变发光二极管的状态。

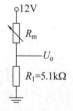

图 3-26-6　光敏电阻分压原理图

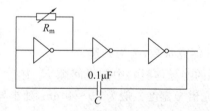

图 3-26-7　光敏电阻变频振荡器原理图

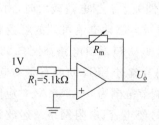

图 3-26-8　光敏增益电阻原理图

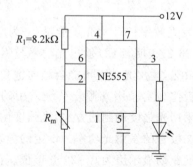

图 3-26-9　光敏电阻光控原理图

【实验内容】

1. 光敏电阻与输入光信号强度关系特性的测定

(1) 光敏电阻分压器。打开仪器电源,将调制信号通断开关打到"断",如图 3-26-6 所示,将光敏电阻接到面板上光敏电阻分压器的 R_m 位置。调节发光二极管静态驱动电流(即光源驱动电流电位器),其调节范围为 $0\sim20\text{mA}$。将 R_1 的两端接直流电压表,把直流电压表的切换开关打到外侧。测定光敏电阻分压器与输入光强的关系。记录数据并作出其关系曲线。

(2) 光敏电阻特性测试。将光敏电阻输出端连接到图 3-26-8 所示电路位置,调节发光二极管静态驱动电流(即光源驱动电流电位器),其调节范围为 $0\sim20\text{mA}$,将运放的输出端连接到数字电压表头的输入端,测定光敏电阻阻值与输入光信号的关系。记录数据并在坐标纸上作出关系特性曲线。

(3) 光敏电阻可控振荡器。将光敏电阻输出端连接到图 3-26-7 所示的 R_m 位置,把调制信号通断开关打到"断",将振荡器输出端连接到示波器,从 $0\sim20\text{mA}$ 调节发光二极管静态驱动电流,实验测定光敏电阻振荡器输出频率随输入光强变化的关系曲线。

(4) 光敏电阻的光控特性。将光敏电阻的输出端连接到图 3-26-9 所示的 R_m 位置,调节发光二极管静态驱动电流(光源驱动电流电位器),可看到驱动电流超过某一值后发光二极管就会被点亮,记录此时的电流值。

2. 光敏电阻的频率响应特性

将调制信号通断开关打到"开",把光源驱动电流分别设置为 5mA 和 10mA,在信号输入端加正弦调制信号,使 LED 发送调制的光信号,保持输入正弦信号的幅度不变,调节信号发生器频率,测量光敏电阻的频率响应特性。

【数据处理】

1. 光敏电阻与输入光信号强度关系特性的测定

(1) 测定光敏电阻分压器与输入光强的关系,将数据记录到表 3-26-1 中并作出其关系曲线。

表 3-26-1 光敏电阻分压器与输入光强数据

电流/mA	2	4	6	8	10	12	14	16	18	20
电压/V										

(2) 测定光敏电阻阻值与输入光信号的关系,将数据记录到表 3-26-2 中并作出关系特性曲线。

表 3-26-2 光敏电阻阻值与输入光信号数据

电流/mA	2	4	6	8	10	12	14	16	18	20
阻值/Ω										

(3) 测定光敏电阻振荡器输出频率随输入光强变化的关系,将数据记录到表 3-26-3 中并作出关系曲线。

表 3-26-3　光敏电阻振荡器输出频率随输入光强变化数据

电流/mA	2	4	6	8	10	12	14	16	18	20
频率/Hz										

（4）驱动电流超过某一值后发光二极管就会被点亮，记录此时的电流值。

2. 光敏电阻的频率响应特性的测定

测量光敏电阻的频率响应特性，将数据记录到表 3-26-4 中。

表 3-26-4　光敏电阻的频率响应数据

频率/Hz				
输出幅值(5mA)				
输出幅值(10mA)				

思考题

1. 在测量电流或电压时，是否需要考虑万用表内阻？为什么？
2. 根据测量结果，总结光敏电阻的伏安特性和光照特性。

实验 3.27　音频信号光纤通信应用实验

　　光纤通信技术是现代通信技术的主要支柱之一，具有通信容量大、传输质量高、频带宽、保密性能好、抗电磁干扰性强、质量轻、体积小等优点，已胜过长波通信、短波通信、电缆通信、微波通信和卫星通信，是信息社会中信息传输和交换的主要手段，成为现代通信的主流工具。1966 年，华裔学者高锟博士依据介质波导理论，首次提出光导纤维可以作为光纤通信传输媒介的理论。1976 年，美国亚特兰大的贝尔实验室首先研制成功世界上第一个光纤通信系统。20 世纪 80 年代末，横跨太平洋、长达 8300km 以及横跨大西洋、长达 6300km 的海底光缆线路先后建成并投入使用。1993 年美国政府提出信息高速公路构想，把光纤通信推进到一个新阶段。现在以光纤光缆为主体的网络已遍布全世界，信息的传输、交换、存储和处理已发生了根本的变化，这一变化将深刻影响人们的工作、学习和生活。以微电子技术、激光技术、计算机技术和现代通信技术为基础的超高速宽带信息网，将使远程教育、远程医疗、电子商务、网上购物、智能建筑小区等越来越普及。

【实验目的】

（1）了解音频信号光纤通信系统的结构及其主要部件的选配原则。

（2）熟悉半导体电光/光电器件的基本性能及其主要特性的测试方法。

（3）调试传输音频信息的光纤通信实验系统。

（4）训练如何在音频光纤传输系统中获得较好的传输质量。

【实验仪器】

OFC-Ⅲ型音频光纤传输实验仪、VP-5220D 示波器。

【实验原理】

1. 光纤简介

光纤是光导纤维的简称,是一种圆柱"光波导"。"光波导"是能够约束并引导光波在其内部或表面附近沿轴线方向传输的传输介质。常用光纤是由各种导光材料做成的纤维丝,有石英光纤、玻璃光纤和塑料光纤等多种。其结构分两层:内层为纤芯,直径为几微米到几十微米;外层称包层,其材料折射率 n_2 小于纤芯材料的折射率 n_1。包层外面常有塑料护套保护光纤。由于 $n_1 > n_2$,只要入射于光纤头上的外来光满足一定的角度要求,就能在光纤的纤芯和包层的界面上产生全反射,通过连续不断的全反射,光波就可从光纤的一端传输到另一端。

光纤的主要参数有数值孔径和衰减等。数值孔径是反映光纤接收入射光能力的一个参数,用 NA 表示,NA 越大,接收光能力就越强。$NA = n_0 \sin\alpha = (n_1^2 - n_2^2)^{1/2}$。其中,$n_0$ 为光纤头外面介质的折射率;α 为光纤头对光的最大接收角(即能在光纤内产生全反射的最大入射角)。衰减是以每公里距离上光能(光功率)的衰减分贝数来表示的:分贝/公里(dB/km) = $(10 \lg P_入 / P_出)/L$。

光纤通信的优点:①频带宽,通信容量大。频带即波段。频带宽,可利用的频率就多,如同公路越宽,可并行行驶的汽车就越多。光纤通信是以光波作为载体,光的频率高达 10^{14} Hz,通常音频带宽为 4～5kHz,视频为 8～10MHz,因此理论上光波可携带上亿路电话,上十万路电视节目,这样大的信息容量是其他方法所不能相比的。②中继距离长。由于技术的进步,光纤损耗已接近理论极限,现在已能做到 200 余公里不要中继站。③线径细、重量轻。一根光纤只相当于一根头发丝粗细,而质量与做成相同容量的电缆相比,只有电缆的几百分之一或更小。④取材容易,价格低廉。光纤的主要成分是 SiO_2,是地球上最丰富的元素。光发射器和光接收器价格也很便宜。⑤抗强干扰,耐振动。电磁干扰不易进入光纤,光纤也耐高压、耐腐蚀、耐振动。

2. 光纤通信系统基本组成

信息(语音、图像、数据等)按一定的方式调制到载运信息的光波上,经光纤传输到远端的接收器,再经解调将信息还原并输出,其过程如图 3-27-1 所示。

图 3-27-1　光纤通信系统基本组成

光纤通信系统各组成部分的功能如下。

(1) 发射端电端机:可以是载波机、电视图像收发设备、计算机终端等。

(2) 光发射机:光源(发光二极管 LED 或半导体激光器 LD)及相应的驱动电路。利用电端机输出的电信号对光源进行调制,使输出成为含有有用信息的载波光信号,并通过耦合器传送到光纤。

(3) 光接收机:主要是光电检测器,如 SPD 光电二极管及相应的电路,将接收到的光信号变为电信号。

（4）接收端电端机：将电信号进行解调、放大等电子技术处理，恢复成原始信号输出。

为了实现一根光纤多路信号传输，可通过合波器将各信号源输出的多路信息合并后输入一根光纤。在接收端再通过分波器，将一根光纤中传输的多路信号分开，再各自输出。一般用三棱镜、光栅、双波长激光器等作合波器、分波器（统称波分复用器）。

为了达到远距离传输，在传输线路上可相隔一定距离设置中继站，把衰减的信号予以放大增强，再继续传输。

3. 半导体发光二极管 LED 简介

光纤通信系统对光源器件在发光波长、电光效率、工作寿命、光谱宽度和调制性能等方面均有特殊要求。目前能较好满足要求的光源器件主要有半导体发光二极管 LED、半导体激光器 LD。LED 的结构如图 3-27-2 所示，它是一种双异质结构的半导体二极管。

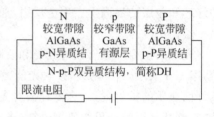

图 3-27-2　LED 发光二极管结构示意图

当给 DH 结构加正偏压时，使 N 层向有源层 p 注入导电电子，导电电子进入有源层后，因受到 p-P 异质结阻挡作用不能进入 P 层，只能被限制在有源层内与空穴复合。这个复合过程中，不少电子释放出的能量满足下面关系：$h\nu = E_1 - E_2 = E_g$。式中，h 为普朗克常数；ν 为光波频率；E_1 为有源层内导电电子能量；E_2 为导电电子与空穴复合后处于价键束缚状态的能量；E_g 为带隙宽度的能量，其值与 DH 结构中各层材料及组分选取等原因有关。

制作 LED 时，只要这些材料的选取和组分控制适当，就能使 LED 发光中心波长与传输光纤的损耗波长一致。光纤通信系统中使用的 LED 的光功率是经过称为尾纤的光导纤维输出的。光纤输出光功率与 LED 驱动电流的关系称为 LED 的电光特性。为避免和减少非线性失真，使用时应给 LED 加一个适当的偏置电流 I（电光特性曲线线性部分中点对应的电流值）。而调制信号的峰值位于电光特性的直线范围内。对于非线性失真要求不高的情况下，$I = I_{max}/2$，I_{max} 为 LED 所允许的最大偏置电流。这样可使 LED 获得无截止畸变幅度最大的调制，有利于信号的远距离传输。LED 信号调制输出如图 3-27-3 所示。

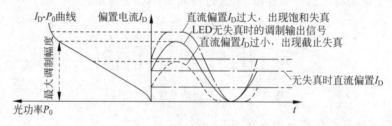

图 3-27-3　LED 信号调制输出

4. 半导体光电二极管 SPD

SPD 同半导体二极管一样具有一个 PN 结，但在管壳上有一个能让光照射入光敏区的窗口。不同于普通二极管，它工作在反向偏置电压状态或无偏压状态。

在反偏电压状态下，PN 结的空间电荷区的势垒增高、宽度加大、结电阻增大、结电容减小，有利于提高光电二极管的高频响应性能。无光照时，反向偏置的 PN 结只有很小的反向漏电流,称为暗电流。当有光子能量大于 PN 结半导体材料的带隙宽度 E_g 的光波照射到光电二极管的管芯时,PN 结各区域中的价电子吸收光能后将挣脱价键的束缚而成为自由电子,同时产生一个空穴,这些由光照产生的自由电子和空穴称为光生载流子。在远离空间电荷区(亦称耗尽区)的 P 区和 N 区内,电场强度很弱,光生载流子只有扩散运动,在向空间电荷区扩散的途中因复合消失,不能形成光电流。形成光电流只能靠空间电荷区的光生载流子。因为在空间电荷区内电场很强,光生自由电子和空穴将以高速分别向 N 区和 P 区运动,很快越过该区到达电极并沿外电路闭合形成光电流,电流方向为光电二极管的 P 区流出经外电路进入 N 区,且在无偏压和短路的情况下与光功率成正比。因此在光电二极管的 PN 结中,增加空间电荷区的宽度对提高光电转换电流有密切关系,即在 PN 结的 P 区和 N 区之间加一层杂质浓度很低的可近似视为本征半导体(用 i 表示)的 i 层,形成具有 PIN 结构的光电二极管,简称 PIN 管。PIN 光电二极管的 PN 结具有较宽的空间电荷区,很大的结电阻和很小的结电容,使其在光电转换效率和高频响应特性等方面优于普通光电二极管。

光电二极管的伏安特性为 $I=I_0\left(1-\mathrm{e}^{\frac{qU}{kT}}\right)+I_L$。式中,$I_0$ 为无光照的反向饱和电流;U 为二极管的端电压(正向电压为正,反向电压为负);q 为电子电荷;k 为玻耳兹曼常数;T 为结温;I_L 为无偏压状态下光照时的短路电流,与光照时的光功率成正比。

5. 传输音频信息的光纤通信实验系统

图 3-27-4 所示为传输音频信息的光纤通信实验原理图,包括六大部分:①信号输入。有函数信号发生器和语音信号输出等实验所需的各种信号。②LED 调制电路。由一级运算放大器做成对 LED 的音频调制电路。③LED 驱动电路。由一个三极管线路做成对 LED 的驱动电路,驱动电流可由毫安表读出。④传输光纤。通过两个耦合插头把发光管输出的光信号从一头输入,然后由另一头输出到光电二极管。⑤光电转换。由光电二极管实现光信号到电信号的转换,并由运放进行放大。⑥功放电路和输出。通过一个运放电路对信号进一步放大,用扬声器输出音频信号,可从 10Ω 电阻上测量输出信号大小。

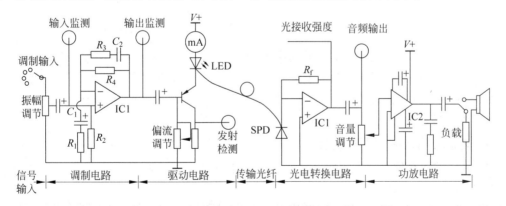

图 3-27-4　传输音频信息的光纤通信实验原理

【仪器介绍】

音频光纤传输实验仪包含光信号发送器、光纤信道、光信号接收器、光功率指示器、调制信号发生器(可产生正弦波、三角波、矩形波、语音信号)、频率计、直流数字毫伏表、交流数字毫伏表、直流电流表。

实验仪器面板如图 3-27-5 所示,调制信号由"输入选择""波段开关""频率调节""幅度调节"等旋钮控制。

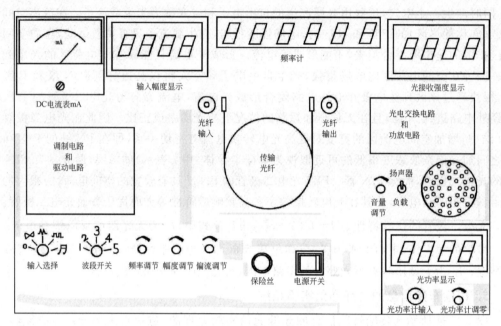

图 3-27-5　音频信号光纤传输实验仪面板

"输入选择"分为五挡,具体为:

(1) 断开调制信号源,使发送器工作于无信号输入的静态状态;

(2) 输入正弦波调制信号,其幅度由三位半数字交流毫伏表"输入幅度显示"表示,最大量程 1.999V;

(3) 输入三角波调制信号;

(4) 输入矩形波调制信号;

(5) 输入语音信号。

其中,(2)、(3)、(4)这 3 种信号的频率由"波段开关"与"频率调节"旋钮来控制。"波段开关"为频率粗调,频率范围约为 10Hz～30kHz,分为 5 个波段;"频率调节"为频率细调,可以精确到 1Hz。频率的具体值由"频率计"指示。输入信号的幅度由"幅度调节"旋钮控制。

【实验内容】

1. 光信号的调制与发送实验

1) 光纤传输系统组件半导体发光二极管 LED 电光特性的测定

(1) 开机前的准备

将面板上"偏流调节"旋钮逆时针旋至最小,以避免开机后长期工作于最大电流而引起疲劳导致缩短使用寿命;将"扬声器/负载"开关拨向负载,以免声音相互干扰;将传输光纤的两端分别插入"光纤输入"和"光功率计输入";打开电源开关,指示灯亮,表明已加电工作。

(2) 将"输入选择"调到"0"位;调节"光功率计调零"旋钮,使"光功率显示"为零或接近零。

（3）调节"偏流调节"旋钮,使 DC 电流表指示从零逐渐增加,每增加 5mA 读取一次光功率指示值,直到 50mA 为止。实验完后,立即把电流表调整为零。根据测量结果描绘 LED 发光二极管的电光特性曲线,并确定出线性段较好的部分。

2）LED 偏置电流与无截止畸变（发射端）最大调幅度关系的测定

调节"输入选择"旋钮至正弦波位置,调节"波段开关"至 3 挡,调节"频率调节"观察"频率计"显示至 1kHz,把双踪示波器的一条通道接到"发射监测",接地夹子夹在"接地点"。然后,调节"偏流调节",由 DC 电流表读出的 LED 偏流电流分别为 0、10、20、30、40、50mA 的各种情况下,调节信号源输出幅度（使用"幅度调节"旋钮）。用示波器观察光信号无截止畸变的最大调制幅度。将测试值用表格记录下来。

注意：测试完后,将"偏流调节"调至最小。

3）光信号发送器调制放大电路幅频特性的测定

参看图 3-27-4,把示波器的通道 1 和通道 2 分别接到"输入监测"和"输出监测",用示波器观测放大器输入和输出端波形的峰-峰值,在 20～20kHz 的范围内改变信号源频率,在始终保持输入端信号幅度不变的情况下,由观测结果绘出幅频特性曲线。

注意：

（1）在频率范围的低端和高端观测点密一些,而中间范围观测点可以疏一些。

（2）输入信号幅度可选择 10mV 或更小一点,以保证在整个测量过程中输出波形不失真。

2. 光信号接收及传输系统的综合实验

1）光纤传输系统静态电光/光电传输特性测定

将"输入选择"旋钮置于"0"位,将传输光纤的两端分别插入"光纤输入"和"光纤输出"插孔。调节偏流电位器,使"DC 电流表"的指示每隔 5mA 改变一次,观察面板上"光接收强度显示",分别记录偏流数据和光接收强度数据,在方格纸上绘制静态电光/光电传输特性曲线。

2）LED 偏置电流与无截止畸变（接收端）最大调制幅度关系的测定

将面板上"扬声器/负载"开关置于负载,以避免相互声音干扰,将"输入选择"旋钮置于正弦波位置,调"波段开关"和"频率调节"旋钮,观察"频率计",给发送端输入 1kHz 的正弦波。在偏流位 10mA 和 25mA 两种情况下,调节信号源"幅度调节"旋钮,使数字表头"输入幅度显示"从零开始增加,同时用示波器在接收端"音频输出"观察波形变化,直到波形出现截止畸变现象时,记录下电压波形的峰-峰值,由此确定 LED 在不同位置电流下光功率的最大调制幅度。

3）光纤传输系统幅频特性的测定

参看图 3-27-4,把示波器的通道 1 和通道 2 分别接到"输入监测"和接收电路的"音频输出",用示波器观测输入端和输出端波形的峰-峰值,在 20～20kHz 的范围内改变信号源频率,在始终保持输入端信号幅度不变的情况下,由观测结果绘出幅频特性曲线。

注意：

（1）在频率范围的低端和高端观测点密一些,中间范围观测点可以疏一些。

（2）输入信号幅度可选择 10mV 或更小一点,以保证输出波形不失真。

3. 多种波形光纤传输实验

调节"输入选择"旋钮,分别将方波信号和三角波信号输入发送电路,改变输入频率,从接收电路的"音频输出"端观察输出波形的变化情况。

4. 语音信号光纤传输实验

将"扬声器/负载"开关置于扬声器,"输入选择"旋钮置于音乐,从而将语音片的音乐声送入发送电路,收听音频信号光纤传输系统的音响效果。实验时,适当调节"幅度调节""偏流调节""音量调节"旋钮,考察听觉效果,并用示波器观测"音频输出"的波形变化。

【数据处理】

(1) 光信号的调制与发送实验。将 LED 发光二极管的电光特性数据、LED 偏置电流与无截止畸变(发射端)最大调幅度关系数据、光信号发送器调制放大电路幅频特性数据填入表 3-27-1~表 3-27-3 中。

表 3-27-1　LED 发光二极管的电光特性数据

偏置电流/mA	5	10	15	20	25	30	35	40	45	50
光功率										

根据表格中记录的数据描绘出 LED 发光二极管的电光特性曲线。

表 3-27-2　LED 偏置电流与无截止畸变(发射端)最大调幅度关系数据

偏置电流/mA	0	10	20	30	40	50
输入幅度						

根据表格中记录的数据描绘出偏置电流与无截止畸变(发射端)最大调幅度关系曲线。

表 3-27-3　光信号发送器调制放大电路幅频特性数据

输入信号幅度:_____。

频率/Hz								
输入监测峰-峰值								
输出监测峰-峰值								

(2) 光信号接收及传输系统的综合实验。将光纤传输系统静态电光/光电传输特性数据、LED 偏置电流与无截止畸变(接收端)最大调幅度关系数据、光纤传输系统幅频特性数据分别填入表 3-27-4~表 3-27-6 中。

表 3-27-4　光纤传输系统静态电光/光电传输特性数据

偏置电流/mA	5	10	15	20	25	30	35	40	45	50
光接收强度										

根据表格中记录的数据绘出静态电光/光电传输特性曲线。

表 3-27-5　LED 偏置电流与无截止畸变(接收端)最大调幅度关系数据

偏置电流/mA	10	25
输入幅度		

表 3-27-6　光纤传输系统幅频特性数据

输入信号幅度：_____。

频率/Hz						
输入监测峰-峰值						
音频输出峰-峰值						

(3) 多种波形光纤传输实验(表格略)。

(4) 语音信号光纤传输实验(表格略)。

思考题

1. LED 确定后,光信号的远距离传输应如何设定偏置电流和调制幅度?

2. 调制信号幅度较小时,指示偏置电流的电流表示数与调制信号幅度无关。而调制信号幅度增加到一定程度后,电流表示数随调制信号的幅度增加的改变呈何种变化关系? 为什么?

第4章

创新研究型实验

实验 4.1 热敏电阻温度计实验研究

热敏电阻是对温度变化非常敏感的一种半导体电阻元件,它能测量出温度的微小变化,并且体积小、工作稳定、结构简单。因此,它在测温技术、无线电技术、自动化和遥控等方面都有广泛的应用。

利用热敏电阻作为感温元件,并且配有温度显示装置的温度仪表称为热敏电阻温度计。热敏电阻能把温度信号变成电信号,从而实现非电量的测量。值得提出的是,电量测量是现代测量技术中最简便的测量技术,不仅测量装置简单、造价低、灵敏度高,而且容易实现自动化控制,是测量技术的一个重要的发展趋势。

【实验目的】

(1) 研究热敏电阻的温度特性。

(2) 进一步掌握非平衡电桥的电路原理及应用。

(3) 了解负温度系数热敏电阻的温度特性。

(4) 设计和安装一台热敏电阻温度计,并对这台温度计的测量误差进行测试和评价。

【实验仪器】

非平衡电桥测温仪、热敏电阻或金属电阻、电阻箱、稳压电源、直流电阻电桥、温度计、滑线变阻器、温度指示控制仪。

【实验原理】

1. 电阻的温度特性

实验证明,各种导体材料的电阻值随环境温度变化而变化。例如纯铜材料,当温度升高1℃时,其电阻值要增加 0.43% 左右,利用这种性质可做成电阻温度计,把温度的测量转换成电阻的测量,既方便又准确,在实际中有广泛应用;对于康铜(铜镍合金)、锰铜(铜锰镍合金)等合金,当温度升高1℃时,其电阻值增加 0.002%,即合金的电阻受温度的影响很小,几乎不随温度变化,因此可以用来制造电阻丝;对于半导体材料(热敏电阻),当温度上升时,阻值下降(或上升),其电阻值随温度的变化很大,可以用来测温或自动控制温度。因此研究材料的电阻随温度变化的关系从而确定它们的不同用途是材料研究课题之一。

从物理学习中可知,一般金属导体的电阻随着温度的升高而增大,在通常温度下,电阻与温度之间存在着线性关系,即

$$R(t) = R_0(1 + \alpha t)$$

式中，$R(t)$ 是 t℃时的电阻；R_0 是 0℃时的电阻；α 称为电阻温度系数，表示温度每变化 1℃时材料的阻值相应的变化。

热敏电阻是金属氧化物（NiO、MnO_2、CuO、TiO_2 等）的粉末按一定比例混合烧结形成的半导体，其阻值与温度之间存在着非线性关系。在一定温度范围内，半导体热敏电阻值与温度的关系可以写成

$$R_T = Ae^{B/T}$$

式中，T 为热力学温度；A、B 为与半导体材料成分和结构有关的常数，通常由实验方法求出。

热敏电阻与金属丝电阻相比有以下优点。

（1）由于热敏电阻有较大的电阻温度系数，因此灵敏度很高，目前可测得 0.001～0.005℃这样微小的温度变化。

（2）热敏电阻元件可以做成片状、柱状、球状等，直径达 0.5mm。由于体积小，热惯性小，响应速度快，时间常数可以小到毫秒级。

（3）热敏电阻元件的电阻值可达 3～700kΩ，当远距离测量时，导热电阻的影响可不考虑。

（4）在 −50～350℃温度范围内有较好的稳定性。

热敏电阻的缺点是非线性大、老化较快和对环境温度的敏感性大。

2. 非平衡电桥及其测温原理

利用电阻与温度的关系，将电阻元件作为一个感温元件，环境温度的变化引起电阻阻值的变化，一般采用电桥转换为电流变化，如图 4-1-1 所示。当 R_1、R_2、R_T、R_N 选择适当时，可使电桥平衡，微安表中无电流流过，指示为零，关系式 $R_1R_2 = R_TR_N$ 成立。若温度变化使 R_T 变化，则不满足平衡条件，微安表中有电流通过（指针发生偏转），电桥处于不平衡状态，故叫非平衡电桥。

一定的温度 t 对应于一定的 R_T，而 R_T 又对应于一定的微安表中的指针偏转数，因此对温度的非电学量的测量可以转换为对微安表中电流 I_G 的电学量的测量。只要根据测温范围 t_1～t_2，选择合适的 R_1、R_2、R_T、R_N，参考 R_T-t 的电阻温度特性曲线，使微安表中 I_G 的零点与温度

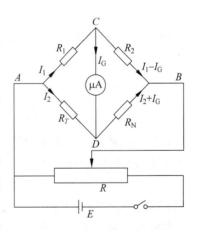

图 4-1-1　非平衡电桥测温原理

t_1 对应，满偏 I_{Gm} 与温度 t_2 对应，即可根据微安表的指针偏转数，测量 t_1～t_2 温度范围内任意一点温度。

根据桥路的基尔霍夫方程，则有

$$\begin{cases} I_1R_1 + I_GR_G - I_2R_T = 0 \\ (I_1 - I_G)R_2 - (I_2 + I_G)R_N - I_GR_G = 0 \\ I_2R_T + (I_2 + I_G)R_N - U_{AB} = 0 \\ R_1 = R_2 \end{cases}$$

解得

$$I_G = \frac{U_{AB}\left(1 - \dfrac{2R_N}{R_T + R_N}\right)}{R_1 + 2R_G + 2\dfrac{R_T R_N}{R_T + R_N}} \tag{4-1-1}$$

式(4-1-1)中 R_T 随温度 t 变化,导致微安表的指针读数 I_G 发生变化,即完成了将非电学量的测量转化为电学量的测量。

【实验内容】

设计一个非平衡电桥测温仪,要求测量范围为室温至 $80℃$,具体设计步骤如下。

1. 测出所选择的感温元件 R_T 的电阻温度特性曲线 R_T-t(或实验室给出)

将被测感温元件放入水中,温度由温控仪控制和显示(注意先设定温度再进行加热),待温控仪的显示温度数值稳定后,再用惠斯通电桥测量相应温度下被测元件的电阻值。每隔 $10℃$ 左右测量一次,直到 $80℃$。

2. 桥臂电阻的设计

根据测量范围确定 R_1、R_2 和 R_N 的值,在 $R_1 = R_2$ 的条件下,从感温元件的 R_T-t 特性曲线上查得最大阻值 R_{t_1} 对应的温度 t_1,$R_T = R_{t_1}$,且微安表指针应指零点;最小阻值 R_{t_2} 对应的温度 t_2,$R_N = R_{t_2}$($R_{t_2} < R_{t_1}$),且微安表指针应指向满度,即 $I_G = I_{Gm}$。所以有

$$\begin{cases} R_1 = R_2 \\ R_T = R_{t_1} \quad I_G = I_{Gm} \\ R_N = R_{t_2} \end{cases} \tag{4-1-2}$$

将式(4-1-2)代入式(4-1-1),整理得

$$R_1 = R_2 = \frac{U_{AB}}{I_{Gm}}\left(1 - \frac{2R_{t_2}}{R_{t_1} + R_{t_2}}\right) - 2\left(R_G + \frac{R_{t_1} R_{t_2}}{R_{t_1} + R_{t_2}}\right) \tag{4-1-3}$$

式(4-1-3)中,R_{t_1}、R_{t_2}、I_{Gm} 均已查得。那么,U_{AB} 又如何确定呢?U_{AB} 越高,则仪器灵敏度越高,同时流过热敏电阻的电流也越大,则容易产生明显的自热效应,从而造成对环境温度的影响。因此规定流经 R_T 的工作电流 I_T 不准超过额定值。本实验中 $I_T < 0.4\text{mA}$,这样在 $I_G \ll I_T$ 的条件下,有

$$U_{AB} \leqslant I_T(R_{t_1} + R_{t_2}) = 3\text{V}$$

建议 U_{AB} 取值为 $2.0 \sim 2.8\text{V}$。

实验线路如图 4-1-1 所示,E 是稳压稳流电源;R 是滑线变阻器,与 E 组成直流分压电路,调节电位器的触点,可得到 U_{AB} 的设计值。

3. 校准电路

(1)连接线路。本实验中,R_1 与 R_2 的阻值相等并固定不变。R_T 的位置接电阻箱。

(2)确定 R_N 的电阻值。电阻箱取 $R = R_{t_1}$,先调节滑线变阻器,使分压 U_{AB} 取极小值,调节 R_N 使微安表指针指零($I_G = 0$),再调节滑线变阻器,增大 U_{AB},I_G 可能不为零,重调 R_N,使 $I_G = 0$。这样反复调节,直到滑线变阻器分压最大(即 U_{AB} 极大),使 $I_G = 0$,固定 R_N 的阻值不变。

(3)确定 U_{AB} 的值。电阻箱取 $R = R_{t_2}$,调节滑线变阻器 R(即调节 U_{AB}),使微安表指针

满偏,$I_G = I_{Gm}$。此后滑线变阻器固定不动,U_{AB}也随之确定。R_N、U_{AB}调好后不要再动。

4. 定标

定标即是将微安表中的 I_G 电流值转换为相应的温度值,使微安表为一个温度指示表。通过定标实验来描绘出一条定标曲线,如图 4-1-2 所示。有了定标曲线,就可以找到与任一电流值 I_{Gi} 相对应的温度 t_i。

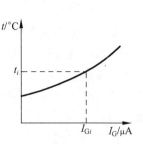

图 4-1-2　定标曲线

（1）用感温元件取替电阻箱,即 R_T 的位置接感温元件。

（2）将感温元件放入水中,温度由温控仪控制和显示,待温控仪的显示温度值稳定后,读出 I_G,每隔 5℃ 读出温度 t（t 为室温至 80℃）和对应的 I_G。

5. 对比测量

用非平衡电桥测温仪和水银温度计同时测水温。

水银温度计指示 $t_0 =$ _____ ℃；电桥温度仪指示 $I_G =$ _____ μA,$t =$ _____ ℃。

【注意事项】

（1）电源电压不要超过 3V。

（2）校准后,R_N、U_{AB} 不要再改变。

（3）在测量热敏电阻 R_T 时,调整相应的电阻,使得 R_T 所在桥臂的电阻变化很小,且使检流计的偏转尽量与温度的变化成线性关系。

（4）应保证在热敏电阻允许温度范围内多次测量,可采用图解法、计算法或最小二乘法求出 A、B 值。

【数据处理】

（1）记录测感温元件的电阻温度特性曲线时的温度和阻值,填入自拟的表格内。在坐标纸上画出 R_T-t 电阻温度特性曲线（实验室若给出温度特性曲线,此部分不用再做）。

（2）从温度特性曲线上查出 t_1 对应的 R_{t_1},t_2 对应的 R_{t_2}。

（3）记录定标时的温度 t_i 和对应的 I_{Gi},填入自拟的表格,在坐标纸上作出电流 I_G 和温度 t 的关系曲线,即为定标曲线。

（4）求非平衡电桥测温仪和水银温度计测水温的相对误差 $E = \dfrac{t - t_0}{t_0} \times 100\%$。

思考题

1. 非平衡电桥中的 R_1、R_2、R_T、R_N 的参数如何确定?

2. 测量之前为什么要校准? 如何校准?

3. R_T 的作用是什么?

4. 热敏电阻与金属电阻的优缺点是什么?

5. 什么叫金属的温度系数? 如何求得?

6. t 与 t_0 符合程度如何? 产生误差的原因可能有哪些?

7. 实验中如何把非电学量的测量转化为电学量的测量?

实验 4.2　电表的改装与校准

电表在电测量中被广泛应用,因此了解电表和使用电表就显得十分重要。电流计是用来测量微小电流的,它是非数字式测量仪器的一个基本组成部分,用它来改装成毫安表、电压表和欧姆表。

通过电表改装与校准实验,可以掌握如何将一只小量程的电流计改装成大量程的电流表、欧姆表或电压表。

【实验目的】

(1) 掌握电表改装的基本原理和方法,按照实验原理设计测量线路。

(2) 了解电流计的量程 I_G 和内阻 R_G 在实验中所起的作用,掌握它们的测量方法。

(3) 掌握毫安表、电压表和欧姆表的改装、校准和使用方法,了解电表面板上符号的含义。

(4) 学习校准电表的刻度。

(5) 熟悉电表的规格和用法,了解电表内阻对测量的影响,掌握电表级别的定义。

(6) 训练按回路接线及电学实验的操作方法。

(7) 学习校准曲线的描绘和应用。

【实验仪器】

电表改装与校准实验仪。

【实验原理】

1. 电流计

常见磁电式电流计的构造如图 4-2-1 所示,一般用符号 G 表示。它的主要部分是放在永久磁场中的由细漆包线绕制成的可以转动的线圈、用来产生机械反力矩的游丝、指示用的指针和永久磁铁。当电流通过线圈时,载流线圈在磁场中就产生一个磁力矩 M_1,使线圈转动。线圈的转动扭转了与线圈转动轴连接的上下游丝,使游丝发生形变而产生机械反力矩 M_2。线圈满刻度偏转过程中的磁力矩 M_1 只与电流强度有关,而与偏转角度无关,游丝因形变产生的机械反力矩 M_2 与偏转角度成正比。因此当接通电流后,线圈在 M_1 的作用下偏转角逐渐增大,同时反力矩 M_2 也逐渐增大,当 $M_1 = M_2$ 时,线圈就很快地停下来。线圈偏转角的大小与通过的电流大小成正比(也与加在电流计两端的电势差成正比),由于线圈偏转的角度通过指针的偏转是可以直接指示出来的,因此上述电流或电势差的大小均可由指针的偏转直接指示出来。

电流计允许通过的最大电流称为电流计的量程,用 I_G 表示;电流计的线圈有一定的内阻,用 R_G 表示。I_G 与 R_G 是表示电流计特性的两个重要参数。

电流计可以改装成毫安计。电流计 G 只能测量很小的电流,为了扩大电流计的量程,可以选择一个合适的分流电阻 R_p 与电流计并联,允许比电流计量程 I_G 大的电流通过由电流计和与电流计并联的分流电阻所组成的毫安计,即改装成为一只毫安计。这时电表面板上指针的指示值就要按预定要求设计的满刻度值 I(即毫安计量程)的要求来读取数据。

若测出电流计 G 的 I_G 与 R_G,则根据图 4-2-2(a)就可以算出将此电流计改装成量程为

I 的毫安计所需的分流电阻 R_p。

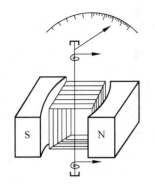

图 4-2-1　电流计结构示意图

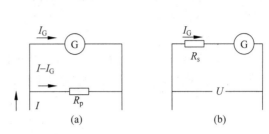

图 4-2-2　电流计量程改装原理

由于电流计与 R_p 并联,故有

$$I_G R_G = (I - I_G) R_p \qquad (4\text{-}2\text{-}1)$$

$$R_p = \frac{I_G R_G}{I - I_G} \qquad (4\text{-}2\text{-}2)$$

由式(4-2-2)可见,电流量程 I 扩展越大,分流电阻阻值 R_p 越小。取不同的 R_p 值,可以制成多量程的电流表。电流计也可以改装成电压表,由于电流计 I_G 很小,R_G 也不大,因此只允许加很小的电压,为了扩大其测量电压的量程,可将其与一高阻值电阻 R_s 串联。这时两端的电压 U 大部分分配在 R_s 上,而电流计中的示数与所加电压成正比。只需选择合适的高阻 R_s 与电流计串联作为分压电阻,允许比原来 $I_G R_G$ 大的电压加到由电流计和与电流计串联的分压电阻所组成的电压表上,即改装成为一只电压表。这时电表面板上指针的指示值就要按预定要求设计的满刻度值 U(即电压表量程)的要求来读取数据。

同理,如果改装后的电压表量程为 U,则根据图 4-2-2(b)就可以算出将此电流计改装成量程为 U 的电压表所需的分压电阻 R_s。

根据欧姆定律,得

$$U = I_G (R_G + R_s) \qquad (4\text{-}2\text{-}3)$$

$$R_s = \frac{U}{I_G} - R_G \qquad (4\text{-}2\text{-}4)$$

由上式可见,电压量程 U 扩展越大,分压电阻阻值 R_s 越大。取不同的 R_s 值,可以制成多量程的电压表。

注:在实际应用中,分流电阻和分压电阻均采用线绕电阻,材料是锰铜丝,因其电阻温度系数较小,电阻值较为稳定。在要求不高的场合,也可用金属膜电阻或碳膜电阻代替。本实验中采用的是可变电阻箱。

电流计还可以改装为欧姆表,主要有串接和并接两种方式。

(1) 串接式欧姆表改装原理

如图 4-2-3 所示,U 为电源电压,电流计内阻为 R_G,量程(即满刻度电流)为 I_G,R 和 R_w 为限流电阻,R_x 为待测电阻。由欧姆定律可知,流过电流计的电流为

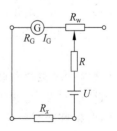

图 4-2-3　串接式欧姆表改装原理

$$I_x = \frac{U}{R_x + R_G + R + R_w} \qquad (4\text{-}2\text{-}5)$$

对于给定的欧姆表（R_G、R、R_w、U 已给定），I_x 仅由 R_x 决定，即 I_x 与 R_x 之间有一一对应的关系。在表头刻度上将 I_x 表示成 R_x，即改装成欧姆表。

由图 4-2-3 和式（4-2-5）可知，当 R_x 为无穷大时，$I_x = 0$；当 $R_x = 0$ 时，回路中电流最大，$I_x = I_G$。由此可知：

① 当 $R_x = R_G + R + R_w$ 时，$I_x = I_G/2$，指针正好位于满刻度的一半，即欧姆表标尺的中心电阻值 R_m 等于欧姆表的总内阻。这就是串接式欧姆表中心电阻的意义。可将式（4-2-5）改写成

$$I_x = \frac{U}{R_x + R_m} \qquad (4\text{-}2\text{-}6)$$

② 改变中心电阻 R_m 的值，即可改变电阻挡的量程。如 $R_m = 100\Omega$，测量范围为 $20\sim500\Omega$；$R_m = 1000\Omega$，测量范围为 $200\sim5000\Omega$，依此类推（注：对于大阻值测量应相应提高电源 E 的电压 U）。

③ I_x 与 $R_m + R_x$ 是非线性关系。当 $R_x \ll R_m$ 时，有 $I_x \approx U/R_m = I_G$，此时偏转接近满刻度，随 R_x 的变化不明显，因而测量误差大；当 $R_x \gg R_m$ 时，有 $I_x \approx 0$，此时测量误差也大。因此，在实际测量时，只有在 $R_m/5 < R_x < 5R_m$ 的范围内，测量才比较准确。

④ 由于在实际过程中电表多采用干电池，电池电压 U 在使用过程中会产生变化，因此需要用 R_w 来调零。

(2) 并接式欧姆表改装原理

如图 4-2-4 所示，U 为电源电压，电流计内阻为 R_G，量程（即满刻度电流）为 I_G，R 和 R_w 为限流电阻，R_x 为待测电阻。由欧姆定律可知，流过电流计的电流为

$$I_x = \frac{R_x}{R_x + R_G} \cdot \frac{U}{R + R_w + R'} \qquad (4\text{-}2\text{-}7)$$

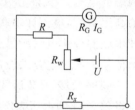

图 4-2-4　并接式欧姆表改装原理

式中，$R' = R_G R_x/(R_G + R_x)$。当 $R + R_w \gg R'$ 时，式（4-2-7）可以改写为

$$I_x = \frac{R_x}{R_x + R_G} \cdot \frac{U}{R + R_w} \qquad (4\text{-}2\text{-}8)$$

对于给定的欧姆表（R_G、R、R_w、U 已给定），I_x 仅由 R_x 决定，即 I_x 与 R_x 之间有一一对应的关系。在表头刻度上将 I_x 表示成 R_x，即改装成欧姆表。

由图 4-2-4 和式（4-2-8）可知，当 R_x 为无穷大时，回路中电流最大，$I_x = I_G$；当 $R_x = 0$ 时，$I_x = 0$。由此可知：

① 当 $R_x = R_G$ 时，$I_x = I_G/2$，指针正好位于满刻度的一半，即欧姆表标尺的中心电阻值等于电流计表头的内阻。这就是并接式欧姆表中心电阻的意义。

② I_x 与 R_x 是非线性关系。当 $R_x \ll R_G$ 时，有 $I_x \approx 0$，此时偏转接近零刻度，随 R_x 的变化不明显，因而测量误差大；当 $R_x \gg R_G$ 时，有 $I_x \approx I_G$，此时测量误差也大。因此在实际测量时，只有在 $R_G/5 < R_x < 5R_G$ 的范围内，测量才比较准确。

③ 由于在实际过程中电表多采用干电池，电池电压 U 在使用过程中会产生变化，因此需要用 R_w 来调零。

2. 电表级别确定

在测量电学量时,由于电表本身机构及测量环境的影响,测量结果会有误差。由温度、外界电场和磁场等环境影响而产生的误差是附加误差,可以由改变环境状况而予以消除。而电表本身(如摩擦、游丝残余形变、装配不良及标尺刻度不准确等)产生的误差则为仪表基本误差,它不随使用者不同而变化,因而也就决定了电表所能保证的准确程度。仪表准确度等级定义为仪表的最大绝对误差与仪表量程(即测量上限)比值的百分数,即

$$K\% = \frac{最大绝对误差(\Delta m)}{量程(A_m)} \times 100\% \tag{4-2-9}$$

例如,某个电流表量程为1A,最大绝对误差为0.01A,那么

$$K\% = \frac{最大绝对误差(\Delta m)}{量程(A_m)} \times 100\% = \frac{0.01A}{1A} \times 100\% = 1\%$$

所以,这个电流表的准确度等级就定义为1.0级。反之,如果知道某个电流表的准确度等级是0.5级,量程是1A,那么该电流表的最大绝对误差就是0.005A。每个仪表的准确度等级在该表出厂前都经检定并标示在表盘上,根据其等级就知道该表的可靠程度。按国家质量技术监督管理局规定,电表的准确度等级可分为0.1、0.2、0.5、1.0、1.5、2.5、5.0共7个等级,其中数字越小的准确度越高。由于实验中误差的来源是多方面的,在其他方面的误差比仪表带来的误差大的情况下,就不应该片面地追求高级别的电表,因为级别提高一级,价格就要贵很多。实验室常用1.0级、1.5级、2.5级电表,准确度要求较高的测量中则用0.5级或0.1级的电表。

实际选用电表时,在待测量不超过所选量程的前提下,应力求指针的偏转尽可能大一些,只有在被测量接近仪表的量程时,才能最大限度地达到这个仪表的固有准确度,以减小读数误差。

【仪器介绍】

本实验所用的电表改装与校准实验仪集成了0～1.999V可调直流稳压源(带3位半数显),被改装表为量程1mA、内阻$R_G = 100\Omega$的指针电流计表头,量程为0～9999.9Ω的可变电阻箱。除了能将被改装表改装成电压表和电流表外,还可以将其改装成串接式和并接式欧姆表。实验仪面板结构如图4-2-5所示,它主要集成了3位半标准数字电压表和3位半标准数字电流表,用于对改装后的电流表和电压表进行校准。实验仪提供了一个量程0～9999.9Ω的可变电阻箱R_2,在准确度等级为1.0级的指针式大面板改装电流表和电压表实验中,用来测量电流计G的内阻R_G,可以将它与被改装表头串并联,人为地改变表头内阻;在改装欧姆表实验中,作为可变外接电阻使用。另外,实验仪提供可调直流稳压源,输出0～1.999V可调电压,3位半数字显示,读数方便。最大阻值为470Ω的可调电阻在改装电流表和电压表实验中,作为可变外接电阻;在改装欧姆表实验中,用来调零。阻值750Ω的电阻与上述470Ω的可调电阻一起用于把电流计表头改装为串接式和并接式欧姆表。

【注意事项】

(1)注意接入改装表电信号的极性与量程大小,以免指针反偏或过量程时出现"打针"现象。

(2)实验仪提供的标准电流表和标准电压表仅作为校准时的标准使用。

236

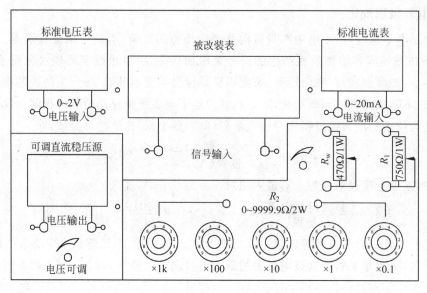

图 4-2-5　电表改装与校准实验仪

【实验内容】

1. 测定电流计 G 的量程 I_G 和内阻 R_G

设计测量电路并测定电流计内阻 R_G，可以采用替代法或中值法等多种方法。

1) 替代法

如图 4-2-6 所示，将被测电流计接在电路中，读取标准表的电流值，然后切换开关 K 的位置，用十进位电阻箱代替电流计，并改变电阻值。当电路中的电压不变时，使流过标准表的电流保持不变，则电阻箱的电阻值即为被测电流计的内阻。

2) 中值法

当被测电流计接在电路中时，使电流计满偏，再用十进位

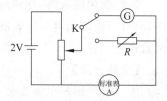

图 4-2-6　替代法测量电表内阻

电阻箱与电流计并联作为分流电阻，改变电阻箱电阻值（即改变分流程度），当电流计指针指示到中间值（即流过电流计的电流为 I_G 的 1/2），且总电流强度保持不变时，流过电阻箱的电流也为 I_G 的 1/2。根据欧姆定律，可得

$$\frac{1}{2}I_G R_G = \frac{1}{2}I_G R \qquad\qquad (4\text{-}2\text{-}10)$$

则 $R_G = R$，即这时电流计的内阻等于分流电阻值。

上述两种测量电流计内阻的方法，在实验时选择一种即可，有余力的学生可以两种都选择。当测出了电流计内阻值以后，就可以根据欧姆定律求出电流计量程。

2. 改装电流计为 5mA（或 10mA）量程的电流表

按图 4-2-7 选择合适的分流电阻 R_p，改装电流计的量程，用 0.5 级标准数字电流表来校准被改装电流表。从 0 到满量程，以电流计面板读数为横坐标，以标准电流表读数为纵坐标，用毫米方格纸作出校准曲线。

3. 改装电流计为1V量程的电压表

按图 4-2-8 选择合适的分压电阻 R_s，改装电流计为电压表，用 0.5 级标准数字电压表来校准被改装电压表。从 0 到满量程，以电流计面板读数为横坐标，以标准电压表读数为纵坐标，用毫米方格纸作出校准曲线。

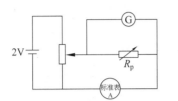

图 4-2-7　改装毫安计的校准

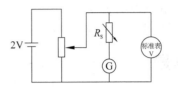

图 4-2-8　改装电压表的校准

4. 确定改装电流表和电压表的级别

通常改装表的级别不能高于用来校准的标准表的级别，应根据实际测量与计算的结果向低的级别靠，来确定改装表级别。

5. 改装电流计为欧姆表

实验中，设置 $U=1.0V$，$R=750\Omega$，R_w 为 470Ω 可调电阻，分别把电流计改装为串接式欧姆表和并接式欧姆表，用变阻箱作为可变外接电阻，在坐标纸上作出 I_x-R_x 曲线。

【数据处理】

1. 测定电流计 G 的量程 I_G 和内阻 R_G

（1）替代法测定电流计内阻 $R_G=$_____ Ω。

（2）中值法测定电流计内阻 $R_G=$_____ Ω。

2. 改装电流计为5mA（或10mA）量程的电流表（见表4-2-1）

表 4-2-1　改装电流计及校准（电表量程_____ mA）

被改装电流计面板读数	0.1	0.2	0.3	0.4	0.5	0.6	0.7	0.8	0.9	1.0
标准毫安计读数/mA										

依照表 4-2-1 中记录的数据作出校准曲线。

3. 改装电流计为1V量程的电压表

自己设计表格，并依照表格中记录的数据作出校准曲线。

4. 确定改装电流表或电压表的级别

按照式（4-2-9）对改装电流表或电压表的准确度进行计算，并确定改装的电流表或电压表的级别。

5. 改装电流计为欧姆计

（1）串接式欧姆表（见表4-2-2）

表 4-2-2 串接式欧姆表改装($E=1.0\text{V}, R=750\Omega$)

被改装电流计面板读数 I_x	0.1	0.2	0.3	0.4	0.5	0.6	0.7	0.8	0.9	1.0
电阻箱读数 R_x/Ω										

依照表 4-2-2 中记录的数据作出 I_x-R_x 曲线。

（2）并接式欧姆表

自己设计表格，并依照表格中记录的数据作出 I_x-R_x 曲线。

思考题

1. 校正电流表（电压表）时发现改装表的读数相对于标准表的读数偏高，试问要达到标准表的数值，改装表的分流电阻（分压电阻）应调大还是调小？

2. 用欧姆表测电阻时，如果表头的指针正好指在满刻度的一半处，则从标尺读出的电阻值就是该欧姆表的内阻值吗？

实验 4.3 混沌原理及应用实验

混沌是指发生在确定性系统中的貌似随机的不规则运动，一个确定性理论描述的系统，其行为却表现为不确定性——不可重复、不可预测，这就是混沌现象。进一步的研究表明，混沌是非线性系统普遍存在的现象，其主要特征如下。

（1）对初始条件的敏感依赖性。也就是说初始条件的微小差别在最后的现象中产生极大的差别。

（2）极为有限的可预测性。当系统进入混沌过程后，系统或表现为整体的不可预言，或表现为局部的不可预言。

（3）混沌的内部存在着超载的有序。混沌内部的有序是指混沌内部有结构，而且在不同层次上其结构具有相似性，即所谓的自相似性。

下面通过一些实验来研究混沌的基本原理及其应用。

【实验目的】

（1）测绘非线性电阻的伏安特性曲线。

（2）调节并观察非线性电路振荡周期分岔现象和混沌现象。

（3）调试并观察混沌同步波形。

（4）用混沌电路方式传输键控信号。

（5）用混沌电路方式实现传输信号的掩盖与解密。

【实验仪器】

混沌原理及应用实验仪、双通道示波器、信号发生器、电缆连接线两根。混沌原理及应用实验仪工作原理如图 4-3-1 所示。

【实验原理】

1. 离散混沌系统的电路实验原理

一般说来，非线性离散系统可以写成

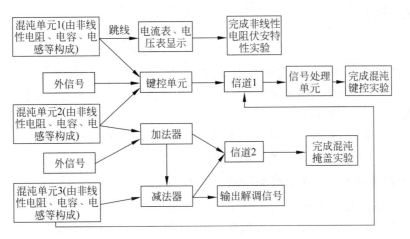

图 4-3-1　混沌原理及应用实验仪工作原理

$$X_{n+1} = G(X_n, \mu) \tag{4-3-1}$$

式中，$X \in R^N$（N 维空间的矢量）；μ 为系统的参量集合；G 为非线性函数。构造离散系统的电路大致可以分两步进行：首先由方程(4-3-1)的 G 函数形式建立对应的模拟电路，为了简便起见，假设 G 函数是多项式的形式，且最高次幂是二阶的，此时只需用运算放大器和乘法器以及电阻和电容等器件就可以组成相应的模拟电路；然后再利用采样保持电路实现连续状态量的离散化。下面以典型的虫口模型为例说明具体的电路实现过程。

虫口模型可以描述某些昆虫世代繁衍的规律，其方程为

$$x_{n+1} = \mu x_n(1 - x_n), \quad \mu \in [0, 4], \quad x_n \in [0, 1] \tag{4-3-2}$$

式中，μ 为系统的可调参量；x_n 为第 n 年昆虫的数目。虫口模型只有二次项，在时间上离散，状态上连续，是一个很好的研究混沌基本特性的模型。理论研究表明，随着 μ 值由小至大变化，系统出现倍周期分岔，并通过倍周期分岔通向混沌。

模拟虫口模型的电路如图 4-3-2 所示。图中，虚线框 I 为使连续信号离散化的电路，它由采样保持器 S/H(1) 和 S/H(2) 组成，它们的工作状态分别受相位相反的脉冲电压的控制；虚线框 II 内是模拟电路部分，由它实现方程(4-3-2)的右端函数形式，电路中的运算放大器 A₁ 和 A₂ 分别构成反向器和反向加法器，乘法器 M 用来实现非线性平方项。电路的状态方程为

$$u_{n+1} = \frac{R_w}{R} u_n \left(1 - \frac{0.1R}{R_1} u_n\right) \tag{4-3-3}$$

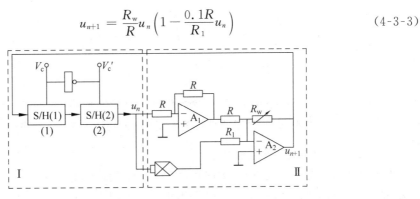

图 4-3-2　虫口模型系统电路图

作如下标度变换:

$$x_n = \varepsilon u_n, \quad \varepsilon = \frac{0.1R}{R_1}, \quad \mu = \frac{R_w}{R} \qquad (4\text{-}3\text{-}4)$$

方程(4-3-3)变为方程(4-3-2)。实验中,固定 $R=10\text{k}\Omega$, $R_1=5\text{k}\Omega$;标度变换因子 $\varepsilon=0.2$,引入这个因子是为了保证实验的观测值在一个合适的范围;R_w 为可调节电位器,调节它相当于改变方程(4-3-2)中的参量 μ。

实验结果表明,当 R_w 的值从小到大改变,即 μ 由小到大变化时,可以通过示波器观察到这个电路出现了倍周期分岔现象以及混沌现象。

2. 基于混沌同步的蔡氏电路加密通信原理

1) 蔡氏电路与混沌同步

1990 年 Pecora 和 Carroll 首次提出混沌同步的概念以后,研究混沌系统的完全同步以及广义同步、相同步、部分同步等问题成为混沌领域中非常活跃的课题,利用混沌同步进行保密通信也成为混沌理论研究的一个大有希望的应用方向。

对于混沌同步可以进行如下描述:两个或多个混沌动力学系统,如果除了自身随时间的演化外还有相互耦合作用,这种作用既可以是单向的,也可以是双向的,当满足一定条件时,在耦合的影响下,这些系统的状态输出就会逐渐趋于相近进而完全相等,称之为混沌同步。实现混沌同步的方法很多,本实验介绍利用驱动-响应方法实现混沌同步。

混沌同步实验电路如图 4-3-2 所示。电路由三部分组成:第 I 部分为驱动系统(蔡氏电路 1);第 II 部分为响应系统(蔡氏电路 2);第 III 部分为单向耦合电路,由运算放大器组成的隔离器和耦合电阻实现单向耦合和耦合强度的控制。当耦合电阻无穷大(即电路 1 和电路 2 断开)时,驱动和响应系统为独立的两个蔡氏电路,用示波器分别观察电容 C_1 和电容 C_2 上的电压信号组成的相图 V_{C_1}-V_{C_2},调节电阻 R 使系统处于混沌态。调节耦合电阻,当混沌同步实现时,即 $V_{C_1^{(1)}}=V_{C_1^{(2)}}$,两者组成的相图为一条通过原点的 45°直线。影响这两个混沌系统同步的主要因素是两个混沌电路中元件的选择和耦合电阻的大小。在实验中当两个系统的各元件参数基本相同时(相同标称值的元件也有 $\pm10\%$ 的误差),同步态实现较容易。

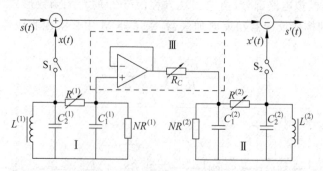

图 4-3-3　用蔡氏电路实现混沌同步和加密通信实验的参考图

2) 基于混沌同步的加密通信实验

由于混沌信号具有非周期性、类噪声、宽频带和长期不可预测等特点,所以适用于加密通信、扩频通信等领域。混沌掩盖是较早提出的一种混沌加密通信方式,又称混沌遮掩或混沌隐藏。其基本思想是在发送端利用混沌信号作为载体来隐藏信号或遮掩所要传送的信息,使得消息信号难以从混合信号中提取出来,从而实现加密通信。在接收端则利用与发送端同步的混沌信号解密,恢复出发送端发送的信息。混沌信号和消息信号结合的主要方法有相乘、相加或加乘结合。这里仅介绍将消息信号和混沌信号直接相加的掩盖方法以供参考。

在混沌同步的基础上,接通图 4-3-3 中的开关 S_1、S_2,可以进行加密通信实验。

假设 $x(t)$ 是发送端产生的混沌信号,$s(t)$ 是要传送的消息信号,实验中消息信号由信号发生器输出,为方波或正弦信号。经过混沌掩盖后,传输信号为 $c(t) = x(t) + s(t)$。接收端产生的混沌信号为 $x'(t)$,当接收端和发送端同步时,有 $x'(t) = x(t)$,由 $c(t) - x'(t) = s(t)$,即可恢复出消息信号。用示波器观察传输信号,并比较要传送的消息信号和恢复的消息信号。实验中,信号的加法运算及减法运算可以通过运算放大器来实现。

需要指出的是,在实验中采用的是信号直接相加进行混沌掩盖,当消息信号幅度比较大,而混沌信号相对比较小时,消息信号不能被掩蔽在混沌信号中,传输信号中就能看出消息信号的波形,因此实验中要求信号发生器输出的消息信号比较小。

【实验内容】

1. 非线性电阻的伏安特性实验

非线性电阻伏安特性实验电路如图 4-3-4 所示。

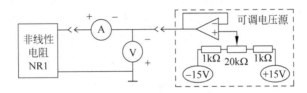

图 4-3-4　非线性电阻伏安特性实验电路

本实验的内容主要是测绘非线性电阻的伏安特性曲线,实验步骤如下。

第一步,在混沌原理及应用实验仪面板上插上跳线 J01、J02,并将可调电压源处电位器旋钮逆时针旋转到头,在混沌单元 1 中插上非线性电阻 NR1。

第二步,连接混沌原理及应用实验仪电源,打开机箱后侧的电源开关。面板上的电流表应有电流显示,电压表也应有显示值。

第三步,按顺时针方向慢慢旋转可调电压源上的电位器,并观察混沌面板上的电压表上的读数,每隔 0.2V 记录面板上电压表和电流表的读数,直到旋钮顺时针旋转到头,将数据记录于表 4-3-1 中。

表 4-3-1　非线性电阻的伏安特性测量

电压/V	...	0	0.2	0.4	0.6	0.8	1	1.2	1.4	...
电流/mA										

第四步,以电压为横坐标、以电流为纵坐标用第三步所记录的数据绘制非线性电阻的伏安特性曲线,如图 4-3-5 所示。

第五步,找出曲线拐点,分别计算 5 个区间的等效电阻值。

2. 混沌波形发生实验

混沌波形发生实验原理框图如图 4-3-6 所示。

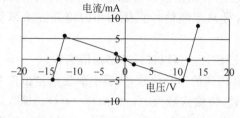

图 4-3-5 非线性电阻伏安特性曲线

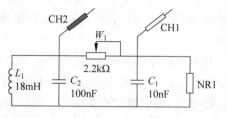

图 4-3-6 混沌波形发生实验原理框图

本实验的内容主要是调节并观察非线性电路振荡周期分岔现象和混沌现象,实验步骤如下。

第一步,拔除跳线 J01、J02,在混沌原理及应用实验仪面板的混沌单元 1 中插上电位器 W_1、电感 L_1、电容 C_1、电容 C_2、非线性电阻 NR1,并将电位器 W_1 上的旋钮顺时针旋转到头。

第二步,用两根 Q9 线分别连接示波器的 CH1 和 CH2 端口到混沌原理及应用实验仪面板上标号 Q8 和 Q7 处。打开机箱后侧的电源开关。

第三步,把示波器的时基挡切换到 X-Y。调节示波器通道 CH1 和 CH2 的电压挡位使示波器显示屏上能显示整个波形,逆时针旋转电位器 W_1 直到示波器上的混沌波形变为一个点,然后慢慢顺时针旋转电位器 W_1 并观察示波器,示波器上应该逐次出现单周期分岔(见图 4-3-7(a))、双周期分岔(见图 4-3-7(b))、四周期分岔(见图 4-3-7(c))、多周期分岔(见图 4-3-7(d))、单吸引子(见图 4-3-7(e))、双吸引子(见图 4-3-7(f))现象。

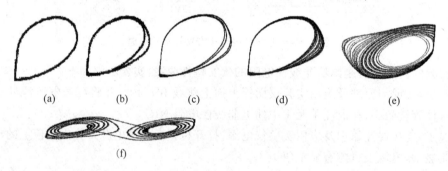

图 4-3-7 双吸引子

(a) 单周期分岔;(b) 双周期分岔;(c) 四周期分岔;(d) 多周期分岔;(e) 单吸引子;(f) 倍周期分叉及吸引子

注:在调试出双吸引子图形时,注意感觉调节电位器的可变范围,即在某一范围内变化,双吸引子都会存在。最终应该将调节电位器调节到这一范围的中间点,这时双吸引子最为稳定,并易于观察清楚。

3. 混沌电路的同步实验

混沌同步原理框图如图 4-3-8 所示。

混沌同步电路的工作原理如下。

(1) 由于混沌单元 2 与混沌单元 3 的电路参数基本一致,它们自身的振荡周期也具有很大的相似性,只是因为它们的相位不一致,所以看起来都杂乱无章,看不出它们的相似性。

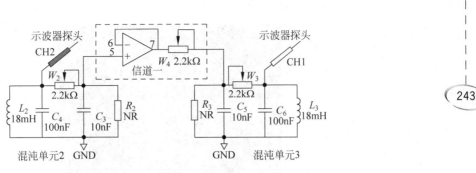

图 4-3-8　混沌同步原理框图

（2）如果能让它们的相位同步，将会发现它们的振荡周期非常相似。特别是将 W_2 和 W_3 作适当调节，会发现它们的振荡波形不仅周期非常相似，幅度也基本一致。整个波形具有相当大的等同性。

（3）让它们相位同步的方法之一就是让其中一个单元接受另一个单元的影响。受影响大，则能较快同步；受影响小，则同步较慢，或不能同步。为此，在两个混沌单元之间加入了信道一。

（4）信道一由一个射随器、一只电位器及一个信号观测口组成。

射随器的作用是单向隔离，它让前级（混沌单元 2）的信号通过，再经 W_4 后去影响后级（混沌单元 3）的工作状态，而后级的信号却不能影响前级的工作状态。

混沌单元 2 信号经射随器后，其信号特性基本可以认为没发生改变，等于原来混沌单元 2 的信号。即 W_4 左方的信号为混沌单元 2 的信号，右方的为混沌单元 3 的信号。

电位器的作用是：调节它的阻值可以改变混沌单元 2 对混沌单元 3 的影响程度。

实验步骤如下。

第一步，插上面板上混沌单元 2 和混沌单元 3 的所有电路模块。按照实验 2 的方法将混沌单元 2 和混沌单元 3 分别调节到混沌状态，即双吸引子状态。电位器调到保持双吸引子状态的中点。

调试混沌单元 2 时示波器接到 Q5、Q6 座处。

调试混沌单元 3 时示波器接到 Q3、Q4 座处。

第二步，插上"信道一"和键控器，键控器上的开关置"1"。用电缆线连接面板上的 Q3 和 Q5 到示波器上的 CH1 和 CH2，调节示波器 CH1 和 CH2 的电压挡位到 0.5V。

第三步，细心微调混沌单元 2 的 W_2 和混沌单元 3 的 W_3，直到示波器上显示的波形成为过中点约 45°的细斜线，如图 4-3-9 所示。

这幅图形表达的含义是：如果两路波形完全相等，这条线将是一条 45°的非常干净的直线。45°表示两路波形的幅度基本一致。线的长度表达了波形的振幅，线的粗细代表两路波形的幅度和相位在细节上的差异。所以这条线的优劣表达出了两路波形的同步程度。所以，应尽可能地将这条线调细，但同时必须保证混沌单元 2 和混沌单元 3 处于混沌状态。

第四步，用电缆线将示波器的 CH1 和 CH2 分别连接 Q6 和 Q5，观察示波器上是否存在混沌波形，如不存在混沌波形，调节 W_2 使混沌单元 2 处于混沌状态。再用同样的方法检查混沌单元 3，确保混沌单元 3 也处于混沌状态，显示出双吸引子。

第五步，用电缆线连接面板上的 Q3 和 Q5 到示波器上的 CH1 和 CH2，检查示波器上

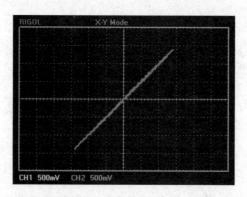

图 4-3-9　混沌同步调节好后示波器上波形状态示意图

显示的波形为过中点的约 45°的细斜线。

将示波器的 CH1 和 CH2 分别接 Q3 和 Q6,也应显示混沌状态的双吸引子。

第六步,在使 W_4 尽可能大的情况下调节 W_2、W_3,使示波器上显示的斜线尽可能最细。

思考题:为什么要将 W_4 尽可能调大呢？ 如果 W_4 很小,或者为零,代表什么意思？ 会出现什么现象？

4. 混沌键控实验

混沌键控实验原理框图如图 4-3-10 所示。

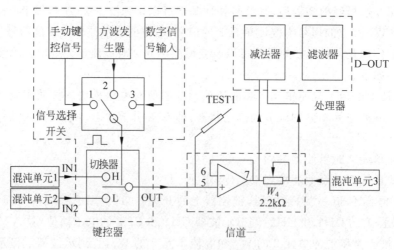

图 4-3-10　混沌键控实验原理框图

键控器主要由以下 3 个部分组成。

(1) 控制信号部分。控制信号有 3 个来源:

① 手动按键产生的键控信号。低电平 0V,高电平 5V。

② 电路自身产生的方波信号。周期约 40ms,低电平 0V,高电平 5V。

③ 外部输入的数字信号。要求最高频率小于 100Hz,低电平 0V,高电平 5V。

(2) 控制信号选择开关。开关拨到"1"时,选择手动按键产生的键控信号。按键不按时输出低电平,按下时输出高电平。开关拨到"2"时,选择电路自身产生的方波信号。开关拨到"3"时,选择外部输入的数字信号。

（3）切换器。利用选择开关送来的信号来控制切换器的输出选通状态。当到来的控制信号为高电平时选通混沌单元1,为低电平时选通混沌单元2。

实验步骤如下。

第一步,在面板上插上"混沌单元1""混沌单元2""混沌单元3""键控单元"以及"信号处理",按照实验2的方法分别将混沌单元1、2和3调节到混沌状态,"键控单元"开关掷"1"（这里需要强调的是,"信道一"模块必须取下）。

第二步,将CH1与Q6连接,示波器时基切换到"Y-T",在"混沌单元2"的混沌状态内,调整W_2以挑选一个峰-峰值（例如选择9V左右）,然后保证W_2不动。

第三步,将CH1与Q4连接,在"混沌单元3"的混沌状态内调节W_3使输出波形峰-峰值与第二步一样,然后保证W_3不动。

第四步,在面板上将"信道一"插上,旋钮W_4置中或更大,将CH1与"信道一"上的测试插座TEST1连接好。此时按住"键控器"上的蓝色按键,示波器上将显示"混沌单元1"的输出波形。松开"键控器"上的蓝色按键,示波器上将显示"混沌单元2"的输出波形。

第五步,按下蓝色按键,在"混沌单元1"的混沌状态内调节W_1,使此时"混沌单元1"的峰-峰值为V_{pp}（例如调到10V左右）；然后松开按键,调节W_5使"混沌单元2"的峰-峰值也为V_{pp}左右。然后将"键控单元"开关掷"2",此时示波器上显示的波形为"混沌单元1"与"混沌单元2"交替输出的波形,如图4-3-11所示,此波形的峰-峰值应看不出交替的痕迹。最后保证W_1和W_5不动。

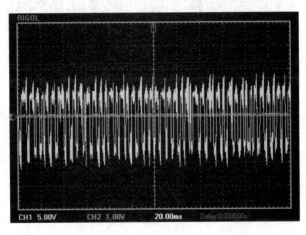

图4-3-11　混沌单元1、2交替输出波形

第六步,时基切换到"X-Y",将拨动开关拨到"1",CH1换接Q3,CH2接Q5,示波器上将显示一条约45°的过中心的斜线。

第七步,CH2换接Q7,按住"键控器"上的蓝色按键,也将出现一条约45°的过中心的斜线（见图4-3-12）。若保证前面步骤调节过程中仔细正确,可以发现图4-3-13中的斜线的粗细明显大于图4-3-12（否则按该部分内容下方"注"操作）。

第八步,将示波器时基切换到"Y-T",CH1接Q1,将开关掷"2",示波器将显示解密波形（见图4-3-14）。要得到图4-3-14,可调节W_4,使低电平尽可能的低,高电平尽可能的高。

第九步,将开关掷"1",快速敲击按键,观测示波器波形随按键的变化。

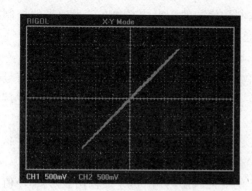

图 4-3-12　示波器显示混沌同步示意图

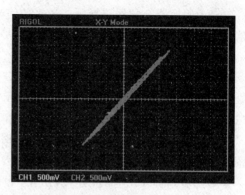

图 4-3-13　加密波形示意图

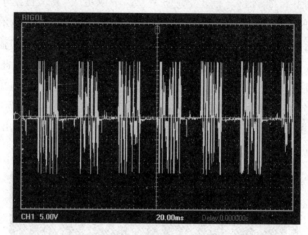

图 4-3-14　解密波形示意图

第十步,控制信号为外部输入波形的情况下混沌加解密波形的观察。将键控器上的拨动开关拨向"3",此时的控制信号为外部接入信号。接入信号的位置为 Q9,外接输入信号幅值需为 0~5V,频率需小于 100Hz。输出到示波器上的信号为:当外输入为高电平时为高杂波电平,当外输入为低电平时波形幅度约为 0V。观察输出信号周期与输入信号周期的关系,以及输入波形改变时占空比的变化。

第十一步,用示波器探头测量信道一上面的测试口 TEST1 的输出信号波形,该波形即键控加密波形,比较该波形与外部接入信号,解调输出信号,观察键控混沌的效果。

注:(1) 正确地按上述步骤进行实验的过程中,可能出现图 4-3-14 粗细对比不明显而导致很难得到后续结果的情况,这时可以通过返回第五步,改变 W_1 与 W_5,使"混沌单元 1"和"混沌单元 2"的 V_{pp} 改变到一个新的值(仍需保证处于混沌状态)。

(2) 通过以上实验步骤和注(1),有很小概率仍然难以得到所需的实验结果,此时是第二步、第三步设定的峰-峰值过大或过小造成的,需根据情况重新设定。

5. 混沌掩盖与解密实验

混沌掩盖与解密实验原理框图如图 4-3-15 所示。

实验步骤如下。

第一步,在混沌原理及应用实验仪的面板上插上混沌单元 2 和混沌单元 3 的所有电路

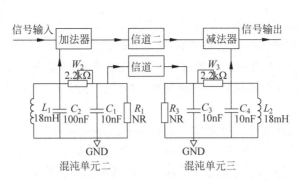

图 4-3-15　混沌掩盖与解密实验原理框图

模块。按照实验 2 的方法将混沌单元 2 和 3 调节到混沌状态。

第二步,按照实验 3 的步骤将混沌单元 2 和 3 调节到混沌同步状态。

第三步,插上减法器模块 JAN1、信道二模块、加法器模块 JIA1,示波器 CH1 端口连接到 Q2。

第四步,把示波器的时基切换到"Y-T"并将电压挡旋转到 500mV 位置、时间挡旋转到 10ms 位置、耦合挡切换到交流位置,Q10 连接信号发生器的输出口,调节信号发生器的输出信号的频率为 100~200Hz、输出幅度为 50mV 左右的正弦信号。

第五步,逆时针调节电位器 W_4 上的旋钮,直到示波器上出现频率为输入频率、幅度为 0.7V 左右叠加有一定噪声的正弦信号。细心调节 W_2 和 W_3,使噪声最小,如图 4-3-16 所示。

第六步,用示波器探头测量信道二上面的测试口 TEST2 的输出波形,如图 4-3-17 所示。观察外输入信号被混沌信号掩盖的效果,并比较输入信号波形与解密后的波形(第五步中输出的波形)的差别。

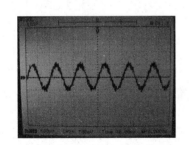

图 4-3-16　混沌解密波形

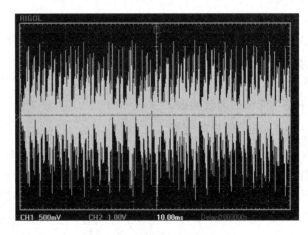

图 4-3-17　TEST2 的输出波形

实验 4.4　阿贝成像原理和空间滤波

早在 1873 年,德国人阿贝(E. Abbe,1840—1905)在研究如何提高显微镜的分辨本领问题时就认识到了相干成像的原理。他从波动光学的角度解释了显微镜的成像机理,找出了显微镜分辨本领的限制原因,并提出显微镜(物镜)两步成像的原理本质上就是两次傅里叶变换,这被认为是现代傅里叶光学的开端,也是现代光学信息处理的理论基础。空间滤波的主要目的是通过有意识地改变像的频谱,使像实现所希望的变化。为验证这一理论,20 世纪初的阿贝-波特实验科学地说明了成像质量与系统传递的空间频谱之间的关系。

【实验目的】

(1) 通过实验,加深对傅里叶光学中空间频率、空间频谱和空间滤波等概念的理解。

(2) 了解阿贝成像原理和透镜孔径对透镜成像分辨率的影响。

(3) 掌握平行光的产生、扩束光学元件等高同轴的调节方法。

【实验仪器】

光学平台、He-Ne 激光器、会聚透镜 3 块(L_1:15mm,L_2:190mm,L:300mm)、作为物的样品(一维光栅、带网格的"光"字)、各种形状滤波器(可调狭缝、可调圆孔、小圆屏)、白屏板。

【实验原理】

1. 二维傅里叶变换

设有一个空间二维函数 $g(x,y)$,其二维傅里叶变换为

$$G(f_x, f_y) = F[g(x,y)] = \int_{-\infty}^{\infty}\!\!\int g(x,y)\exp[-\mathrm{i}2\pi(f_x x + f_y y)]\mathrm{d}x\mathrm{d}y$$

$$(4\text{-}4\text{-}1)$$

式中,f_x、f_y 分别为 x、y 方向的空间频率,其量纲为 L^{-1}。而 $g(x,y)$ 又是 $G(f_x,f_y)$ 的逆傅里叶变换,即

$$g(x,y) = F^{-1}[G(f_x,f_y)] = \int_{-\infty}^{\infty}\!\!\int G(f_x,f_y)\exp[\mathrm{i}2\pi(f_x x + f_y y)]\mathrm{d}f_x\mathrm{d}f_y$$

$$(4\text{-}4\text{-}2)$$

式(4-4-2)表示对于任意一个空间函数 $g(x,y)$,都可以表达成无穷多个基元函数 $\exp[\mathrm{i}2\pi(f_x x + f_y y)]$ 的线性叠加,$G(f_x,f_y)\mathrm{d}f_x\mathrm{d}f_y$ 是相应于空间频率为 f_x、f_y 的基元函数的权重,$G(f_x,f_y)$ 称为 $g(x,y)$ 的空间频率。当 $g(x,y)$ 是一个空间周期性函数时,其空间频率是不连续的离散函数。

2. 光学傅里叶变换

理论证明,如果在焦距为 F 的会聚透镜的前焦面上放一振幅透过率为 $g(x,y)$ 的图像作为物,并以波长为 λ 的单色平面波垂直照明图像,则在透镜后焦面(x',y')上的振幅分布就是 $g(x,y)$ 的傅里叶变换 $G(f_x,f_y)$,其中 f_x、f_y 与坐标 x'、y' 的关系为

$$f_x = \frac{x'}{\lambda F}, \quad f_y = \frac{y'}{\lambda F} \qquad (4\text{-}4\text{-}3)$$

故 x'-y' 面称为频谱面(或傅氏面),见图 4-4-1,由此可见,复杂的二维傅里叶变换可以用一透镜来实现,称为光学傅里叶变换,频谱面上的光强分布则为 $|G(f_x,f_y)|^2$,称为频谱,也就是物的夫琅和费衍射图。

3. 阿贝成像原理

阿贝提出,在相干光照明下,显微镜的成像可分为两

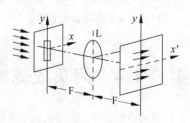

图 4-4-1 光学傅里叶变换

个步骤：第一步是通过物的光发生夫琅和费衍射，衍射光在物镜的后焦平面（即频谱面）上形成一个衍射图；第二步则为物镜后焦面上衍射图的各发光点发出的球面次级波在像平面上相干叠加而形成物体的像，即复合呈像在屏的中央。

也就是说，成像的本质就是两次傅里叶变换：第一步是把物面光场的空间分布 $g(x,y)$ 变为频谱面上空间频率分布 $G(f_x,f_y)$；第二步则是再作一次变换，又将 $G(f_x,f_y)$ 还原到空间分布 $g(x,y)$。

图 4-4-2 简单表达了成像的这两个步骤，为了方便起见，我们假设单色平行光照在一维光栅上，经衍射分解成为多束不同的平行光，每一束平行光对应于一定的空间频率，经过物镜分别聚焦在其后焦面上形成点阵，然后代表不同空间频率的光束分别又重新复合在像平面上而成像。

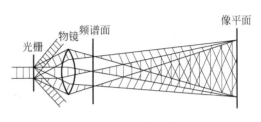

图 4-4-2　两步成像

透镜分辨率受到限制的根本原因在于透镜的孔径。如果两次傅氏变换完全是理想的，即信息没有任何损失，则像和物应完全相似（可能有放大或缩小）。但一般说来像和物不可能完全相似，因为透镜的孔径是有限的，总有一部分衍射角度较大的高次成分（高频信息）因不能进入到物镜而被丢失了，而高频信息主要反映了物的细节，如果高频信息受到了孔径的限制而不能到达像平面，则无论显微镜有多大的放大倍数，也不可能在像平面上显示出这些高频信息所反映的细节，所以像的信息总是比物的信息要少一些，即少了高频信息携带的细节，于是显微镜分辨率就会受到限制。特别是，当物的结构非常精细（如很密的光栅）或透镜孔径非常小时，有可能只有 0 级衍射（空间频率为 0）能通过透镜，则此时在像平面上就完全不能形成像。

4. 空间滤波

根据上面讨论，成像过程本质上是两次傅里叶变换，即从空间函数 $g(x,y)$ 变为频谱函数 $G(f_x,f_y)$，再变回到空间函数 $g(x,y)$（忽略放大率），如果我们在频谱面（即透镜的后焦面）上先后放一些不同形状的模板（滤波器），以减弱某些空间频率成分或改变某些频率成分的相位，则必然使像平面上的图像发生相应的变化，这样的图像处理称为空间滤波，频谱面上的这种模板称为滤波器。最简单的滤波器就是一些特殊形状的光阑，它使频谱面上部分量通过，而挡住了其他频率分量，从而改变像平面上图像的频率成分，则像平面上就会显示不同的图像，例如，圆孔光阑使频谱面上处于圆孔区域的一部分频率分量通过，而其他的频率分量则被挡住了而不能通过，从而改变了像平面上图像的频率成分。圆孔光阑可以作为一个低通滤波器；而圆屏与之相反，可以用作一个高通滤波器。

【实验内容】

1. 光路调节

本实验基本光路如图 4-4-3 所示，其中透镜 L_1（焦距 F_1）、L_2（焦距 F_2）组成倒装置望远系统。将激光扩展成具有较大截面的平行光束，L（焦距为 F）则为成像透镜，调节步骤如下。

（1）调节激光管的仰角及转角，使光束平行于光学平台水平面。

（2）放上 L_1 和 L_2，L_1、L_2 距离为两透镜焦距之和，使产生一扩束的平行光并调节它们

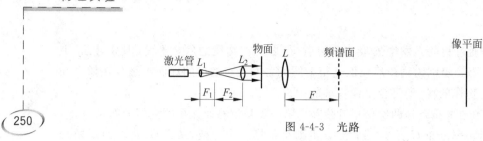

图 4-4-3　光路

共轴。思考怎样检验 L_2 出来的光是否是平行光？若本实验 L_1 的焦距为 15mm，L_2 焦距为 190mm，则扩束多少倍？

（3）放上物（带网格的"光"字）及透镜 L，调节它们共轴。调节 L 位置，使大于 2m 距离的屏上得到清晰的图像，固定物及透镜 L 位置。调节成像时，可在物面前暂放一屏板，以便在扩展光照明下，找到成像的精确位置。

（4）确定频谱面位置，去掉物，用白屏板在 L 后焦面附近移动，频谱面一般位于透镜焦平面位置。当白屏板散射产生的散斑达到最大线度时，白屏板上光点最小，此白屏板所在平面就是频谱面。将滤波器支架放在此平面上。

2. 测量一维正弦透射光栅的空间频谱（阿贝成像原理实验）

将一维正弦透射光栅置于凸透镜的前焦面上，调节激光光束垂直于一维光栅与凸透镜，并通过凸透镜光心，像平面可看到光栅条纹，频谱面上（凸透镜后焦面上）出现 $0,\pm 1,\pm 2,\pm 3,\cdots$一排清晰衍射光点（各光点即一维正弦光栅的空间频谱），如图 4-4-4 所示，测量 1、2、3 级衍射点与光轴（0 级衍射）的距离 x'，由式（4-4-3）求出相应空间频率 f_x。将结果填入表 4-4-1 中。

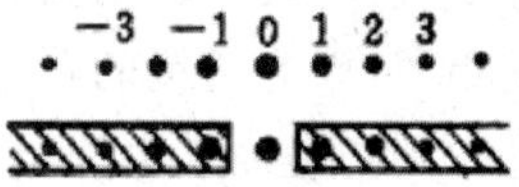

图 4-4-4　一维衍射光栅衍射光谱

3. 空间滤波

分别用高低通滤波器对正交光栅在凸透镜后焦面上形成的空间频谱进行滤波，把通过滤波器的空间频谱图及其在凸透镜成像面上形成的像画下来，与正交光栅的原像比较，以观察不同滤波器的滤波效果。

（1）将倒立的带网格（正交光栅）的"光"字作为物（见图 4-4-5），通过透镜 L 成像在像平面上。

（2）用白屏板在 L 后焦面（即频谱面）上观察物的空间频谱，由于网格光栅为一周期性函数，其频谱是有规律排列的离散点阵，而字迹不是周期性函数，它的频谱是连续的，一般不容易看清楚，由于"光"字笔画较粗，其空间低频成分较多，因此频谱面的光轴附近只有光字信息而没有网格信息，见图 4-4-6，在频谱面处"光"字就会缩小成一个个亮点。

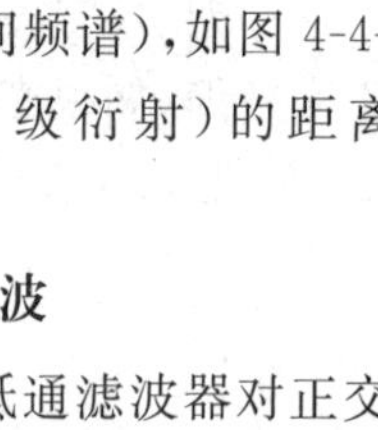

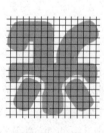

图 4-4-5　物

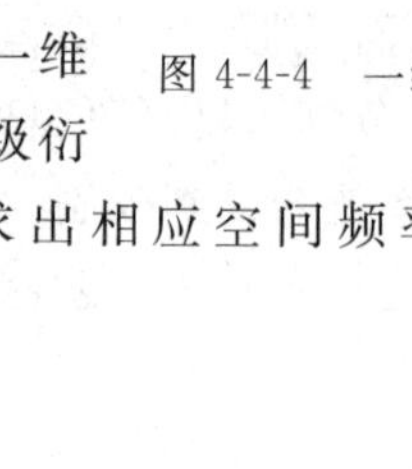

图 4-4-6　正交光栅衍射光谱

（3）将圆孔光阑放在 L 后焦面的光轴上,改变孔的大小,只让 0 级光通过,则像平面上的图像发生变化,画出并记录变化的特征,解释图像变化的原因,将结果填入表 4-4-2 中。

（4）将频谱面上的光阑作一平移,使不在光轴上的一个衍射点通过光阑,此时在像平面上有何现象?

（5）如何使网格消失和字迹模糊,并解释实验结果。

（6）依次在频谱面上放上不同取向的光阑(滤波器)(见图 4-4-7),仿照步骤(3)、(4)改变狭缝宽度或平移,使频谱面上一个光点或一排光点通过,观察图像变化,当中央 0 级光点透过时,观察并记录像平面上的变化,并作出相应的解释。

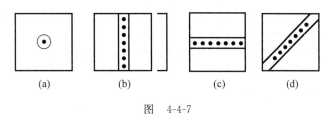

图　4-4-7

表 4-4-1　测算空间频率

	位置 x'/mm	空间频率 f_x/mm^{-1}
1 级衍射		
2 级衍射		
3 级衍射		

表 4-4-2　空间滤波实验

滤波器	通过的衍射频谱	图像情况	简要解释
	全部		
	0 级		
	除 0 级外		
	横频谱		
	竖频谱		

【注意事项】

（1）各光学元件一定要等高同轴。

（2）激光扩束要平行光。

思考题

1. 根据本实验结果,你如何理解显微镜、望远镜的分辨本领? 为什么说一定孔径物镜只能具有有限的分辨本领? 如增大放大倍数能否提高仪器的分辨本领?

2. 本实验中均用激光作为光源,有什么优越性? 如以钠光或白炽灯代替激光,会产生什么困难,应采取什么措施?

3. 当物是倒立的带网格的"光"字时,若想滤去字迹而保留网格,应选择什么样的滤波器?

实验 4.5　测量空气折射率

迈克耳孙干涉仪是一种典型的利用分振幅方法实现干涉的光学仪器,作为近代精密测量光学仪器之一,被广泛用于科学研究和检测技术等领域。利用迈克耳孙干涉仪,能以极高的精度测量长度的微小变化及与此相关的物理量。如果与 CCD 摄像、图像处理等现代监测技术结合,可以实时观测和分析各种干涉现象的变化,达到干涉检测和自动控制的目的。利用迈克耳孙干涉仪进行研究型实验设计具有变化多、内容丰富、研究性突出等特点。

【实验目的】

(1) 学习组装迈克耳孙干涉仪。

(2) 掌握用迈克耳孙干涉仪测气体折射率的原理及方法。

【实验仪器】

迈克耳孙干涉仪(见图 4-5-1)。

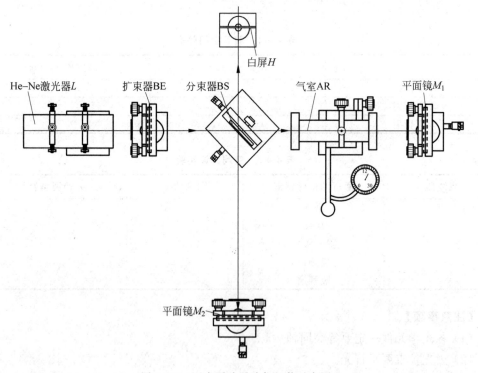

图 4-5-1　迈克耳孙干涉仪组装示意图

【实验原理】

迈克耳孙干涉仪的典型光路如图 4-5-2 所示,光源 S 射出的光经过分光镜(分束器)P_1 被分成强度大致相等、沿不同方向传播的两束相干光束(1)和(2),它们分别经固定反射镜 M_2 和移动反射镜 M_1 反射后返回分光板,射向观察系统,在一定的条件下,观察系统(屏、望远镜或人眼)中将呈现出特定的干涉图样。由于分光板的玻璃基板有一定的厚度,其折射率随波长而异,因此需要在光路(2)中放入一块与分光板材料、厚度完全相同的平行玻璃补偿板 P_2,这样就可以使光束(1)、(2)两束光的光程差始终相等,且与入射光波长完全无关。当入射光为单色光而不需要确定零光程位置时,补偿板可以省略(本实验就是这种情况)。但对于需要确定两路光程相等时的位置(又称零光程差位置)的某些实验,如观测白光干涉实验时,补偿板是必不可少的。

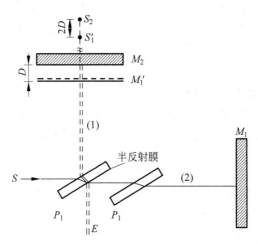

图 4-5-2　迈克耳孙干涉仪的光路示意图

非定域干涉:若将短焦距的发散激光束入射至迈克耳孙干涉仪,经 M_1、M_2 反射后,相当于由两个相干性极好的虚光源 S_1 和 S_2 发出的球面波前形成的干涉,由于在 M_2 与接收屏之间的空间中传播的光波处处相干,故干涉图像的形状与接收屏的位置和取向有关。当 M_1' 平行于 M_2,接收屏垂直于 $\overline{S_1'S_2}$ 时,条纹为同心圆环;当接收屏不垂直 $\overline{S_1'S_2}$ 时,条纹为椭圆簇或直线簇。此外,干涉环的"吞吐"、移动的规律与等倾干涉时相同。

在调出非定域圆条纹的基础上,将小气室插入到图 4-5-3 所示的位置中,给小气室加压,使气压变化 ΔP_1,从而使气体的折射率改变 Δn。当气室内压逐渐升高时,气室所在范围内光程差变化 $2D\Delta n$,在白屏上可观察到干涉条纹也在不断变化,记下干涉条纹变化的总数 N,则有 $2D|\Delta n| = N\lambda$,得

$$\Delta n = \frac{N\lambda}{2D} \tag{4-5-1}$$

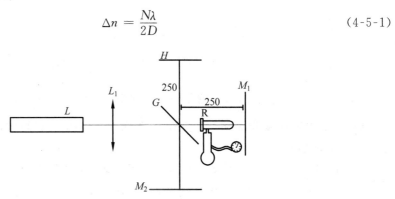

图 4-5-3　测量空气折射率仪器简要示意图

公式推导:

在测定空气折射率实验中,若气室内空气压力改变了 Δp,折射率随之改变了 Δn,就会导致光程差增大 δ,引起干涉条纹 N 个环的变化。设气室内空气柱长度为 l,则

$$\delta = 2\Delta n l = N\lambda$$

$$\Delta n = \frac{N\lambda}{2l} \tag{4-5-2}$$

若将气室抽真空(室内压强近似于零,折射率 $n=1$),再向室内缓慢充气,同时计数干涉环变化数 N,由公式(4-5-1)可计算出不同压强下折射率的改变值 Δn,则相应压强下的空气折射率为

$$n = 1 + \Delta n$$

若采取打气的方法增加气室内的粒子(分子和原子)数量,根据气体折射率的改变量与单位体积内粒子数的改变量成正比的规律,可求出相当于标准状态下的空气折射率 n_0。对有确定成分的干燥空气来说,单位体积内的粒子数与密度 ρ 成正比,于是有

$$\frac{n-1}{n_0-1} = \frac{\rho}{\rho_0} \tag{4-5-3}$$

式中,ρ_0 为空气在热力学标准状态下($T_0 = 273\mathrm{K}$,$p_0 = 101325\mathrm{Pa}$)下的密度;n_0 为相应状态下的折射率;n 和 ρ 是相对于任意温度 T 和压强 p 下的折射率和密度。

联系理想气体的状态方程,有

$$\frac{\rho}{\rho_0} = \frac{pT_0}{p_0 T} = \frac{n-1}{n_0-1} \tag{4-5-4}$$

若实验中 T 不变,对上式求 p 的变化所引起的 n 的变化,则有

$$\Delta n = \frac{n_0-1}{p_0} \cdot \frac{T_0}{T}\Delta p \tag{4-5-5}$$

因 $T = T_0(1+\alpha t)$(其中 α 是相对压力系数,$\alpha = 1/273.15 = 3.661 \times 10^{-3}℃^{-1}$;$t$ 为室温),代入式(4-5-4)有

$$\Delta n = \frac{n_0-1}{p_0} \cdot \frac{\Delta p}{1+\alpha t}$$

于是有

$$n_0 = 1 + p_0(1+\alpha t)\frac{\Delta n}{\Delta p} \tag{4-5-6}$$

将式(4-5-2)代入(4-5-5)得

$$n_0 = 1 + p_0(1+\alpha t)\frac{\lambda}{2l} \cdot \frac{N}{\Delta p} \tag{4-5-7}$$

测出若干不同的 Δp 所对应的干涉环变化数 N,N-Δp 关系曲线的斜率即为 $\frac{N}{\Delta p}$。p_0 和 α 为已知,t 见温度计显示,λ 和 l 为已知,一并代入式(4-5-6)即可求得相当于热力学标准状态下的空气折射率。

根据式(4-5-3)求得 p_0 代入式(4-5-4),经整理,并联系式(4-5-2),即可得

$$n = 1 + \frac{N\lambda}{2l} \cdot \frac{p}{\Delta p} \tag{4-5-8}$$

式中,环境气压 p 从实验室的气压计读出。根据式(4-5-8),通过实验即可测得实验环境下的空气折射率。

【实验内容】

(1) 把全部器件按图 4-5-1 的顺序摆放好(扩束镜 BE 暂不放),靠拢,目测调制等高

共轴。

(2) 调激光器 L 的倾角,使其发出的光束平行于平台面发射到分光镜上。

(3) 参考图 4-5-2,将分光镜 BS 大致调成 45°,并调其倾角,使之分离出来的光束(1)、(2)平行于平台面分别发射到反光镜 M_1 和 M_2 上。

(4) 参考图 4-5-2 及图 4-5-3,调 M_1 使光束(1)沿原路返回,调 M_2 使光束(2)沿原路返回,并使光束(1)、(2)再次经过分光镜在屏 H 上交于一点(调节平面镜 M_1、M_2 倾角,使两束光射到屏上的两个最亮点重合)。

(5) 加扩束镜,调至在屏 H 上出现干涉圆环。

(6) 加气室 AR,用打气球向空气室充气,直到气压表走满刻度(40kPa)为止,待读数稳定时,记下气压值 Δp。

(7) 缓慢松开气阀放气,同时默数干涉环变化数 N,至表针回零。

(8) 计算实验环境的空气折射率

$$n = 1 + \frac{N\lambda}{2l} \cdot \frac{p}{\Delta p}$$

式中,激光波长 λ 和气室长度 l 为已知;环境气压 p 从实验室的气压计读出。本实验应多次测量(至少测量 3 次),干涉环变化数可估计出一位小数。

【注意事项】

(1) 在进行实验前建议先熟悉仪器摆放位置及其调节方法。

(2) 摆放仪器过程中要注意分光镜与两个反光镜的距离应相等,避免引起较大的光程差。分光镜与白屏的距离理论上没有限制,读者可自行摆放到最佳位置以便观察到清晰的干涉图像。

(3) 尽量使干涉条纹中心显示在屏上以方便读取条纹数。

(4) 读取干涉条纹变化数时应注意尽量保持周边环境的稳定,避免引起条纹的较强抖动而影响读数。

思考题

改装、设计利用迈克耳孙干涉仪,还能测哪些和微小变化有关的物理量?

实验 4.6 微波干涉与布拉格衍射

无线电波、光波、X 光波等都是电磁波。波长在 1mm～1m 范围的电磁波称为微波,其频率范围为 300MHz～3000GHz,是无线电波中波长最短的电磁波。微波波长介于一般无线电波与光波之间,因此微波有似光性,它不仅具有无线电波的性质,还具有光波的性质,即具有光的直线传播、反射、折射、衍射、干涉等现象。由于微波的波长比光波的波长在量级上大 10000 倍左右,因此用微波进行波动实验将比光学方法更简便和直观。本实验就是利用波长 3cm 左右的微波代替 X 射线对模拟晶体进行布拉格衍射,并用干涉法测量它的波长。

【实验目的】

(1) 了解与学习微波产生的基本原理以及传播和接收等基本特性。

(2) 观测微波干涉、衍射、偏振等实验现象。

（3）观测模拟晶体的微波布拉格衍射现象。

（4）通过迈克耳孙实验测量微波波长。

【实验仪器】

DHMS-1型微波光学综合实验仪（见图4-6-1）一套，包括X波段微波信号源、微波发生器、发射喇叭、接收喇叭、微波检波器、检波信号数字显示器、可旋转载物平台和支架以及实验用附件（反射板、分束板、单缝板、双缝板、晶体模型、读数机构等）。

图 4-6-1　DHMS-1 型微波光学综合实验仪

【实验原理】

1. 微波的产生和接收

实验使用的微波发生器是采用电调制方法实现的，优点是应用灵活，参数调配方便，适用于多种微波实验，其工作原理框图见图4-6-2。微波发生器内部有一个电压可调控的VCO，用于产生一个4.4～5.2GHz的信号，它的输出频率可以随输入电压的不同作相应改变，经过滤波器后取二次谐波8.8～9.8GHz，经过衰减器作适当的衰减后再放大，经过隔离器后，通过探针输出至波导口，再通过E面天线发射出去。

接收部分采用检波/数显一体化设计。由E面喇叭天线接收微波信号，传给高灵敏度的检波管后转化为电信号，通过穿心电容送出检波电压，再通过A/D转换，由液晶显示器显示微波相对强度。

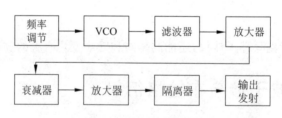

图 4-6-2　微波产生的原理框图

2. 微波光学实验

微波是一种电磁波，它和其他电磁波如光波、X射线一样，在均匀介质中沿直线传播，都具有反射、折射、衍射、干涉和偏振等现象。

1）微波的反射实验

微波的波长较一般电磁波短，相对于电磁波更具方向性，因此在传播过程中遇到障碍物就会发生反射。例如，当微波在传播过程中碰到金属板，则会发生反射，且同样遵循和光线一样的反射定律：即反射线在入射线与法线所决定的平面内，反射角等于入射角。

2）微波的单缝衍射实验

当一平面微波入射到一宽度和微波波长可比拟的一狭缝时,在缝后就要发生如光波一般的衍射现象。同样,中央零级最强、也最宽,在中央的两侧衍射波强度将迅速减小。根据光的单缝衍射公式推导可知,如为一维衍射,微波单缝衍射图样的强度分布规律也为

$$I = I_0 \frac{\sin^2\mu}{\mu^2}\mu = \frac{\pi\alpha\sin\varphi}{\lambda} \tag{4-6-1}$$

式中,I_0 为中央主极大中心的微波强度;α 为单缝的宽度;λ 为微波的波长;φ 为衍射角;$\sin^2\mu/\mu^2$ 常叫做单缝衍射因子,表征衍射场内任一点微波相对强度的大小。一般可通过测量衍射屏上从中央向两边微波强度变化来验证式(4-6-1)。同时与光的单缝衍射一样,当

$$\alpha\sin\varphi = \pm k\lambda, \quad k = 1,2,3,4,\cdots \tag{4-6-2}$$

时,相应的 φ 角位置衍射度强度为零。如测出衍射强度分布如图 4-6-3 所示,则可依据第一级衍射最小值所对应的 φ 角,利用式(4-6-2),求出微波波长 λ。

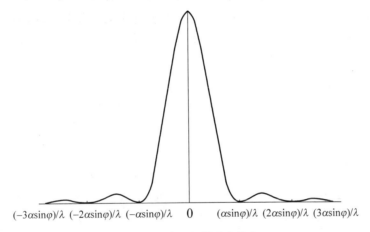

$(-3\alpha\sin\varphi)/\lambda \quad (-2\alpha\sin\varphi)/\lambda \quad (-\alpha\sin\varphi)/\lambda \quad 0 \quad (\alpha\sin\varphi)/\lambda \quad (2\alpha\sin\varphi)/\lambda \quad (3\alpha\sin\varphi)/\lambda$

图 4-6-3　单缝衍射强度分布

3）微波的双缝干涉实验

当一平面波垂直入射到一金属板的两条狭缝上,狭缝就成为了次级波波源。由两缝发出的次级波是相干波,因此在金属板的背后面空间中将产生干涉现象。当然,波通过每个缝都有衍射现象,因此实验将是衍射和干涉两者结合的结果。为了只研究主要来自两缝中央衍射波相互干涉的结果,令双缝的宽度 α 接近 λ,例如,$\lambda=3.2$cm,$\alpha=4$cm。当两缝之间的间隔 b 较大时,干涉强度受单缝衍射的影响小;当 b 较小时,干涉强度受单缝衍射的影响大。干涉加强的角度为

$$\varphi = \sin^{-1}\frac{k\lambda}{\alpha+b}, \quad k = 1,2,3,\cdots \tag{4-6-3}$$

干涉减弱的角度为

$$\varphi = \sin^{-1}\left(\frac{2k+1}{2} \cdot \frac{\lambda}{\alpha+b}\right), \quad k = 1,2,3,\cdots \tag{4-6-4}$$

4）微波的迈克耳孙干涉实验

在微波前进的方向上放置一个与波传播方向成45°角的半透射半反射的分束板(见图 4-6-4)。将入射波分成一束向金属板 A 传播,另一束向金属板 B 传播。由于 A、B 金属

板的全反射作用,两列波再回到半透射半反射的分束板,会合后到达微波接收器处。这两束微波同频率,在接收器处将发生干涉,干涉叠加的强度由两束波的光程差(即位相差)决定。当两束波的相位差为 $2k\pi$,($k=\pm1,\pm2,\pm3,\cdots$)时,干涉加强;当两束波的相位差为 $(2k+1)\pi$ 时,则干涉最弱。当 A、B 板中的一块板固定,另一块板可沿着微波传播方向前后移动,当微波接收信号从极小(或极大)值到又一次极小(或极大)值时,反射板移动了 $\lambda/2$ 距离。由这个距离就可求得微波波长。

5) 微波的偏振实验

电磁波是横波,它的电场强度矢量 E 和波的传播方向垂直。如果 E 始终在垂直于传播方向的平面内某一确定方向变化,这样的横电磁波叫做线极化波,在光学中也叫做线偏振光。例如,一线极化电磁波以能量强度 I_0 发射,而由于接收器的方向性较强,只能吸收某一方向的线极化电磁波,相当于一光学偏振片,如图 4-6-5 所示。发射的微波电场强度矢量 E 如在 P_1 方向,经接收方向为 P_2 的接收器后(发射器与接收器类似起偏器和检偏器),其强度 $I=I_0\cos^2\alpha$,其中 α 为 P_1 和 P_2 的夹角。这就是光学中的马吕斯(Malus)定律,在微波测量中同样适用(实验中由于喇叭口的影响会有一定的误差,因此当有消光现象出现时,便可验证马吕斯定律)。

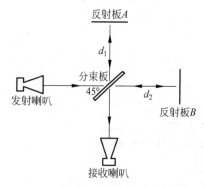

图 4-6-4　微波的迈克耳孙干涉实验示意图

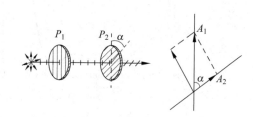

图 4-6-5　光学中的马吕斯定律

6) 模拟晶体的布拉格衍射实验

布拉格衍射是用 X 射线研究微观晶体结构的一种方法。因为 X 射线的波长与晶体的晶格常数同数量级,所以一般采用 X 射线研究微观晶体的结构。而在此用微波模拟 X 射线,照射到放大的晶体模型上,产生的衍射现象与 X 射线对晶体的布拉格衍射现象与计算结果都基本相似。所以通过此实验可以加深理解微观晶体的布拉格衍射实验方法。

固体物质一般分晶体与非晶体两大类,晶体又分单晶与多晶。组成晶体的原子或分子按一定规律在空间周期性排列,而多晶体是由许多单晶体的晶粒组成的。其中最简单的晶体结构如图 4-6-6 所示,在直角坐标中沿 X、Y、Z 三个方向,原子在空间依序重复排列,形成简单的立方点阵。组成晶体的原子可以看作处在晶体的晶面上,而晶体的晶面有许多不同的取向。

图 4-6-6(a)所示为最简立方点阵,图 4-6-6(b)表示的就是一般情况下最重要也是最常用的3种晶面。这3种晶面分别为(100)面、(110)面、(111)面,圆括号中的3个数字称为晶面指数。一般而言,晶面指数为 $(n_1 n_2 n_3)$ 的晶面族,其相邻的两个晶面间距 $d=a/\sqrt{n_1^2+n_2^2+n_3^2}$。

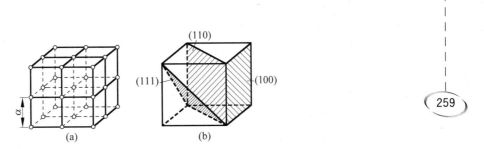

图 4-6-6　晶体结构模型

显然其中(100)面的晶面间距 d 等于晶格常数 α；相邻的两个(110)面的晶面间距 $d=\alpha/\sqrt{2}$；而相邻两个(111)面的晶面间距 $d=\alpha/\sqrt{3}$。实际上还有许许多多更复杂的取法形成其他取向的晶面族。

因微波的波长可在几厘米，所以可用一些铝制的小球模拟微观原子，制作晶体模型。具体方法是将金属小球用细线串联在空间有规律地排列，形成如同晶体的简单立方点阵。各小球间距 d 设置为 4cm(与微波波长同数量级)左右。当如同光波的微波入射到该模拟晶体结构的三维空间点阵时，因为每一个晶面相当于一个镜面，入射微波遵守反射定律，反射角等于入射角，如图 4-6-7 所示。而从间距为 d 的相邻两个晶面反射的两束波的光程差为 $2d\sin\alpha$，其中 α 为入射波与晶面的夹角。显然，只是当满足

$$2d\sin\alpha = k\lambda, \quad k = 1,2,3,\cdots \tag{4-6-5}$$

时，出现干涉极大。方程(4-6-5)称为晶体衍射的布拉格公式。

如果改用通常使用的入射角 β 表示，则式(4-6-5)变为

$$2d\cos\beta = k\lambda, \quad k = 1,2,3,\cdots \tag{4-6-6}$$

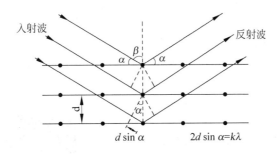

图 4-6-7　布拉格衍射

【实验内容】

将实验仪器放置在水平桌面上，调整底座四只脚使底盘保持水平。调节保持发射喇叭、接收喇叭、接收臂、活动臂为直线对直状态，并且调节发射喇叭与接收喇叭的高度相同。

连接好 X 波段微波信号源、微波发生器间的专用导线，将微波发生器的功率调节旋钮逆时针调到底，即微波功率调至最小，通电并预热 10min。

1. 微波波长的测量

(1)用迈克耳孙干涉法测微波波长的仪器布置如图 4-6-1 所示。使发射喇叭面与接收喇叭面互相成 90°角，半透射板(玻璃板)通过支架座固定在刻度转盘正中并与两喇叭轴线互成 45°角，使可移动反射板的法线与发射喇叭一致，使固定反射板的法线与接收喇叭的轴

线一致。

（2）将可变衰减器放在衰减较大位置上，接上固定振荡器电源，打开电源开关，预热20min左右。

（3）测量微波波长前，在读数机构上移动反射板，观察微安表指针变化情况。调节可变衰减器使最大电流不超过微安表的量程（满度），并在电流达到某个极大值的位置上，微波半透射板和两个反射板的角度使电流值达到最大。

（4）测量时，先将可移动反射板移到读数机构的一端，在附近找出与微安表上第一个极小值相对应的可移动反射板的位置。然后向同一个方向移动反射板，从微安表上测出后续 N 个极小值的位置，并从读数机构上读出相应的数值。利用隔项逐差法算出位移 L，则微波波长 $\lambda = \dfrac{2L}{N}$。

（5）重复测量 3 次，算出平均波长。

2. 微波布拉格衍射强度分布的测量

（1）将模拟晶体调好。模拟晶体的晶格常数设计为 4cm，用梳形铝制模片对模拟的晶体点阵球上下一层一层进行调节。要注意，模拟晶体架下面小圆盘的某一条刻线，与所研究的晶面法线一致，与刻度盘上的 0° 刻线一致。为了避免两个喇叭之间微波的直接入射，测量时微波的入射角 α 取值范围最好为 30°～73°，即衍射角 θ 为 60°～17°。

（2）改变微波的入射角度 α，同时调节衰减器，使入射角度 α 在 30°～73° 时，微安表的读数在量程（满度）以内。

（3）入射角度 α 从 30° 开始测量，每改变 1° 读一次微安表，一直到入射角度 α 达到 73° 为止。在改变入射角度的测量过程中，既要转动平台，同时也要转动接收喇叭，以保证入射角度 α 等于反射角 α。

（4）测出（100）面和（110）面的数据后，以微安表的读数为纵坐标 $I(\mu A)$、以衍射角 $\theta = \dfrac{\pi}{2} - \alpha$ 为横坐标作布拉格衍射强度分布曲线。根据所测的微波波长以及（100）面和（110）面群和两相邻面之间的距离，计算相应一级、二级衍射角，并与实验曲线中的衍射角进行比较。

3. 双缝干涉实验

（1）按图 4-6-8 布置实验仪器。接通信号源，调节衰减器和电流表挡位开关，使电流表的显示电流值最大。光缝夹持条上安装 50mm 光缝屏及两块反射板组成双缝，尽可能让两狭缝平行、对称。狭缝的宽度为 15mm（可根据狭缝添加臂上的刻度安装），接收器到中心平台距离大于 650mm。

图 4-6-8　双缝干涉布置图

（2）使发射器和接收器都处于水平偏振（喇叭宽边平行地面），调节相互距离及衰减器，使电流表满刻度。

（3）缓慢转动可动臂，观察电流表的变化。记录电流表各极大值和极小值时的角度和对应电流并填入表 4-6-1 中，并根据表 4-6-1 中的数据，绘制接收电流随转角变化的曲线图，分析实验结果。

表　4-6-1

接收器转角	电流值/μA	接收器转角	电流值/μA	接收器转角	电流值/μA
−50		−5		40	
−45		0		45	
−40		5		50	
−35		10			
−30		15			
−25		20			
−20		25			
−15		30			
−10		35			

【注意事项】

(1) 实验前要先检查电源线是否连接正确。

(2) 电源连接无误后,打开电源使微波源预热 10min 左右。

(3) 实验时,先要使两喇叭口正对,可从接收显示器看出来(正对时示数最大)。

(4) 为减少接收部分的电池消耗,在不需要观测数据时,要把显示开关关闭。

(5) 实验结束后关闭电源。

【数据处理】

参考实验内容与步骤,用以前学过的数据处理方法处理数据,并对误差进行分析。

思考题

1. 各实验主要误差因素是什么?

2. 金属是一种良好的微波反射器,其他物质的反射特性如何? 是否有部分能量透过这些物质还是被吸收了? 比较导体与非导体的反射特性。

3. 假如预先不知道晶体中晶面的方向,是否会增加实验的复杂性? 又该如何定位这些晶面?

实验 4.7　微波分光仪实验

微波是指频率为 300MHz～300GHz,波长在 1mm～1m 之间的电磁波,是分米波、厘米波、毫米波的统称,在科学研究、工程技术、交通管理、医疗诊断、国防工业等国民经济的各个方面都有十分广泛的应用。微波作为一种电磁波,具有波粒二象性,与光波波长相差一万倍左右,因此用微波来做波动实验比光学实验更直观、方便和安全。

【实验目的】

(1) 了解微波光学系统和微波的特性(反射、折射、偏振、干涉、衍射),学习微波器件的使用。

(2) 了解迈克耳孙干涉仪、法布里贝罗干涉仪、劳埃德镜等的工作原理,学习计算微波波长。

【实验仪器】

实验装置由微波信号源、发射器组件、接收器组件、中心平台以及相关配件组成,下面简单介绍各个组件的构成及作用。

1. 微波信号源

输出频率为 10.5GHz±20MHz,波长为 2.85517cm,功率为 15mW,频率稳定度可达 $2×10^{-4}$,幅度稳定度为 10^{-2},这种微波源相当于光学实验中的单色光束。

2. 发射器组件

组成部分包括缆腔换能器、谐振腔、隔离器、衰减器、喇叭天线及支架。缆腔换能器将电缆中的微波电流信号转换为空中的电磁场信号。喇叭天线的增益大约是 20dB;波瓣的理论半功率点宽度大约为:H 面 20°,E 面 16°。当发射喇叭口面的宽边与水平面平行时,发射信号电矢量的偏振方向是垂直的,而微波的偏振方向则是水平的。

3. 接收器组件

组成部分包括喇叭天线、检波器、支架、放大器和电流表。检波器将微波信号变为直流或低频信号。放大器分 3 个挡位,分别为×1 挡、×0.1 挡和×0.02 挡,可根据实验需要来调节放大器倍数,以得到合适的电流表读数。

4. 中心平台

测试部件的载物台和角度计,直径 200mm。

5. 其他配件

反射板(金属板,2 块)、透射板(部分反射板,2 块)、偏振板、光缝屏(宽屏、窄屏各 1 块)、光缝夹持条、中心支架、移动支架(2 个)、塑料棱镜、棱镜座、模拟晶阵、晶阵座、聚苯乙烯丸、钢直尺(4 根)。

注意:除了在进行迈克耳孙干涉实验时将接收器组件安置在 2 号钢尺外,在其他实验中都是安置在 1 号钢尺上。发射器组件一直安置在 3 号钢尺上。

1 号钢尺上有指针,并有锁紧螺钉,在直线移动接收器的时候需将直尺锁紧在 180°的位置处,以保证移动时不会出现接收器转动现象;但是在沿转盘中轴转动接收器时,应松开锁紧螺钉。

【实验内容】

本套实验装置可以进行的实验内容很多,可根据实际情况选用,自由组合。

1. 系统初步认识实验

1)实验目的

了解微波光学系统并熟练掌握设备的使用方法。

2)实验仪器

微波信号源、发射器组件、接收器组件、中心平台、反射板、钢直尺(1 号、3 号)。

3)实验步骤

(1)将发射器和接收器安置在带有角度计的中心平台上,其中发射器安置在固定臂(3 号钢直尺)上,接收器安置在可动臂(1 号钢直尺)上。注意发射器和接收器的喇叭口相对,宽边与地面平行,如图 4-7-1 所示。

（2）调节发射器和接收器之间的距离（喇叭口相距 40cm 左右,可根据实际情况自行调整）。调节发射器上的衰减器和电流表上的挡位开关,使接收器上的电流表的指示在 1/2 量程左右(约 $50\,\mu A$)。

（3）沿着可动臂缓慢移动接收器,观察并记下不同位置处对应电流表上的数值。距离移动范围为 $\pm 15\,cm$ 。

图 4-7-1　基础实验的仪器布置

（4）松开接收器上面的手动螺栓,慢慢转动接收器,同时观察电流表上读数的变化,并解释这一现象。

发射器上旋钮的使用方法如下。

衰减器旋钮(见图 4-7-2):顺时针旋转为增大发射功率,反之则减小发射功率。

喇叭止动旋钮(见图 4-7-2):该旋钮可以锁定喇叭的方向。喇叭只能在图示方向上旋转 $90°$ (见图 4-7-3)。

接收器上也有喇叭止动旋钮,功能和发射器上对应旋钮一样。

衰减器旋钮　喇叭止动旋钮

图 4-7-2　发射器上旋钮位置

喇叭天线可转动的方向

图 4-7-3　喇叭天线转动方向

2. 微波的反射实验

1）实验目的

了解微波的反射特性。

2）实验仪器

微波信号源、发射器组件、接收器组件、钢直尺（1 号、3 号）、中心平台、中心支架、反射板。

3）实验原理

光和微波都是电磁波,都具有波动这一共性,都能产生反射、折射、干涉和衍射等现象。在光学实验中,可以用肉眼看到反射的光线。本实验将通过电流表反映出折射的微波。

如图 4-7-4 所示,入射波轴线与反射镜法线之间的夹角称为入射角。

4）实验步骤

（1）将发射器安置在 3 号钢尺上,接收器安置在 1 号钢尺上,喇叭朝向一致（宽边水平）（见图 4-7-5）。发射器和接收器距离中心平台中心约 350mm。打开信号源开始实验。

（2）固定入射角于 $45°$ 。转动装有接收器的可转动臂,使电流表读数最大,记录此时的反射角于表 4-7-1 中（接收器喇叭的轴线与反射镜法线之间的夹角称为反射角）。

（3）当入射角分别为 $20°$ 、 $30°$ 、 $40°$ 、 $50°$ 、 $60°$ 、 $70°$ 时测量对应的反射角,记录数据于

表 4-7-1 中。比较入射角和反射角之间的关系。

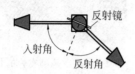

图 4-7-4　反射原理图

图 4-7-5　反射仪器布置图

表 4-7-1　微波的反射实验数据

入射角度	反射角度	误差度数	误差百分比
20°			
30°			
40°			
50°			
60°			
70°			

3. 利用驻波测量波长实验

1）实验目的

了解微波的驻波现象，并利用驻波来测量微波的波长。

2）实验仪器

微波信号源、发射器组件、接收器组件、中心平台、钢直尺（1 号、3 号）。

3）实验原理

微波喇叭既能接收微波，同时它也会反射微波，因此，发射器发射的微波在发射喇叭和接收喇叭之间来回反射，振幅逐渐减小。当发射源到接收检波点之间的距离等于 $n\lambda/2$ 时（n 为整数，λ 为波长），经多次反射的微波与最初发射的波同相，此时信号振幅最大，电流表读数最大。

$$\Delta d = N\frac{\lambda}{2}$$

式中，Δd 为发射器不动时接收器移动的距离；N 为出现接收到信号幅度最大值的次数。

4）实验步骤

（1）如图 4-7-6 布置实验仪器，要求发射器和接收器处于同一轴线上，喇叭口正对。接通信号源，调整发射器和接收器，使二者距离中心平台中心的位置约 200mm（可自行调整），再调节发射器衰减器和电流表挡位开关，使电流表的显示电流值适中（3/4 量程左右）。

（2）将接收器沿钢尺缓慢滑动远离发射器（发射器和接收器处于同一轴线上），观察电流表的显示变化。

（3）当电流表在某一位置出现极大值时，记下接收

图 4-7-6　驻波实验的仪器布置图

器所处位置刻度 X_1，然后缓慢将接收器沿远离发射器方向缓慢滑动，当电流表读数出现 N（至少 10）个极小值后再次出现极大值时，记下接收器所处位置刻度 X_2，将记录的数据填入表 4-7-2 中。

（4）计算微波的波长，并与实际值比较。

表 4-7-2　利用驻波测量波长实验数据

测量次数	$X_1(d_1)$	$X_2(d_2)$	$\Delta d = \lvert X_1 - X_2 \rvert$	N	λ	$\bar{\lambda}$	相对误差
1							
2							
3							
4							

4. 棱镜的折射实验

1）实验目的

了解微波的折射特性，计算所给材料的折射率。

2）实验仪器

微波信号源、发射器组件、接收器组件、钢直尺（1 号、3 号）、中心平台、棱镜座、塑料棱镜（聚乙烯）。

3）实验原理

通常电磁波在某种均匀媒质中是以匀速直线传播的，在不同媒质中由于媒质的密度不同，其传播的速度也不同，速度与密度成反比。所以，当它通过两种媒质的分界面时，传播方向就会改变，如图 4-7-7 所示，这称为波的折射。它遵循折射定律

$$n_1 \sin\theta_1 = n_2 \sin\theta_2$$

式中，θ_1 为入射波与两种媒质分界面法线的夹角，称为入射角；θ_2 为折射波与两种媒质分界面法线的夹角，称为折射角。

每种媒质可以用折射率 n 表示，折射率是电磁波在真空中的传播速率与在媒质中的传播速率之比。一般而言，分界面两边介质的折射率不同，分别用 n_1 和 n_2 表示。两种介质的折射率不同（即波速不同）导致波的偏转。或者说当波入射到两种不同媒质的分界面时将会发生折射。本实验将利用折射定律测量聚乙烯板的折射率。

4）实验步骤

（1）如图 4-7-8 布置实验仪器。接通信号源，调节衰减器和电流表挡位开关，使电流表的显示电流值适中（约 1/2 量程）。

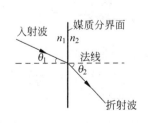

图 4-7-7　入射角与折射角

图 4-7-8　棱镜折射实验布置图

（2）绕中心平台的中心轴缓慢转动接收器，记下电流表读数最大时钢尺1转过的角度。

（3）设空气的折射率为1，根据折射定律，计算聚乙烯板的折射率。

（4）转动棱镜，改变入射角，重复实验步骤（1）、（2）、（3）。

5. 偏振实验

1）实验目的

观察偏振现象，了解微波经喇叭极化后的偏振特性。

2）实验仪器

微波信号源、发射器组件、接收器组件、钢直尺（1号、3号）、中心平台、中心支架、偏振板。

3）实验原理

本信号源输出的电磁波经喇叭后电场矢量方向是与喇叭的宽边垂直的，相应磁场矢量是与喇叭的宽边平行的，垂直极化。而接收器由于其物理特性，只能收到与接收喇叭口宽边相垂直的电场矢量（对平行的电场矢量有很强的抑制，认为它接收为零）。所以当两个喇叭的朝向（宽边）相差 θ 度时，它只能接收一部分信号 $A = A_0\cos\theta$（A_0 为两个喇叭一致时收到的电流表读数）。

图 4-7-9　未加偏振板仪器布置

4）实验步骤

（1）如图 4-7-9 布置实验仪器。接通信号源，调节衰减器使电流表的显示电流值满刻度。

（2）松开接收器上的喇叭止动旋扭，以 $10°$ 增量旋转接收器，记录下每个位置电流表上的读数并填入表 4-7-3 中。

表 4-7-3　偏振测试记录表

电流值　　偏振板角度 接收器转角	未加偏振板	0°	45°	90°
0°				
10°				
20°				
30°				
40°				
50°				
60°				
70°				
80°				
90°				

(3) 两个喇叭之间放置偏振板(见图 4-7-10),偏振板的偏振方向与水平方向分别为 0°、45°、90°时,重复步骤(2)。

(4) 分析比较各组数据。

图 4-7-10 加偏振板仪器布置

6. 劳埃德镜实验

1) 实验目的

了解劳埃德镜原理,并用劳埃德镜测微波波长。

2) 实验仪器

微波信号源、发射器组件、接收器组件、钢直尺(1 号、3 号、4 号)、中心平台、反射板、移动支架。

3) 实验原理

劳埃德镜是干涉现象的又一个例子。和其他干涉条纹一样,用它也可测量微波的波长。

从发射器发出的微波一路直接到达接收器,另一路经反射镜反射后再到达接收器。由于两列波的波程及方向不一样,它们必然发生干涉。在交汇点,若两列波同相将测到极大值,若反相将测到极小值,其原理可用图 4-7-11 表示。

发射器和接收器距离转盘中心的距离应相等,反射板从位置 1 移到位置 2 的过程中,电流表出现了 n 个极小值后再次达到极大值。由光程差根据图 4-7-11 可以得到计算波长公式如下:

$$\sqrt{A^2+X_2^2}-\sqrt{A^2+X_1^2}=n\frac{\lambda}{2}$$

4) 实验步骤

(1) 如图 4-7-12 布置实验仪器。接通信号源,调节衰减器和电流表挡位开关,使电流表的显示电流值适中(3/4 量程左右)。要求:发射器和接收器处于同一直线上,且到中心平台的距离相等(均为 500mm 左右)。

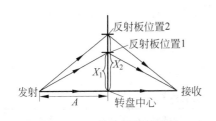

图 4-7-11 劳埃德镜示意图

图 4-7-12 劳埃德镜安装示意图

(2) 反射板夹持在移动支架上,并安置在 4 号钢尺上。反射板面平行于两个喇叭的轴线。

(3) 在 4 号钢尺上缓慢移动反射板,观察并记录电流表的读数及移动的距离。

(4) 改变发射器和接收器之间的距离,重复步骤(2)、(3)。

(5) 计算波长。

7. 法布里-贝罗干涉仪实验

1) 实验目的

了解法布里-贝罗干涉仪原理,并计算微波波长。

2) 实验仪器

微波信号源、发射器组件、接收器组件、钢直尺(1号、3号)、中心平台、透射板(2块)、移动支架(2个)。

3) 实验原理

当电磁波入射到部分反射镜(透射板)表面时,入射波将被分割为反射波和入射波。法布里-贝罗干涉仪在发射波源和接收探测器之间放置了两面相互平行并与轴线垂直的部分反射镜。

发射器发出的电磁波有一部分将在两块透射板之间来回反射,同时有一部分波透射出去被探测器接收。若两块透射板之间的距离为 $n\lambda/2$,则所有入射到探测器的波都是同相位的,接收器探测到的信号最大。若两块透射板之间的距离不为 $n\lambda/2$,则产生相消干涉,信号不为最大。

因此,可以通过改变两块透射板之间的距离来计算微波波长,计算公式为

$$\Delta d = N \frac{\lambda}{2}$$

式中,Δd 为两面透射板改变的距离;N 为出现接收到信号幅度最大值的次数。

4) 实验步骤

(1) 如图 4-7-13 布置实验仪器。接通信号源,调节衰减器和电流表挡位开关,使电流表的显示电流值适中(3/4 量程左右)。

(2) 调节两块透射板之间的距离,观察相对最大值和最小值。

(3) 调节两块透射板之间的距离,使接收到的信号最强(电流表读数在不超过满量程的条件下达到最大),记下两块透射板之间的距离 d_1。

图 4-7-13　法布里-贝罗干涉仪布置图

(4) 使一面透射板向远离另一面透射板的方向移动,直到电流表读数出现至少 10 个最小值并再次出现最大值时,记下经过最小值的次数 N 及两块透射板之间的距离 d_2。

(5) 根据上面公式,计算微波的波长 λ。

(6) 改变两块透射板之间的距离,重复以上步骤,记入表 4-7-4 中。

表 4-7-4　法布里-贝罗干涉仪实验数据

测量次数	d_1	d_2	$\Delta d = \lvert d_1 - d_2 \rvert$	N	测量值 λ	$\bar{\lambda}$	相对误差
1							
2							
3							
4							
5							

8. 迈克耳孙干涉仪实验

1) 实验目的

了解迈克耳孙干涉仪工作原理,并计算微波波长。

2) 实验仪器

微波信号源、发射器组件、接收器组件、钢直尺(1～4号)、中心平台、中心支架、反射板(2块)、移动支架(2个)、透射板。

3) 实验原理

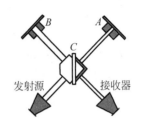

图 4-7-14 迈克耳孙干涉仪结构图

和法布里-贝罗干涉仪类似,迈克耳孙干涉仪将单波分裂成两列波,透射波经再次反射后和反射波叠加形成干涉条纹。迈克耳孙干涉仪的结构如图 4-7-14 所示。

A 和 B 是反射板(全反射),C 是透射板(部分反射)。从发射源发出的微波经两条不同的光路入射到接收器。一部分波经 C 透射后射到 A,经 A 反射后再经 C 反射进入接收器。另一部分波从 C 反射到 B,经 B 反射回 C,最后透过 C 进入接收器。

若两列波同相位,接收器将探测到信号的最大值。移动任一块反射板,改变其中一路光程,使两列波不再同相,接收器探测到的信号就不再是最大值。若反射板移过的距离为 $\lambda/2$,光程将改变一个波长,相位改变 $360°$,接收器探测到的信号出现一次最小值后又回到最大值。

因此,可以通过反射板(A 或 B)改变的距离来计算微波波长,计算公式为

$$\Delta d = N \frac{\lambda}{2}$$

式中,Δd 为反射板改变的距离;N 为出现接收到信号幅度最大值的次数。

图 4-7-15 迈克耳孙干涉仪布局图

4) 实验步骤

(1) 如图 4-7-15 布置实验仪器。接通信号源,调节衰减器使电流表的显示电流值适中。C 与各条臂成 45°角,发射器安装在 3 号钢尺上,接收器安装在 2 号钢尺上,A、B 两块反射板分别安装在 1 号、4 号钢尺上。

(2) 移动反射板 A,观察电流表读数变化,当电流表上的数值最大时,记下反射板 A 所处位置刻度 X_1。

(3) 向外(或内)缓慢移动 A,注意观察电流表读数变化,当电流表读数出现至少 10 个最小值并再次出现最大值时停止,记录这时反射板 A 所处位置刻度 X_2,并记下经过的最小值次数 N。

(4) 根据上面公式,计算微波的波长。

(5) A 不动,操作 B,重复以上步骤,记录数据于表 4-7-5 中。

表 4-7-5　迈克耳孙干涉仪实验数据

测量次数	X_1	X_2	$\Delta d = \lvert X_1 - X_2 \rvert$	N	测量值 λ	$\bar{\lambda}$	和实际值的相对误差
1							
2							
3							
4							
5							

9. 纤维光学实验

1）实验目的

了解微波在纤维中的传播特性。

2）实验仪器

微波信号源、发射器组件、接收器组件、中心平台、钢直尺（1 号、3 号）、苯乙烯丸（已装入布袋中）。

3）实验原理

光能在真空中传播，而且在有些物质中的穿透率也很好，比如玻璃。玻璃光纤是由很细且柔软的玻璃丝组成的，对激光起传输的作用，就像铜线对电脉冲的传输作用一样。因为微波有光的共性，所以微波能在纤维中传输。

4）实验步骤

（1）如图 4-7-16 布置仪器，发射器和接收器置于中心平台的两侧并正对，两喇叭口距离约 15mm，调节衰减器，使电流表读数适中，并记录。

（2）把装有苯乙烯丸的布袋的一端放入发射器喇叭，观察并记录电流表读数的变化。再把布袋的另一端放入接收器喇叭，再次观察并记录电流表读数的变化。

图 4-7-16　弯曲的纤维传播微波
仪器布置图

（3）移开管状布袋，转动装有接收器的 1 号钢直尺，使电流表读数为零，再把布袋的一端放入发射器喇叭，把布袋的另一端放入接收器喇叭，注意电流表的读数。

（4）改变管状布袋的弯曲度，观察对信号强度有什么影响。随着径向曲率的变化，信号是逐渐变化还是突然变化？曲率半径为多大时信号开始明显减弱？

10. 布儒斯特角实验

1）实验目的

了解微波的偏振特性，并找到布儒斯特角。

2）实验仪器

微波信号源、发射器组件、接收器组件、钢直尺（1 号、3 号）、中心平台、中心支架、透射板。

3）实验原理

电磁波从一种媒质进入另一种媒质时，在媒质的表面通常有一部分波被反射。在本实验中将看到反射信号的强度和电磁波的偏振有关。实际上在某一入射角（即布儒斯特角）

时,有一个角度的偏振波其反射率为零。

4)实验步骤

(1)如图4-7-17布置实验仪器。接通信号源,使发射器和接收器都水平偏振(两个喇叭的宽边水平)。调节衰减器和电流表挡位开关,使电流表的显示电流值适中(3/4量程左右)。

(2)调节透射板,使微波入射角为80°,转动1号钢尺,使接收器的反射角等于入射角。再调整衰减器,使电流表的显示电流值约为1/2量程。

(3)松开喇叭止动旋钮,旋转发射器和接收器的喇叭,使它们垂直偏振(两个喇叭的窄边水平),如图4-7-18布置仪器,记录电流表的读数于表4-7-6中。

图4-7-17　布儒斯特角实验布置
示意图(水平偏振)

图4-7-18　布儒斯特角实验布置
示意图(垂直偏振)

(4)根据表4-7-6设置入射角,重复步骤(2)、(3),测试并记录(表格中设置的角度可能没有布儒斯特角,需要实验者在实验中根据测试数据自行寻找)。

(5)观察表格数据,在垂直偏振方向上找出布儒斯特角。

表 4-7-6　布儒斯特角实验数据

入射角度/(°)	电流表读数(水平偏振)	电流表读数(垂直偏振)
80		
75		
70		
65		
60		
55		
50		
45		
40		
35		

实验 4.8　照度计设计实验

照度与人们的生活有着密切的关系。照度与人体健康,尤其是对眼睛的保健有着极其重要的卫生学意义。为保障人们在适宜的光照下生活,我国制定了有关室内(包括公共场所)照度的卫生标准。对于照度大小的测量,一般用照度计。照度计可测出不同波长电磁波的强度(如对可见光波段和紫外线波段的测量),向人们提供准确的测量结果。

【实验目的】

(1) 了解光敏二极管的基本特性。

(2) 设计和制作简易数字照度计。

【实验仪器】

YJ-ZDS 照度计设计实验仪、照度计设计实验模板。

【实验原理】

照度计(或称勒克斯计)是一种专门测量光度、亮度的仪器仪表。光照强度(照度)是物体被照明的程度,也即物体表面所得到的光通量与被照面积之比。数字照度计所用传感器一般为光敏二极管,要求是日光型的,即响应波长在 500~600nm 间,只有在这一波长附近测得的结果才能与人所感觉到的情况相吻合,其光谱响应曲线和人眼的视觉曲线很接近。

1. 光敏二极管的工作原理

光敏二极管是将光信号变成电信号的半导体器件,它的核心部分也是一个 PN 结。光敏二极管与普通二极管相比在结构上的不同是,为了便于接收入射光照,PN 结面积尽量做得大一些,电极面积尽量小些,而且 PN 结的结深很浅,一般小于 $1\mu m$。

光敏二极管是在反向电压作用之下工作的。没有光照时,反向电流很小(一般小于 $0.1mA$),称为暗电流。当有光照时,携带能量的光子进入 PN 结后,把能量传给共价键上的束缚电子,使部分电子挣脱共价键,从而产生电子-空穴对,称为光生载流子。它们在反向电压作用下参加漂移运动,使反向电流明显变大,光的强度越大,反向电流也越大,这种特性称为光电导。光敏二极管在一般照度的光线照射下所产生的电流叫光电流。如果在外电路上接上负载,负载上就获得了电信号,而且这个电信号随着光的变化而相应变化。

2. 照度计设计原理

本实验就是利用光敏二极管的光电导特性设计电路的,电路图如图 4-8-1 所示。

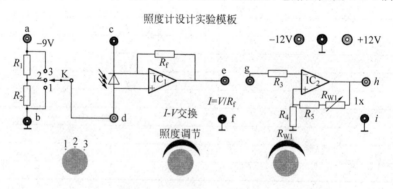

图 4-8-1　照度计设计实验模板

图 4-8-1 中左侧电路可用来了解该光敏二极管基本特性,通过 1、2、3 挡使光敏二极管处于 0 或不同的负偏压,在不同的光照度下测得光敏二极管的光电流,作出照度-电流曲线。图 4-8-1 中右侧电路将光照度转化为输出电压。将两个电路连接起来就是设计的数字照度计。通过不同的照度来校准输出电压,用输出电压代表照度(每 $0.01V$ 代表 $1lx$),使设计的照度计更加准确。

照度计设计实验仪面板如图 4-8-2 所示。

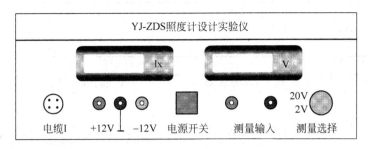

图 4-8-2　照度计设计实验仪面板

【注意事项】

(1) 照度调节不要超过规定范围(0～1999lx),避免烧毁暗盒内小灯。

(2) 暗盒要放置好,避免其他光进来,使测得的数据不准。

【实验内容】

1. 研究光敏二极管的基本特性,作出照度-电流曲线

(1) 安排好实验装置,连接好照度计设计实验仪和模板之间的电缆线,接通电源。

(2) 调节照度调节旋钮,使光敏二极管处的照度为 100lx,并保持照度不变。然后将光敏二极管接入实验模板 IC_1 的输入端(光敏二极管的红线接 d,黑线接 c),并将 K 置于 1 的位置,使光敏二极管处于零偏压状态,测量 IC_1 的输出电压(测量输入的红表笔接 e,黑表笔接 f),测得该照度下光敏二极管的光电流($I = V/R_f$,$R_f = 100$kΩ)。

(3) 测量不同照度下(200、300、400、500、600、700、800lx)光敏二极管的光电流,将数据记录于表 4-8-1 中,并作出照度-电流曲线。

(4) 将 K 置于 2、3 的位置,分别给光敏二极管正极加上一个负偏压,并测量出该负电压的大小(测量输入的红表笔接 d,黑表笔接 f),然后重复步骤(2)、(3),将数据分别记入表 4-8-2 和表 4-8-3,作出照度-电流曲线,比较这几条曲线有何不同。

2. 根据不同照度下的输出电压值设计制作简易照度计

(1) 调节照度调节旋钮,使光敏二极管处的照度为 100lx,保持该照度不变,并将 K 置于 1 的位置,使光敏二极管处于零偏压状态,用导线将 IC_1 的输出端(e)和 IC_2 的输入端(g)连接起来,IC_2 的输出端与实验仪的测量输入端相连(红表笔接 h,黑表笔接 i),调节 R_{w1} 使 IC_2 的输出电压为 1.00V(0.01V 代表 1lx)。

(2) 调节照度调节旋钮,使光敏二极管处的照度为 500lx,并保持该照度不变,监测 IC_2 的输出电压应为 5.00V,若有偏差则微调 R_{w1}。

(3) 调节照度调节旋钮,使光敏二极管处的照度为 1000lx,并保持该照度不变,监测 IC_2 的输出电压应为 10.00V,若有偏差则微调 R_{w1}。

(4) 重复步骤(1)、(2)、(3)使 IC_2 的输出电压偏差最小。

【数据处理】

(1) K 置于 1 的位置使光敏二极管处于零偏压状态时,照度-电流数据(见表 4-8-1)。

表 4-8-1　K 置于 1 的位置时的照度-电流数据

光照度/lx	100	200	300	400	500	600	700	800
输出电压/V								
光电流/A								

（2）K 置于 2 的位置使光敏二极管处于＿＿＿＿＿ V 偏压状态时，照度-电流数据（见表 4-8-2）。

表 4-8-2　K 置于 2 的位置时的照度-电流数据

光照度/lx	100	200	300	400	500	600	700	800
输出电压/V								
光电流/A								

（3）K 置于 3 的位置使光敏二极管处于＿＿＿＿＿ V 偏压状态时，照度-电流数据（见表 4-8-3）。

表 4-8-3　K 置于 3 的位置时的照度-电流数据

光照度/lx	100	200	300	400	500	600	700	800
输出电压/V								
光电流/A								

思考题

根据光敏二极管的特性，如何制作视力保护器？

实验 4.9　氩原子第一激发态的研究

1913 年，丹麦物理学家玻尔（N. Bohr）提出并建立了玻尔原子模型理论，并指出原子存在能级。1914 年，德国物理学家夫兰克（J. Franck）和赫兹（G. Hertz）在研究充汞放电管的气体放电现象时，发现透过汞蒸气的电子流随电量显现出周期性变化，并且拍摄到汞光的发射光谱，加以分析推导后证明了玻尔理论的正确性。1920 年，夫兰克再对实验装置进行了改进，测得了亚稳能级和较高的激发能级，直接进一步证明了原子内部量子化能级的存在。玻尔因原子模型理论获得了 1922 年的诺贝尔物理学奖，而夫兰克和赫兹也在 1925 年获得了诺贝尔物理学奖。

这一实验巧妙地直接证实了原子内部量子化能级的存在，为玻尔理论提供了有力的实验证据，对原子理论的发展起到了重大的作用。

【实验目的】

（1）了解夫兰克-赫兹实验的设计思想和基本实验方法。

（2）学习关于原子碰撞激发和测量的方法。

（3）测量氩原子的第一激发电位。

（4）通过测定氩原子的第一激发电位，证明原子能级的存在。

【实验仪器】

FH-2 智能夫兰克-赫兹实验仪、示波器。

【实验原理】

1. 关于激发电位

玻尔提出的原子理论指出：

（1）原子只能较长久地处在一些稳定状态（定态），并具有一定的能量。原子在这些定态时，既不发射能量也不吸收能量。

（2）原子从一个定态跃迁到另一个定态而发射或吸收能量时，辐射频率是一定的。如果用 E_m 和 E_n 代表有关两定态的能量的量值（能级），则辐射的频率 ν 决定于如下关系：

$$h\nu = E_m - E_n \tag{4-9-1}$$

式中，普朗克常量 $h = 6.63 \times 10^{-34} \text{J} \cdot \text{s}$。

使原子从低能级向高能级跃迁，可以通过具有一定能量的电子与原子相碰撞进行能量交换的办法来实现。

设初速度为零的电子在电压为 U 的加速电场中获得能量 eU。具有这种能量的电子与稀薄气体的原子（如氩原子）发生碰撞时，就会发生能量交换。如以 E_1 代表氩原子的基态能量，E_2 代表氩原子的第一激发态能量，那么，当氩原子获得从电子传递来的能量恰好为

$$eU_0 = E_2 - E_1 \tag{4-9-2}$$

时，氩原子就从基态跃迁到第一激发态，而且相应的电压称为氩原子的第一激发电位。测定出这个电压 U_0，就可以根据式（4-9-2）求出氩原子的基态和第一激发态之间的能量差了（其他元素气体原子的第一激发电位亦可依此法求得）。

2. 夫兰克-赫兹实验原理

夫兰克-赫兹实验原理如图 4-9-1 所示。在充氩的夫兰克-赫兹管中，电子由热阴极发出，阴极 K 和第二栅极 G_2 之间的加速电压 V_{G_2K} 使电子加速。在阳极 A 和第二栅极 G_2 之间加有反向拒斥电压 V_{G_2A}，用以阻碍电子从栅极飞向阳极。管内空间电位分布如图 4-9-2 所示。当电子由 KG_2 空间进入 G_2A 空间时，如果具有的能量较大（$\geqslant eV_{G_2A}$），就能冲过反向拒斥电场而达到阳极形成阳极电流，此电流可由微电流测量放大器测出。如果电子在 KG_2 空间与氩原子碰撞，把一部分能量传递给氩原子而使其激发，那么电子本身所剩余的能量就很小，以至于通过微电流测量放大器的电流显著减小。

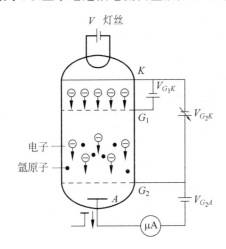

图 4-9-1　夫兰克-赫兹实验原理

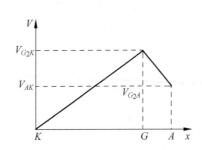

图 4-9-2　夫兰克-赫兹管管内空间电位分布

实验时，使 V_{G_2K} 电压逐渐增大，并仔细观察微电流测量放大器的电流变化。如果原子能级确实存在，而且基态与第一激发态之间有确定的能量差，就可观察到如图 4-9-3 所示的阳极电流 I_A 和加速电压 V_{G_2K} 之间的关系曲线。

该曲线反映了氩原子在 KG_2 空间与电子交换能量的情况。在 KG_2 空间的电压起始阶段，由于电压较低，电子的能量较小，即使在运动过程中与原子相碰撞也只有微小的能量交换（作弹性碰撞）。这样，穿过栅极的

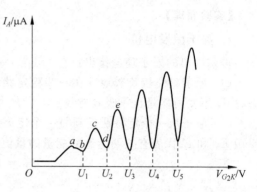

图 4-9-3　夫兰克-赫兹管的 I_A-V_{G_2K} 曲线

电子所形成的阳极电流 I_A 将随栅极电压 V_{G_2K} 的增加而增大。当 KG_2 空间的电压达到氩原子的第一激发电位 U_0 时，电子在栅极附近与氩原子相碰撞，将自己从加速电场中获得的全部能量传递给氩原子，并使氩原子从基态激发到第一激发态，而电子本身由于把全部能量传递给了氩原子，即使穿过了栅极也不能克服反向拒斥电场而折回栅极。随着栅极电压 V_{G_2K} 的继续增加，电子的能量也随之增加，在与氩原子相撞后还留下了足够的能量，可以克服反向拒斥电场而达到阳极 A，这时电流又开始上升。直到 KG_2 间的电压是 2 倍氩原子的第一激发电位 U 时，电子在 KG_2 间又会因第二次非弹性碰撞而失去能量，因而又造成第二次阳极电流的下降。同理，凡是当

$$V_{G_2K} = nU_0, \quad n = 1, 2, 3, \cdots \tag{4-9-3}$$

时，阳极电流 I_A 都会相应下跌，形成图 4-9-3 所示的 I_A-V_{G_2K} 曲线。而两相邻的阳极电流 I_A 下降处相对应的 V_{G_2K} 之差，即 $U_{n+1} - U_n$ 应该是氩原子的第一激发电位 U_0。本实验就是要通过实际测量来证实原子能级的存在，并测出氩原子的第一激发电位（公认值为 $U_0 = 11.61\text{V}$）。

【实验内容】

1. 准备工作

1）熟悉 FH-2 智能夫兰克-赫兹实验仪前面板的功能

夫兰克-赫兹实验仪前面板如图 4-9-4 所示，以功能划分为 8 个区。

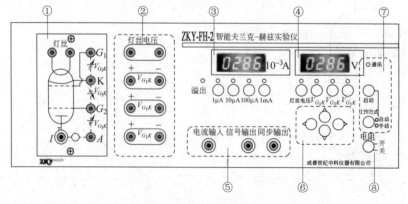

图 4-9-4　夫兰克-赫兹实验仪前面板

① 区:夫兰克-赫兹管各输入电压连接插孔和极板电流输出插座。

② 区:夫兰克-赫兹管所需的激励电压的输出连接插孔,其中左侧输出孔为正极,右侧为负极。

③ 区:测试电流指示区。四位七段数码管指示电流值;4个电流量程挡位选择按键用于选择不同的最大电流量程,每一个量程选择同时备有一个选择指示灯指示当前电流量程挡位。

④ 区:测试电压指示区。四位七段数码管指示当前选择电压源的电压值;4个电压源选择按键用于选择不同的电压源,每一个电压源选择都备有一个选择指示灯指示当前选择的电压源。

⑤ 区:测试信号输入输出区。电源输入插座输入夫兰克-赫兹管极板电流,信号输出和同步输出插座可将信号送示波器显示。

⑥ 区:调整按键区。用于改变当前电压源电压设定值,设置查询电压点。

⑦ 区:工作状态指示区。通信指示灯指示实验仪与计算机的通信状态,启动按键与工作方式按键共同完成多种操作。

⑧ 区:电源开关。

2) 仪器连接

按照图 4-9-5,连接好各组工作电源线,仔细检查,确认无误。若有示波器,连接示波器,以直观观察 I_A-V_{G_2K} 的波形变化情况。先不要打开电源,待老师检查后再打开电源。

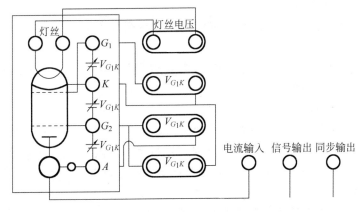

图 4-9-5 前面板接线图

3) 打开电源,将实验仪预热 20~30min

开机后的初始状态如下。

(1) 实验仪的"1mA"电流挡位指示灯亮,表明此时电流的量程为 1mA 挡;电流显示值为 0000.(10^{-7}A)(若最后一位不为 0,属正常现象)。

(2) 实验仪的"灯丝电压"挡位指示灯亮,表明此时修改的电压为灯丝电压;电压显示值为 000.0V;最后一位在闪动,表明现在修改位为最后一位。

(3) "手动"指示灯亮,表明仪器正常工作。

2. 测量氩元素的第一激发电位

1) 手动测量

(1) 按"手动/自动"键,将仪器设置为"手动"工作状态,"手动"指示灯亮。

（2）按下相应电流量程键,设定电流量程(电流量程可参考机箱盖上提供的数据)。

（3）设定电压源的电压值(设定值可参考机箱盖上提供的数据),用电压调节键↔调节位置,用↑↓键调节值的大小,设定灯丝电压 V_F、第一加速电压 V_{G_1K}、拒斥电压 V_{G_2A} 的值。

（4）按下"启动"键和"V_{G_2K}"挡位键,实验开始。用电压调节键↔、↑↓,从 0.0V 开始,按步长 1V(0.5V)调节电压源 V_{G_2K}(注: V_{G_2K} 设置终止值建议不超过 72V,否则管子易被击穿)。

记录 V_{G_2K} 值和对应的电流值 I_A(若接示波器,同时可用示波器观察极板电流 I_A 随电压 V_{G_2K} 的变化情况)。

注:为保证实验数据的唯一性,V_{G_2K} 的值必须从小到大单向调节,不可在过程中反复。记录完成最后一组数据后,立即将 V_{G_2K} 电压快速调零。

（5）重新启动(选做)。在手动测试的过程中,按下启动按键,V_{G_2K} 的电压值将被设置为零,内部存储的测试数据被清除,示波器上显示的波形被清除,但 V_F、V_{G_1K}、V_{G_2A} 电流挡位等状态不发生变化。这时,操作者可以在该状态下重新进行测试,或修改状态后再进行测试。

建议:修改灯丝电压 V_F 值再进行一次手动测试 I_A-V_{G_2K}。

2）自动测试

（1）按"手动/自动"键,将仪器设置为"自动"工作状态,"自动"指示灯亮。

（2）参考机箱盖上提供的数据设置 V_F、V_{G_1K}、V_{G_2A}、V_{G_2K}(注: V_{G_2K} 设置终止值建议不超过 72V,否则管子易被击穿)。

（3）按下"启动"键,自动测试开始,同时用示波器观察极板电流 I_A 随电压 V_{G_2K} 的变化情况。

（4）自动测试结束后,用电压调节键↔、↑↓ 改变 V_{G_2K} 的值,查阅并记录本次测试过程中 I_A 的峰值、谷值和对应的 V_{G_2K} 值。

（5）依据记录下的数据作出 I_A-V_{G_2K} 曲线。

（6）自动测试或查询过程中,按下"手动/自动"键,则手动测试指示灯亮,实验仪原设置的电压状态被清除,面板按键全部开启,此时可进行下一次测试(注:可改变 V_F、V_{G_1K}、V_{G_2A} 的值,进行多次 I_A-V_{G_2K} 测试,各电压设置参数在参考数据附近变化,灯丝电压不宜过高)。

【注意事项】

（1）在接线检查无误后才能开启电源,开关电源时应将 V_{G_2K} 调至零。

（2）"灯丝电压"只能在实验室提供的数据之间选用,电压过高时阴极发射能力过强,夫兰克-赫兹管易老化。

（3）出现报警声音时应立即关掉主机电源,并仔细检查面板连线。输出端短路时间不应超过 8s,否则会损坏元器件。

（4）V_{G_2K} 电压误加到灯丝上,会发出断续的报警笛音;若误加到夫兰克-赫兹管的 V_{G_1K} 或 V_{G_2A} 上,实验开始时,随 V_{G_2K} 电压的增大,面板电流显示无明显变化,而无波形的输出。上述现象发生时,应立即关掉主机电源,仔细检查面板连线,否则极易损坏仪器内的夫兰克-赫兹管。

【数据处理】

（1）在坐标纸上描绘各组 I_A-V_{G_2K} 数据对应曲线。

（2）将记录的测试过程中 I_A 的峰值、谷值和对应的 V_{G_2K} 值填入表 4-9-1 中。

（3）用逐差法计算每两个相邻峰或谷所对应的 V_{G_2K} 之差值 ΔV_{G_2K}，并求出其平均值 $\bar{U}_0$，将实验值 $\bar{U}_0$ 与氩原子的第一激发电位 $U_0 = 11.61\text{V}$ 比较，计算相对误差，并写出结果表达式。

表 4-9-1 I_A 的峰值、谷值和对应的 V_{G_2K} 值

	峰	谷	峰	谷	峰	谷	峰	谷	峰	谷	…
I_A											…
V_{G_2K}											…

思考题

1. 请对不同工作条件下的各组曲线和对应的第一激发电位进行比较，分析哪些量发生了变化，哪些量基本不变，为什么？

2. 所测得的电流极小值为什么随电压的增大而增大？

实验 4.10　导热系数与比热容的实验研究

导热系数（热导率）是反映材料热性能的物理量，导热是热交换（导热、对流和辐射）三种基本形式之一，是工程热物理、材料科学、固体物理及能源、环保等各个研究领域的课题之一，要认识导热的本质和特征，需了解粒子物理，而目前对导热机理的理解大多数来自固体物理的实验。材料的导热机理在很大程度上取决于它的微观结构，热量的传递依靠原子、分子围绕平衡位置的振动以及自由电子的迁移，在金属中电子流起支配作用，在绝缘体和大部分半导体中则是晶格振动起主导作用。因此，材料的导热系数不仅与构成材料的物质种类密切相关，而且与它的微观结构、温度、压力及杂质含量相联系。在科学实验和工程设计中所用材料的导热系数都需要用实验的方法测定。

1882 年法国科学家 J·傅里叶奠定了热传导理论，目前各种测量导热系数的方法都是建立在傅里叶热传导定律基础之上的，从测量方法来说，可分为两大类：稳态法和动态法。

实验一　稳态法测量导热系数实验

【实验目的】

（1）了解热传导现象的物理过程。

（2）学习用稳态平板法测量材料的导热系数。

（3）学习用作图法求冷却速率。

（4）掌握一种用热电转换方式进行温度测量的方法。

【实验仪器】

YBF-2 导热系数测试仪。

【实验原理】

为了测定材料的导热系数，首先从热导率的定义和它的物理意义入手。热传导定律指出：如果热量是沿着 Z 方向传导的，那么在 Z 轴上任一位置 Z_0 处取一个垂直截面积 $\mathrm{d}S$，如

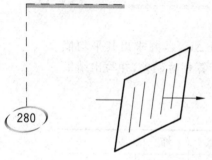

图 4-10-1　热传导定律示意图

图 4-10-1 所示,以 $\dfrac{\mathrm{d}T}{\mathrm{d}z}$ 表示在 Z 处的温度梯度,以 $\dfrac{\mathrm{d}Q}{\mathrm{d}t}$ 表示在该处的传热速率(单位时间内通过截面积 $\mathrm{d}S$ 的热量),那么传导定律可表示成

$$\mathrm{d}Q = -\lambda\left(\frac{\mathrm{d}T}{\mathrm{d}z}\right)_{z_0}\mathrm{d}s\mathrm{d}t \qquad (4\text{-}10\text{-}1)$$

式中的负号表示热量从高温区向低温区传导(即热传导的方向与温度梯度的方向相反)。式中比例系数 λ 即为导热系数,可见热导率的物理意义:在温度梯度为一个单位的情况下,单位时间内垂直通过单位面积截面的热量。

利用式(4-10-1)测量材料的导热系数 λ,需解决的关键问题有两个:一个是在材料内造成一个温度梯度 $\dfrac{\mathrm{d}T}{\mathrm{d}z}$,并确定其数值;另一个是测量材料内由高温区向低温区的传热速率 $\dfrac{\mathrm{d}Q}{\mathrm{d}t}$。

(1) 温度梯度

为了在样品内造成一个温度的梯度分布,可以把样品加工成平板状,并把它夹在两块良导体——铜板之间(见图 4-10-2),使两块铜板分别保持在恒定温度 T_1 和 T_2,就可能在垂直于样品表面的方向上形成温度的梯度分布。样品厚度可做成 $h \leqslant D$(样品直径)。这样,由于样品侧面积比平

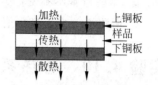

图 4-10-2　温度梯度分布示意图

板面积小得多,由侧面散去的热量可以忽略不计,可以认为热量是沿垂直于样品平面的方向上传导,即只在此方向上有温度梯度。由于铜是热的良导体,在达到平衡时可以认为同一铜板各处的温度相同,样品内同一平行平面上各处的温度也相同。这样只要测出样品的厚度 h 和两块铜板的温度 T_1、T_2,就可以确定样品内的温度梯度。当然这需要铜板与样品表面的紧密接触,无缝隙,否则中间的空气层将产生热阻,使得温度梯度测量不准确。

为了保证样品中温度场的分布具有良好的对称性,把样品及两块铜板都加工成等大的圆形。

(2) 传热速率

单位时间内通过单位截面积的热量 $\dfrac{\mathrm{d}Q}{\mathrm{d}t}$ 是一个无法直接测定的量,我们设法将这个量转化为较为容易测量的量,为了维持一个恒定的温度梯度分布,必须不断地给高温侧铜板加热,热量通过样品传到低温侧铜板,低温侧铜板则要将热量不断地向周围环境散出。当加热速率、传热速率与散热速率相等时,系统就达到一个动态平衡状态,称为稳态。此时低温侧铜板的散热速率就是样品内的传热速率。这样,只要测量低温侧铜板在稳态温度 T_2 下散热的速率,也就间接测量出了样品内的传热速率。但是,铜板的散热速率也不易测量,还需要进一步作参量转换,我们已经知道,铜板的散热速率与共冷却速率(温度变化率 $\dfrac{\mathrm{d}T}{\mathrm{d}t}$)有关,其表达式为

$$\left.\frac{\mathrm{d}Q}{\mathrm{d}t}\right|_{T_2} = -mc\left.\frac{\mathrm{d}T}{\mathrm{d}t}\right|_{T_2} \qquad (4\text{-}10\text{-}2)$$

式中,m 为铜板的质量;c 为铜板的比热容;负号表示热量向低温方向传递。因为质量容易

直接测量,c 为常量,这样对铜板的散热速率的测量又转化为对低温侧铜板冷却速率的测量。测量铜板的冷却速率可以这样测量:在达到稳态后,移去样品,用加热铜板直接对下面的低温金属铜板加热,使其温度高于稳定温度 T_2(大约高出 10℃ 左右),再让其在环境中自然冷却,直到温度低于 T_2,测出温度在大于 T_2 到小于 T_2 区间中随时间的变化关系,描绘出 T-t 曲线,曲线在 T_2 处的斜率就是铜板在稳态温度时 T_2 下的冷却速率。

应该注意的是,这样得出的 $\dfrac{\mathrm{d}T}{\mathrm{d}t}$ 是在铜板全部表面暴露于空气中的冷却速率,其散热面积为 $2\pi R_P^2+2\pi R_P h_P$(其中 R_P 和 h_P 分别是下铜板的半径和厚度)。然而在实验中稳态传热时,铜板的上表面(面积为 πR_P^2)是样品覆盖的,由于物体的散热速率与它们的面积成正比,所以稳态时,铜板散热速率的表达式应修正为

$$\frac{\mathrm{d}Q}{\mathrm{d}t}=-mc\frac{\mathrm{d}T}{\mathrm{d}t}\cdot\frac{\pi R_P^2+2\pi R_P h_P}{2\pi R_P^2+2\pi R_P h_P} \tag{4-10-3}$$

根据前面的分析,这个量就是样品的传热速率。

将上式代入热传导定律表达式,并考虑到 $\mathrm{d}s=\pi R^2$ 可以得到导热系数为

$$\lambda=-mc\frac{2h_P+R_P}{2h_P+2R_P}\cdot\frac{1}{\pi R^2}\cdot\frac{h}{T_1-T_2}\cdot\frac{\mathrm{d}T}{\mathrm{d}t}\bigg|_{T=T_2} \tag{4-10-4}$$

式中,R 为样品的半径;h 为样品的高度;m 为下铜板的质量;c 为铜块的比热容;R_P 和 h_P 分别是下铜板的半径和厚度。式(4-10-4)等号右边的各项均为常量或直接易测量。

【实验内容】

(1) 用自定量具测量样品、下铜板的几何尺寸和质量等必要的物理量,多次测量,然后取平均值。其中铜板的比热容 $c=0.385\mathrm{kJ/(K\cdot kg)}$。

(2) 安置圆筒、圆盘时,须使放置热电偶的洞孔与杜瓦瓶同一侧。热电偶插入铜盘上的小孔时,要抹上些硅脂,并插到洞孔底部,使热电偶测温端与铜盘接触良好,热电偶冷端插在冰水混合物中根据稳态法,必须得到稳定的温度分布,这就要等待较长的时间,为了提高效率,可先将电源电压打到高挡,加热约 20min 后再打至低挡。然后每隔 5min 读一下温度示值,如果在一段时间内样品上、下表面温度 T_1、T_2 示值都不变,即可认为已达到稳定状态,记录稳态时 T_1、T_2 值。

(3) 移去样品,继续对下铜板加热,当下铜盘温度比 T_2 高出 10℃ 左右时,移去圆筒,让下铜盘所有表面均暴露于空气中,使下铜板自然冷却。每隔 30s 读一次下铜盘的温度示值并记录,直至温度下降到 T_2 以下一定值。作铜板的 T-t 冷却速率曲线(选取邻近的 T_2 测量数据来求出冷却速率)。

(4) 根据式(4-10-4)计算样品的导热系数 λ。

(5) 本实验选用铜-康铜热电偶测温度,温差 100℃ 时,其温差电动势约 4.0mV,故应配用量程 0~20mV,并能读到 0.01mV 的数字电压表(数字电压表前端采用自稳零放大器,故无需调零)。由于热电偶冷端温度为 0℃,对一定材料的热电偶而言,当温度变化范围不大时,其温差电动势(mV)与待测温度(0℃)的比值是一个常数。由此,在用式(4-10-4)计算时,可以直接以电动势值代表温度值。

【注意事项】

(1) 稳态法测量时,要使温度稳定约要 40min 左右,为缩短时间,可先将电热板电源电

压打在高挡,几分钟后,$T_1 = 4.00\text{mV}$ 即可将开关拨至低挡,通过调节电热板电压高挡、低挡及断电挡,使 T_1 读数在 $\pm 0.03\text{mV}$ 范围内,同时每隔 30s 记下样品上、下圆盘 A 和 P 的温度 T_1 和 T_2 的数值,待 T_2 的数值在 3min 内不变即可认为已达到稳定状态,记下此时的 T_1 和 T_2 值。

（2）测金属（或陶瓷）的导热系数时,T_1、T_2 值为稳态时金属样品上、下两个面的温度,此时散热盘 P 的温度为 T_3。因此测量 P 盘的冷却速率应为 $\dfrac{\Delta T}{\Delta t}\Big|_{T=T_3}$。测 T_3 值时要在 T_1、T_2 达到稳定时,将上面测量 T_1 或 T_2 的热电偶移下来进行测量。

（3）圆筒发热体盘侧面和散热盘 P 侧面都有供安插热电偶的小孔,安放发热盘时这两个小孔都应与杜瓦瓶在同一侧,以免线路错乱,热电偶插入小孔时,要抹上些硅脂,并插到洞孔底部,保证接触良好,热电偶冷端浸于冰水混合物中。

（4）样品圆盘 B 和散热盘 P 的几何尺寸,可用游标卡尺进行多次测量取平均值。散热盘的质量 m 约为 0.8kg,可用药物天平称量。

（5）本实验选用铜-康铜热电偶,温差 100℃时,温差电动势约 4.27mV,故应配用量程 0~20mV 的数字电压表,并能测到 0.01mV 的电压（也可用灵敏电流计串联一电阻箱来替代）,铜-康铜热电偶分度见表 4-10-1。

表 4-10-1　铜-康铜热电偶分度

温度/℃	热电势/mV									
	0	1	2	3	4	5	6	7	8	9
−10	−0.383	−0.421	−0.458	−0.496	−0.534	−0.571	−0.608	−0.646	−0.683	−0.720
−0	0.000	−0.039	−0.077	−0.116	−0.154	−0.193	−0.231	−0.269	−0.307	−0.345
0	0.000	0.039	0.078	0.117	0.156	0.195	0.234	0.273	0.312	0.351
10	0.391	0.430	0.470	0.510	0.549	0.589	0.629	0.669	0.709	0.749
20	0.789	0.830	0.870	0.911	0.951	0.992	1.032	1.073	1.114	1.155
30	1.196	1.237	1.279	1.320	1.361	1.403	1.444	1.486	1.528	1.569
40	1.611	1.653	1.695	1.738	1.780	1.882	1.865	1.907	1.950	1.992
50	2.035	2.078	2.121	2.164	2.207	2.250	2.294	2.337	2.380	2.424
60	2.467	2.511	2.555	2.599	2.643	2.687	2.731	2.775	2.819	2.864
70	2.908	2.953	2.997	3.042	3.087	30131	3.176	3.221	3.266	2.312
80	3.357	3.402	3.447	3.493	3.538	3.584	3.630	3.676	3.721	3.767
90	3.813	3.859	3.906	3.952	3.998	4.044	4.091	4.137	4.184	4.231
100	4.277	4.324	4.371	4.418	4.465	4.512	4.559	4.607	4.654	4.701
110	4.749	4.796	4.844	4.891	4.939	4.987	5.035	5.083	5.131	5.179

【数据处理】

（1）记录相关数据

铜的比热容 $c = 0.380 \times 10^3 \text{J/kg}$,铜盘质量 $m = $ _____,铜盘厚度 $h_P = $ _____,铜盘半径 $R_P = $ _____,样品厚度 $h = $ _____,样品半径 $R = $ _____。

稳态过程数据见表 4-10-2,铜盘冷却数据见表 4-10-3。

表 4-10-2　稳态过程数据

测温位置/mV	1	2	3	4	5	6	7	⋯	稳定值
上表面 ε_1									
下表面 ε_2									

表 4-10-3　铜盘冷却数据

T/s						
ε_2/mV						

（2）作出散热冷却曲线 $T\text{-}t$，求出铜盘的冷却速率 $\dfrac{\mathrm{d}T}{\mathrm{d}t}\Big|_{T=T_2}$。

（3）求出待测样品的导热系数。

实验二　准稳态法测导热系数和比热容实验

【实验目的】

（1）了解准稳态法测量导热系数和比热容的原理。

（2）学习热电偶测量温度的原理和使用方法。

（3）用准稳态法测量不良导体的导热系数和比热容。

【实验仪器】

ZKY-BRDR 型准稳态法比热容导热系数测定仪。

【实验原理】

（1）准稳态法测量原理

考虑如图 4-10-3 所示的一维无限大导热模型：一无限大不良导体平板厚度为 $2R$，初始温度为 t_0，现在平板两侧同时施加均匀的指向中心面的热流密度 q_c，则平板各处的温度 $t(x,\tau)$ 将随加热时间 τ 而变化。

以试样中心为坐标原点，上述模型的数学描述可表达如下：

$$\begin{cases} \dfrac{\partial t(x,\tau)}{\partial \tau} = a\,\dfrac{\partial^2 t(x,\tau)}{\partial x^2} \\[2mm] \dfrac{\partial t(R,\tau)}{\partial x} = \dfrac{q_c}{\lambda}, \quad \dfrac{\partial t(0,\tau)}{\partial x} = 0 \\[2mm] t(x,0) = t_0 \end{cases}$$

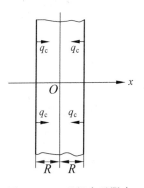

图 4-10-3　理想中无限大
不良导体平板

式中，$a = \lambda/(\rho c)$，λ 为材料的导热系数，ρ 为材料的密度，c 为材料的比热容。

可以给出此方程的解为

$$t(x,\tau) = t_0 + \frac{q_c}{\lambda}\left(\frac{a}{R}\tau + \frac{1}{2R}x^2 - \frac{R}{6} + \frac{2R}{\pi^2}\sum_{n=1}^{\infty} \frac{(-1)^{n+1}}{n^2}\cos\frac{n\pi}{R}x \cdot \mathrm{e}^{-\frac{an^2\pi^2}{R^2}\tau} \right) \quad (4\text{-}10\text{-}5)$$

考察 $t(x,\tau)$ 的解析式（4-10-5）可以看到，随加热时间的增加，样品各处的温度将发生变化,而且我们注意到式中的级数求和项由于指数衰减的原因,会随加热时间的增加而逐渐变小,直至所占份额可以忽略不计。

定量分析表明,当$\frac{a\tau}{R^2}>0.5$以后,上述级数求和项可以忽略,这时式(4-10-5)变成

$$t(x,\tau) = t_0 + \frac{q_c}{\lambda}\left(\frac{a\tau}{R} + \frac{x^2}{2R} - \frac{R}{6}\right) \tag{4-10-6}$$

这时,在试件中心处有$x=0$,因而有

$$t(x,\tau) = t_0 + \frac{q_c}{\lambda}\left(\frac{a\tau}{R} - \frac{R}{6}\right) \tag{4-10-7}$$

在试件加热面处有$x=R$,因而有

$$t(x,\tau) = t_0 + \frac{q_c}{\lambda}\left(\frac{a\tau}{R} + \frac{R}{3}\right) \tag{4-10-8}$$

由式(4-10-7)和式(4-10-8)可见,当加热时间满足条件$\frac{a\tau}{R^2}>0.5$时,在试件中心面和加热面处温度和加热时间成线性关系,温升速率同为$\frac{aq_c}{\lambda R}$,此值是一个与材料导热性能和实验条件有关的常数,此时加热面和中心面间的温度差为

$$\Delta t = t(R,\tau) - t(0,\tau) = \frac{1}{2} \cdot \frac{q_c R}{\lambda} \tag{4-10-9}$$

由式(4-10-9)可以看出,此时加热面和中心面间的温度差Δt和加热时间τ没有直接关系,保持恒定。系统各处的温度和时间是线性关系,温升速率也相同,我们称此种状态为准稳态。

当系统达到准稳态时,由式(4-10-9)得到

$$\lambda = \frac{q_c R}{2\Delta t} \tag{4-10-10}$$

根据式(4-10-10),只要测量出进入准稳态后加热面和中心面间的温度差Δt,并由实验条件确定相关参量q_c和R,则可以得到待测材料的导热系数λ。

另外在进入准稳态后,由比热容的定义和能量守恒关系,可以得到下列关系式:

$$q_c = c\rho R \frac{dt}{d\tau} \tag{4-10-11}$$

比热容为

$$c = \frac{q_c}{\rho R \dfrac{dt}{d\tau}} \tag{4-10-12}$$

式中,$\frac{dt}{d\tau}$为准稳态条件下试件中心面的温升速率(进入准稳态后各点的温升速率是相同的)。

由以上分析可以得到结论:只要在上述模型中测量出系统进入准稳态后加热面和中心面间的温度差和中心面的温升速率,即可由式(4-10-10)和式(4-10-12)得到待测材料的导热系数和比热容。表4-10-4给出了部分材料的密度和导热系数。

表 4-10-4 部分材料的密度和导热系数

| 材料名称 | （20℃） | | 导热系数/(W/(m·k)) | | | |
| | 导热系数 | 密度 | 温度/℃ | | | |
	/(W/(m·k))	/(kg/m³)	−100	0	100	200
纯铝	236	2700	243	236	240	238
铝合金	107	2610	86	102	123	148
纯铜	398	8930	421	401	393	389
金	315	19300	331	318	313	310
硬铝	146	2800				
橡皮	0.13～0.23	1100				
电木	0.23	1270				
木丝纤维板	0.048	245				
软木板	0.044～0.079					

（2）热电偶温度传感器

热电偶结构简单,具有较高的测量准确度,可测温度范围为−50～1600℃,在温度测量中应用极为广泛。

由 A、B 两种不同的导体两端相互紧密地连接在一起,组成一个闭合回路,如图 4-10-4(a)所示。当两接点温度不等($T>T_0$)时,回路中就会产生电动势,从而形成电流,这一现象称为热电效应,回路中产生的电动势称为热电势。

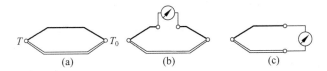

图 4-10-4 热电偶原理及接线示意图

上述两种不同导体的组合称为热电偶,A、B 两种导体称为热电极。两个接点,一个称为工作端或热端(T),测量时将它置于被测温度场中;另一个称为自由端或冷端(T_0),一般要求测量过程中恒定在某一温度。

理论分析和实践证明热电偶有如下基本定律。

热电偶的热电势仅取决于热电偶的材料和两个接点的温度,而与温度沿热电极的分布以及热电极的尺寸与形状无关(热电极的材质要求均匀)。

在 A、B 材料组成的热电偶回路中接入第三导体 C,只要引入的第三导体两端温度相同,则对回路的总热电势没有影响。在实际测温过程中,需要在回路中接入导线和测量仪表,相当于接入第三导体,常采用图 4-10-4(b)或(c)的接法。

热电偶的输出电压与温度并非线性关系。对于常用的热电偶,其热电势与温度的关系由热电偶特性分度表给出。测量时若冷端温度为 0℃,由测得的电压,通过对应分度表,即可查得所测的温度。若冷端温度不为 0℃,则通过一定的修正也可得到温度值。在智能式测量仪表中,将有关参数输入计算程序,则可将测得的热电势直接转换为温度显示。

【实验内容】

(1) 安装样品并连接各部分连线

连接线路前,请先用万用表检查两只热电偶冷端和热端的电阻值大小,一般在 $3\sim6\Omega$,如果偏差大于 1Ω,则可能是热电偶有问题,遇到此情况应请指导教师帮助解决。

戴好手套(手套自备),以尽量保证 4 个实验样品初始温度保持一致。将冷却好的样品放进样品架中。热电偶的测温端应保证置于样品的中心位置,防止由于边缘效应影响测量精度。

应该注意,两个热电偶之间、中心面与加热面的位置不要放错。根据图 4-10-4 所示,中心面横梁的热电偶应该放到样品 2 和样品 3 之间,加热面热电偶应该放到样品 3 和样品 4 之间。同时要注意热电偶不要嵌入到加热薄膜里。

然后旋动旋钮以压紧样品。在保温杯中加入自来水,水的容量约为保温杯容量的 3/5 为宜。根据实验要求连接好各部分连线(其中包括主机与样品架放大盒、放大盒与横梁、放大盒与保温杯、横梁与保温杯之间的连线)。

(2) 设定加热电压

检查各部分接线是否有误,同时检查后面板上的"加热控制"开关是否关上(若已开机,可以根据前面板上加热计时指示灯的亮和不亮来确定,亮表示加热控制开关打开,不亮表示加热控制开关关闭),没有关则应立即关上。

开机后,先让仪器预热 10min 左右再进行实验。在记录实验数据之前,应该先设定所需要的加热电压,步骤为:先将"电压切换"钮按到"加热电压"挡位,再由"加热电压调节"旋钮来调节所需要的电压(参考加热电压为 18V 或 19V)。

(3) 测定样品的温度差和温升速率

将测量电压显示调到"热电势"的"温差"挡位,如果显示温差绝对值小于 0.004mV,就可以开始加热了,否则应等到显示降到小于 0.004mV 再加热(如果实验要求精度不高,显示在 0.010V 左右也可以,但不能太大,以免降低实验的准确性)。

保证上述条件后,打开"加热控制"开关并开始记录数据,并填入表 4-10-5 中(记录数据时,建议每隔 1min 分别记录一次中心面热电势和温差热电势,这样便于后面的计算。一次实验时间最好在 25min 之内完成,一般在 15min 左右为宜)。

表 4-10-5　导热系数及比热容测定

时间 $\tau/$ min	1	2	3	4	5	6	7	8	9	10	11	12	13	14	15
温差热电势 V_t/mV															
中心面热电势 V/mV															
每分钟温升热电势 $\Delta V=V_{n+1}-V_n$															

【注意事项】

(1) 在保温杯中加水时应注意,不能将杯盖倒立放置,否则杯盖上的热电偶处残留的水将倒流到内部接线处,导致接线处生锈,从而影响仪器性能和使用寿命。有条件的学校可以使用植物油代替水进行实验,如此可不需反复更换。

(2) 当记录完一次数据需要换样品进行下一次实验时,其操作顺序是:关闭加热控制开关→关闭电源开关→旋螺杆以松动实验样品→取出实验样品→取下热电偶传感器→取出加热薄膜冷却。

（3）在取样品的时候，必须先将中心面横梁热电偶取出，再取出实验样品，最后取出加热面横梁热电偶。严禁以热电偶弯折的方法取出实验样品，这样将会大大缩短热电偶的使用寿命。

【数据处理】

按照实验要求记录相关数据：有机玻璃密度为 $\rho = 1196\text{kg/m}^3$，橡胶密度为 $\rho = 1374\text{kg/m}^3$，样品厚度为 $R = 0.010\text{m}$。

热流密度为

$$q_c = \frac{V^2}{2Fr}(\text{W/m}^2)$$

式中，V 为两并联加热器的加热电压；$F = A \times 0.09\text{m} \times 0.09\text{m}$，为边缘修正后的加热面积，$A$ 为修正系数，对于有机玻璃和橡胶，$A = 0.85$；$r = 110\Omega$，为每个加热器的电阻。

铜-康铜热电偶的热电常数为 0.04mV/K，即温度每差 1K，温差热电势为 0.04mV。

【仪器介绍】

ZKY-BRDR 型准稳态法比热导热系数测定仪。

1）设计考虑

仪器设计必须尽可能满足理论模型。

无限大平板条件是无法满足的，实验中总是要用有限尺寸的试件来代替。根据实验分析，当试件的横向尺寸大于试件厚度的 6 倍以上时，可以认为传热方向只在试件的厚度方向进行。

为了精确地确定加热面的热流密度 q_c，我们利用超薄型加热器作为热源，其加热功率在整个加热面上均匀并可精确控制，加热器本身的热容可忽略不计。为了在加热器两侧得到相同的热阻，采用 4 个样品块的配置（见图 4-10-5），可认为热流密度为功率密度的一半。

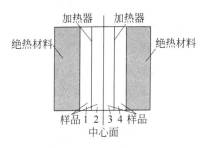

图 4-10-5 被测样件安装原理

为了精确地测量温度和温差，用两个分别放置在加热面和中心面中心部位的热电偶作为传感器来测量温差和温升速率。

实验仪主要包括主机和实验装置，另有一个保温杯用于保证热电偶的冷端温度在实验中保持一致。

2）主机

主机是控制整个实验操作并读取实验数据的装置，主机前后面板如图 4-10-6 和图 4-10-7 所示。

0—加热指示灯：指示加热控制开关的状态。亮时表示正在加热，灭时表示加热停止。

1—加热电压调节：调节加热电压的大小（范围为 $16.00 \sim 19.99\text{V}$）。

2—测量电压显示：显示两个电压，即"加热电压（V）"和"热电势（mV）"。

3—电压切换：在加热电压和热电势之间切换，同时测量电压显示表显示相应的电压数值。

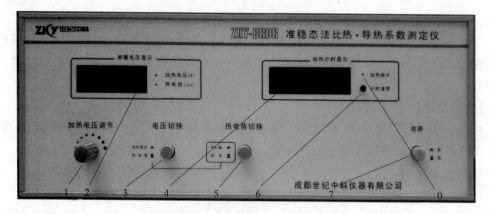

图 4-10-6　主机前面板示意图

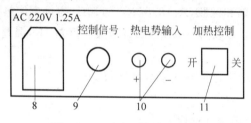

图 4-10-7　主机后面板示意图

4—加热计时显示：显示加热时间,前两位表示分,后两位表示秒,最大显示 99：59。

5—热电势切换：在中心面热电势(实际为中心面-室温的温差热电势)和中心面-加热面的温差热电势之间切换,同时测量电压显示表显示相应的热电势数值。

6—清零：当不需要当前计时显示数值而需要重新计时时,可按此键实现清零。

7—电源开关：打开或关闭实验仪器。

8—电源插座：接 220V、1.25A 的交流电源。

9—控制信号：为放大盒及加热薄膜提供工作电压。

10—热电势输入：将传感器感应的热电势输入到主机。

11—加热控制：控制加热开关。

3）实验装置

实验装置是安放实验样品和通过热电偶测温并放大感应信号的平台。实验装置采用了卧式插拔组合结构(见图 4-10-8),直观、稳定,便于操作,易于维护。

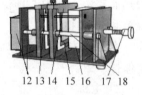

12—放大盒：将热电偶感应的电压信号放大并将此信号输入到主机。

图 4-10-8　实验装置

13—中心面横梁：承载中心面的热电偶。

14—加热面横梁：承载加热面的热电偶。

15—加热薄膜：给样品加热。

16—隔热层：防止加热样品时散热,从而保证实验精度。

17—螺杆旋钮：推动隔热层压紧或松动实验样品和热电偶。

18—锁定杆：实验时锁定横梁,防止未松动螺杆取出热电偶导致热电偶损坏。

4) 接线原理图及接线说明

实验时,将两只热电偶的热端分别置于样品的加热面和中心面,冷端置于保温杯中,接线原理如图 4-10-9 所示。

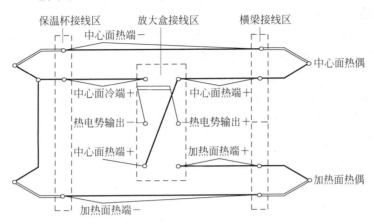

图 4-10-9　接线方法及测量原理

放大盒的两个"中心面热端＋"相互短接再与横梁的中心面热端"＋"相连(绿—绿—绿),"中心面冷端＋"与保温杯的"中心面冷端＋"相连(蓝—蓝),"加热面热端＋"与横梁的加热面热端"＋"相连(黄—黄),"热电势输出—"和"热电势输出＋"则与主机后面板的"热电势输入—"和"热电势输出＋"相连(红—红,黑—黑)。

横梁的两个"—"端分别与保温杯上相应的"—"端相连(黑—黑)。

后面板上的"控制信号"与放大盒侧面的七芯插座相连。

主机面板上的热电势切换开关相当于图 4-10-9 中的切换开关,开关合在上边时测量的是中心面热电势(中心面与室温的温差热电势),开关合在下边时测量的是加热面与中心面的温差热电势。

思考题

1. 稳态法和准稳态法在测量原理方面有什么异同点?

2. 稳态法和准稳态法在测量导热系数的时候,哪种方法更容易把握住数据的准确性?

3. 尝试用同种材质分别用两种方法测量导热系数,比较结果的情况并分析。

实验 4.11　棱镜折射率的实验研究

光线在传播过程中遇到不同媒质的分界面(如平面镜和三棱镜的光学表面)时,就要发生反射和折射,光线将改变传播的方向,结果在入射光与反射光或折射光之间就有一定的夹角。反射定律、折射定律等正是这些角度之间的关系的定量表述。一些光学量,如折射率、光波波长等也可以通过测量有关角度来确定。因而我们可以用测量角度的光学仪器——分光计来测量棱镜的折射率。

【实验目的】

(1) 熟练掌握分光计的调整方法。

（2）观察色散现象，测定三棱镜对各色光的折射率。

【实验仪器】

JJY 型分光计、GP20Hg-Ⅱ低压汞灯光源、三棱镜。

【实验原理】

如图 4-11-1 所示，三角形 ABC 表示三棱镜的横截面；AB 和 AC 是透光的光学表面，又称折射面，其夹角 α 称为三棱镜的顶角；BC 为毛玻璃面，称为三棱镜的底面。假设有一束单色光 LD 入射到棱镜上，经过两次折射后沿 ER 方向射出，则入射线 LD 与出射线 ER 的夹角 δ 称为偏向角。根据图中的几何关系，偏向角为 $\delta = \angle FDE + \angle FED = (i_1 - i_2) + (i_4 - i_3)$。因顶角 $\alpha = i_2 + i_3$，得到

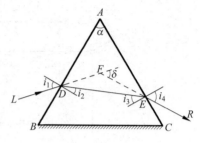

图 4-11-1 棱镜的折射

$$\delta = (i_1 + i_4) - \alpha \tag{4-11-1}$$

对于给定的棱镜来说，角 α 是固定的，δ 随 i_1 和 i_4 而变化。其中 i_4 与 i_3、i_2、i_1 依次相关，因此 i_4 归根结底是 i_1 的函数，偏向角 δ 也就仅随 i_1 而变化。在实验中可观察到，当 i_1 变化时，δ 有一极小值，称为最小偏向角。当入射角 i_1 满足什么条件时，δ 才处于极值呢？这可按求极值的办法来推导。令 $\mathrm{d}\delta / \mathrm{d}i_1 = 0$，则由式（4-11-1）得

$$\frac{\mathrm{d}i_4}{\mathrm{d}i_1} = -1 \tag{4-11-2}$$

再利用 $\alpha = i_2 + i_3$ 和两折射面处的折射条件

$$\sin i_1 = n\sin i_2 \tag{4-11-3}$$

$$\sin i_4 = n\sin i_3 \tag{4-11-4}$$

得到

$$\frac{\mathrm{d}i_4}{\mathrm{d}i_1} = \frac{\mathrm{d}i_4}{\mathrm{d}i_3} \cdot \frac{\mathrm{d}i_3}{\mathrm{d}i_2} \cdot \frac{\mathrm{d}i_2}{\mathrm{d}i_1} = \frac{n\cos i_3}{\cos i_4} \cdot (-1) \cdot \frac{\cos i_1}{n\cos i_2}$$

$$= -\frac{\cos i_3}{\cos i_2} \frac{\sqrt{1 - n^2 \sin^2 i_2}}{\sqrt{1 - n^2 \sin^2 i_3}}$$

$$= -\frac{\sqrt{\sec^2 i_2 - n^2 \tan^2 i_2}}{\sqrt{\sec^2 i_3 - n^2 \tan^2 i_3}}$$

$$= -\frac{\sqrt{1 + (1 - n^2)\tan^2 i_2}}{\sqrt{1 + (1 - n^2)\tan^2 i_3}} \tag{4-11-5}$$

将式（4-11-5）和式（4-11-2）比较，有 $\tan i_2 = \tan i_3$。而在棱镜折射的情形下，i_2 和 i_3 均小于 $\pi/2$，故有 $i_2 = i_3$。代入式（4-11-3）和式（4-11-4），得到 $i_1 = i_4$。可见，δ 具有极值的条件是

$$i_2 = i_3 \quad 或 \quad i_1 = i_4 \tag{4-11-6}$$

当 $i_1 = i_4$ 时 δ 具有极小值。显然，这时入射光和出射光的方向相对于棱镜是对称的。如果用 $\delta_{\min}$ 表示最小偏向角，将式（4-11-6）代入式（4-11-1），得到

$$\delta_{\min} = 2i_1 - \alpha$$

或

$$i_1 = \frac{1}{2}(\delta_{\min} + \alpha)$$

而 $\alpha = i_2 + i_3 = 2i_2$，$i_2 = \alpha/2$。于是，棱镜对该单色光的折射率 n 为

$$n = \frac{\sin i_1}{\sin i_2} = \frac{\sin \frac{1}{2}(\delta_{\min} + \alpha)}{\sin \frac{1}{2}\alpha} \tag{4-11-7}$$

如果测出棱镜的顶角 α 和最小偏向角 $\delta_{\min}$，按照式(4-11-7)就可算出棱镜的折射率。

【实验内容】

1. 调整分光计

利用光学平行平板(平面镜)最终达到：望远镜光轴与分光计中心轴相互垂直，平行光管轴线与分光计中心轴相互垂直。

偏心差的消除：在分光计中，望远镜、载物台、刻度圆盘的旋转轴线应与分光计中心轴线相重合，平行光管和望远镜的光轴线必须在分光计中心轴线上相交，平行光管的狭缝和望远镜中的叉丝应被它们的光轴线平分。但是，仪器在制造上总存在一定的误差，特别是刻度盘与分光计中心轴线之间的偏心差，解决办法是在刻度圆盘同一直径两端各装一个游标，如图 4-11-2 所示。

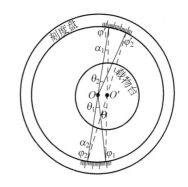

图 4-11-2 双游标消除偏心差示意图

图 4-11-2 中的外圆表示刻度盘，其中心在 O；内圆表示载物台，其中心在 O'。两个游标与载物台固定联在一起，并在其直径两端，它们与刻度盘圆弧相接触。通过 O' 的虚线表示两个游标零点的连线。

假定载物台从 φ_1 转到 φ_2，实际转过的角度为 θ，而刻度盘上的读数为 φ_1、φ_1' 和 φ_2、φ_2'，计算得到的转角 $\theta_1 = \varphi_2 - \varphi_1$，$\theta_2 = \varphi_2' - \varphi_1'$。根据几何定理 $\alpha_1 = \frac{1}{2}\theta_1$，$\alpha_2 = \frac{1}{2}\theta_2$，而 $\theta = \alpha_1 + \alpha_2$，故载物台实际转过的角度为

$$\theta = \frac{1}{2}(\theta_1 + \theta_2) = \frac{1}{2}\left[(\varphi_2 - \varphi_1) + (\varphi_2' - \varphi_1')\right] \tag{4-11-8}$$

由上式可见，两个游标读数的平均值即为载物台实际转过的角度，因而使用两个游标的读数装置可以消除偏心差。

2. 三棱镜的调整

待测件三棱镜的两个光学表面的法线应与分光计中心轴相垂直。为此，可根据自准原理用已调好的望远镜来进行调整。先将三棱镜按图 4-11-3 所示安放在载物台上，然后转动载物台，使棱镜的一个折射面正对望远镜，调整载物台螺钉，达到自准(注意：此时望远镜已调好，不能再调)。再旋转载物台，使棱镜的另一折射面正对望远镜，调到自准并校核几次，直到转动载物台时两个折射面都能达到自准。

3. 棱镜顶角的测定

测量三棱镜顶角的方法有反射法及自准法两种。图 4-11-4 所示为反射法。将三棱镜

放在载物台上,并使棱镜顶角对准平行光管,则平行光管射出的光束照在棱镜的两个折射面上。从棱镜左面反射的光可将望远镜转至Ⅰ处观测,调节望远镜微调螺钉使叉丝对准狭缝,此时从两个游标可读出角度为 φ_1 和 φ_1';再将望远镜转至Ⅱ处观测从棱镜右面反射的光,又可从两个游标读出角度 φ_2 和 φ_2'。由图 4-11-4 可得顶角为

$$\alpha = \frac{\varphi}{2} = \frac{1}{4} \left| (\varphi_2 - \varphi_1) + (\varphi_2' - \varphi_1') \right| \tag{4-11-9}$$

稍微变动载物台的位置,重复测量多次,求出顶角的平均值。

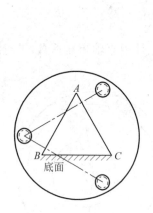

图 4-11-3 三棱镜的放法

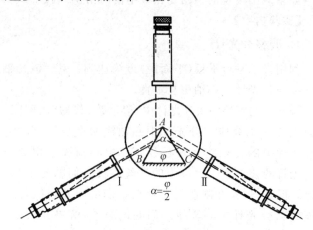

图 4-11-4 用反射法测定棱镜的顶角

在计算望远镜转过的角度时,要注意望远镜是否经过了刻度圆盘的零点。例如,当望远镜由图 4-11-4 中位置Ⅰ转到位置Ⅱ时,读数见表 4-11-1。

表 4-11-1 望远镜读数

望远镜的位置	Ⅰ	Ⅱ
游标 1	$175°45'(\varphi_1)$	$295°43'(\varphi_2)$
游标 2	$335°45'(\varphi_1')$	$115°43'(\varphi_2')$

游标 1 未经过零点,望远镜转过的角度为 $\varphi = \varphi_2 - \varphi_1 = 119°58'$。游标 2 经过了零点,这时望远镜转过的角度为 $\varphi = (360° + \varphi_2') - \varphi_1' = 110°58'$。

如果从游标读出的角度中 $\varphi_2 < \varphi_1$,$\varphi_2' < \varphi_1'$,而游标又未经过零点,则式(4-11-9)中的 $\varphi_2 - \varphi_1$ 和 $\varphi_2' - \varphi_1'$ 应取绝对值。

注意:三棱镜顶点应放在靠近载物台中心,否则棱镜折射面的反射光不能进入望远镜。

4. 测量最小偏向角

(1) 将棱镜置于载物台上,并使棱镜折射面的法线与平行光管轴线的夹角大致为 60°。

(2) 观察偏向角的变化。用光源(汞灯)照亮狭缝,根据折射定律,判断折射光线的出射方向。先用眼睛在此方向观察,可以看到几条平行的彩色谱线,然后轻轻转动载物台,同时注意谱线的移动情况,观察偏向角的变化。选择偏向角减小的方向,缓慢转动载物台,使偏向角逐渐减小,继续沿这个方向转动载物台时,可以看到谱线移至某一位置后将反向移动。这说明偏向角存在一个最小值。谱线移动方向发生逆转时的偏向角就是最小偏向角,见

图 4-11-5。

（3）用望远镜观察谱线。在细心转动载物台时，使望远镜一直跟踪谱线，并注意观察某一谱线的移动情况。在该谱线逆转移动前旋紧载物台锁紧螺钉，使载物台与游标盘固定在一起，再利用游标盘微调螺钉，使谱线刚好停在最小偏向角位置。

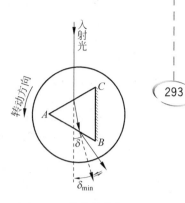

（4）旋紧望远镜止动螺钉，再用望远镜微调螺钉作精细调节，使叉丝交点对准谱线中央，从两个游标上读出角度 θ 和 θ'。重复步骤（3）、（4），分别测出汞灯光谱中黄、绿、蓝、紫几条谱线（其波长自查）的相应读数。

（5）测定入射光方法。移去三棱镜，将望远镜对准平行光管，微调望远镜，使叉丝对准狭缝中央，在两个游标上读得角度 θ_0 和 θ'_0。

图 4-11-5　最小偏向角

（6）按 $\delta_{\min}=\dfrac{1}{2}\left[(\theta-\theta_0)+(\theta'-\theta'_0)\right]$ 计算最小偏向角 $\delta_{\min}$。差值 $\theta-\theta_0$ 和 $\theta'-\theta'_0$ 应取绝对值。重复测量多次，算出 $\delta_{\min}$ 的平均值。

将测出的顶角 α 和最小偏向角 $\delta_{\min}$ 代入式(4-11-7)中，求出各色光的折射率，并分析棱镜折射率随波长变化的规律。

【数据处理】

（1）三棱镜顶角的测定见表 4-11-2。

表 4-11-2　三棱镜顶角数据

序号	望远镜位置Ⅰ		望远镜位置Ⅱ		棱镜顶角
	游标 1	游标 2	游标 1	游标 2	
1					
2					
3					
平均值					

（2）测定最小偏向角见表 4-11-3。

光的颜色：＿＿＿＿＿＿。

表 4-11-3　测定最小偏向角数据

测量次数	有三棱镜		无三棱镜		最小偏向角($\delta_{\min}$)
	游标 1(θ)	游标 2(θ')	游标 1(θ_0)	游标 2(θ'_0)	
1					
2					
3					
平均值					

（3）计算折射率。

思考题

在用反射法测三棱镜顶角时，为什么三棱镜放在载物台上的位置，要使得三棱镜顶角离平行光管远一些，而不能太靠近平行光管呢？试画出光路图，分析其原因。

参 考 文 献

[1] 杨桂娟,汪静,胡玉才.大学物理实验教程[M].北京:中国农业出版社,2013.
[2] 李学慧.大学物理实验[M].北京:高等教育出版社,2012.
[3] 李相银.大学物理实验[M].北京:高等教育出版社,2009.
[4] 李永泉.大学物理实验[M].北京:机械工业出版社,2000.
[5] 杨述武.普通物理实验[M].北京:高等教育出版社,2000.
[6] 余虹.大学物理实验[M].北京:科学出版社,2007.
[7] 陆迁济,胡德敬,陈铭南.物理实验教程[M].上海:同济大学出版社,2000.
[8] 赵文杰.大学物理实验教程[M].北京:中国铁道出版社,2002.
[9] 李恩普.大学物理实验[M].北京:国防工业出版社,2004.